ENSEIGNEMENT CLASSIQUE

Programmes de 1885

E. PERRIER

ÉLÉMENTS
DE
ZOOLOGIE

CLASSE DE SECONDE

HACHETTE ET Cie

ÉLÉMENTS
DE
ZOOLOGIE

EXTRAIT DES PROGRAMMES OFFICIELS
du 22 janvier 1885

Étude très sommaire de l'organisation de l'homme, prise comme terme de comparaison.

Grandes divisions du règne animal.

Vertébrés. — Mammifères : caractères essentiels. — Exemples choisis dans les principaux ordres.

Oiseaux : caractères essentiels. — Exemples choisis dans les principaux ordres.

Reptiles : caractères essentiels. — Crocodiles, Tortues, Lézards, Serpents.

Batraciens : caractères essentiels. — Métamorphoses.

Poissons : caractères essentiels. — Exemples de Poissons osseux et de Poissons cartilagineux.

Articulés. — Insectes : caractères essentiels. — Métamorphoses. — Exemples choisis dans les principaux ordres.

Arachnides, Myriapodes, Crustacés, quelques exemples.

Vers : caractères essentiels. — Sangsue, Ver de terre.

Helminthes : Ténia. — Migrations. — Parasitisme.

Mollusques : Seiche, Escargot, Moule.

Quelques mots sur les *Rayonnés* et les *Protozoaires*.

Aperçu très sommaire sur la faune des grandes régions du globe. (*Voir les chapitres sur les Mammifères, les Oiseaux et les Reptiles*).

19117. — Imprimerie A. Lahure, rue de Fleurus, 9, à Paris.

ÉLÉMENTS
DE
ZOOLOGIE

Conformes aux programmes officiels
du 22 janvier 1885

POUR LA CLASSE DE SIXIÈME

PAR

EDMOND PERRIER

Agrégé de l'Université
Ancien maître de conférences à l'École normale supérieure
Professeur au Muséum d'histoire naturelle

QUATRIÈME ÉDITION
Illustrée de **328** gravures

PARIS

LIBRAIRIE HACHETTE ET Cte
79, BOULEVARD SAINT-GERMAIN, 79

1889

Droits de traduction et de reproduction réservés.

ÉLÉMENTS DE ZOOLOGIE

PREMIÈRE LEÇON

GÉNÉRALITÉS. — LES RÉGIONS DU CORPS ET LES FONCTIONS CHEZ L'HOMME.

§ 1. **Définition de la Zoologie.** — La Zoologie est la branche de l'histoire des êtres vivants qui a pour objet l'étude des animaux.

§ 2. **Définition des êtres vivants.** — Les *êtres vivants* se distinguent des *êtres inanimés*, qui forment avec eux toutes les *productions naturelles*, en ce qu'*ils se nourrissent* en introduisant dans leur corps des substances étrangères, destinées à remplacer *d'autres substances qu'ils rejettent* après qu'elles ont fait un certain temps partie d'eux-mêmes; en ce qu'*ils naissent* d'autres êtres vivants qui les ont précédés, grandissent, se transforment, reproduisent des êtres semblables à eux, *meurent* et paraissent alors se décomposer spontanément.

§ 3. **Différences entre les animaux et les végétaux.** — A ces facultés communes à tous les êtres vivants, les animaux ajoutent celles de se mouvoir quand ils le veulent et d'éprouver des sensations; ils sont doués de *mobilité*, de *volonté* et de *sensibilité*.

En général, les végétaux demeurent, au contraire, immobiles à la surface du sol sur lequel ils ont poussé. Cette immobilité se retrouve dans presque toutes leurs parties intérieures, et rien n'autorise à penser qu'ils éprouvent des sensations quelconques. Incapables de se déplacer, ils ne peuvent aller à la recherche de leurs aliments; il faut que ces aliments viennent à eux; leurs feuilles les tirent de l'air, à l'état gazeux; leurs racines les puisent dans la terre, et les absorbent dissous dans l'eau qui imprègne le sol. Les végétaux ne prennent donc que des aliments liquides ou gazeux.

Les animaux, doués de la faculté de se mouvoir, peuvent, en général, explorer la région qu'ils habitent; ils vont, pour ainsi dire, au-devant de leur nourriture, à la recherche de laquelle ils sont sans cesse occupés. Comme les végétaux, ils introduisent directement dans leur corps des substances gazeuses ou liquides; mais, en outre, ils font aussi une consommation, le plus souvent considérable, d'aliments solides, ordinairement d'autres animaux ou des plantes, qu'ils introduisent dans une cavité spéciale de leur corps, la *cavité digestive*, où ces aliments sont digérés et dissous avant d'être absorbés. Les végétaux ne possèdent rien qu'on puisse comparer à une cavité digestive.

§ 4. **Règne animal et Règne végétal**. — Ces différences entre les animaux et les végétaux sont très frappantes quand on ne considère que les animaux les plus connus et les plantes vulgaires, le Chêne et le Chien, par exemple. Aussi a-t-on divisé tous les êtres vivants en deux grands *Règnes*: le *Règne végétal* et le *Règne animal*.

§ 5. **Liens entre les deux Règnes**. — Cependant les deux Règnes ne sont pas aussi complètement séparés qu'on pourrait le croire au premier abord : les feuilles de beaucoup de plantes se meuvent spontanément; il en est, celles de la *Sensitive* par exemple, qui s'abaissent au moindre attouchement comme si elles étaient sensibles; d'autres peuvent saisir et digérer des insectes; les Fougères, les Mousses, beaucoup d'Algues et de Champignons, ont des éléments reproducteurs microscopiques, qui nagent dans l'eau avec autant d'agilité que les animaux de même taille, avec lesquels on les a plus d'une fois confondus. Il existe même une foule d'êtres ambigus, d'organisation extrêmement simple, de qui l'on ne peut dire si ce sont des animaux ou des plantes, de sorte que les deux Règnes semblent passer de l'un à l'autre par des transitions insensibles.

S'il faut retenir ce fait important, il n'en est pas moins vrai que, dans les conditions ordinaires, la différence entre les animaux et les végétaux est si grande que, bien avant qu'il y eût des naturalistes, les deux grandes divisions des êtres vivants avaient des noms dans toutes les langues.

§ 6. **Ressemblance des animaux avec l'Homme.** — Il ne faut pas avoir examiné bien longtemps un Chien, un Oiseau, un Poisson même, pour s'apercevoir que ces animaux présentent avec nous plus d'un point de ressemblance. Tous les organes extérieurs que nous possédons ont leurs analogues chez eux. Effectivement, si par son intelligence l'Homme s'élève infiniment au-dessus des bêtes les mieux douées, il n'en est pas moins, par toute son organisation, un véritable animal, et celui qu'il est pour nous le plus facile d'observer. Si nous connaissons bien notre propre structure, nos facultés, la manière dont fonctionnent nos organes, il y a lieu de croire que nous serons plus aptes à comprendre ce que sont les animaux. L'histoire de l'Homme nous servira donc de préface naturelle et d'introduction à celle des animaux.

§ 7. **Division du corps humain en régions.** — Le corps de l'Homme est divisé en trois régions : la *tête*, le *tronc* et les *membres*.

§ 8. **La tête.** — Dans la tête on distingue deux parties : 1° le *crâne*, qui contient le *cerveau* et que recouvrent les les *cheveux* ; 2° la *face*, sur laquelle sont réunis la bouche et les principaux organes des sens, à savoir : les *yeux*, organes de la vue, les *oreilles*, organes de l'ouïe, les *fosses nasales*, organes de l'odorat, et la *langue*, organe du goût ; elle est encadrée par la *barbe* chez les Européens adultes du sexe masculin.

La tête est réunie au tronc par le *cou*, dont l'extrême mobilité permet à la face de se tourner vers un très grand nombre de directions.

§ 9. **Le tronc.** — Le tronc (fig. 1) se divise, à son tour, en deux régions : le *thorax* et l'*abdomen*.

Dans le thorax, dont les parois sont soutenues par une cage osseuse formée par la *colonne vertébrale*, les *côtes* et le *sternum*, se trouvent réunis les *poumons* (fig. 1), organes de la respiration, et le *cœur* (*ibid.*, A), chargé de donner au sang l'impulsion qui le fait circuler dans l'étendue entière du corps. Une cloison musculaire en forme de voûte, à con-

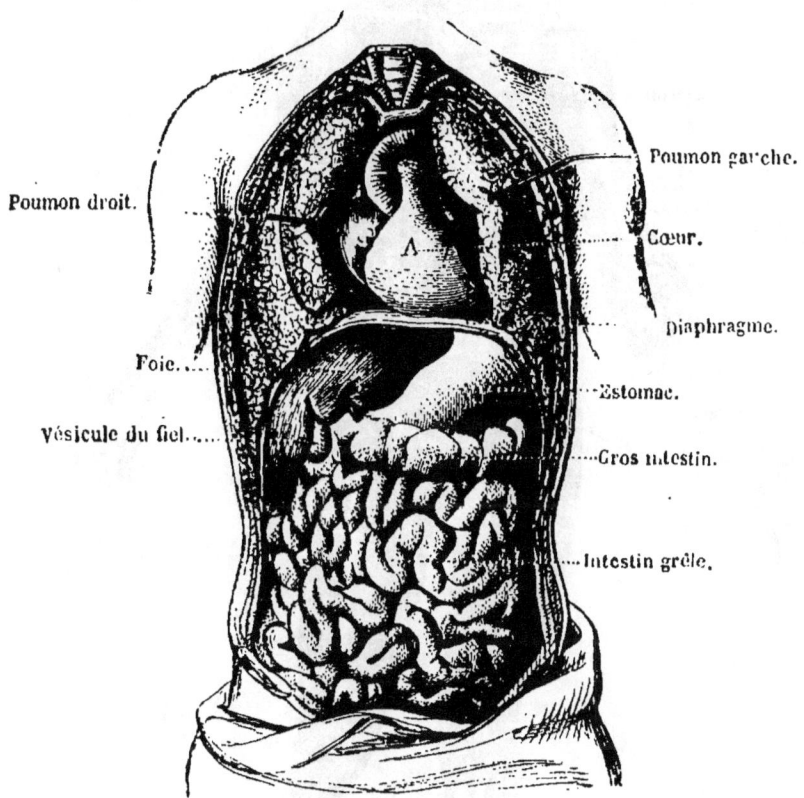

Fig. 1. — Tronc de l'Homme, ouvert.

vexité tournée vers le haut, sépare le thorax de l'abdomen; c'est le *diaphragme* (*ibid.*), qui peut, en aplatissant et en reprenant alternativement sa voussure, accroître ou diminuer tour à tour la hauteur de la cavité du thorax, permettre aux poumons de s'allonger, ou les forcer à revenir sur eux-mêmes, et contribue ainsi à appeler l'air dans les organes respiratoires ou à l'en chasser.

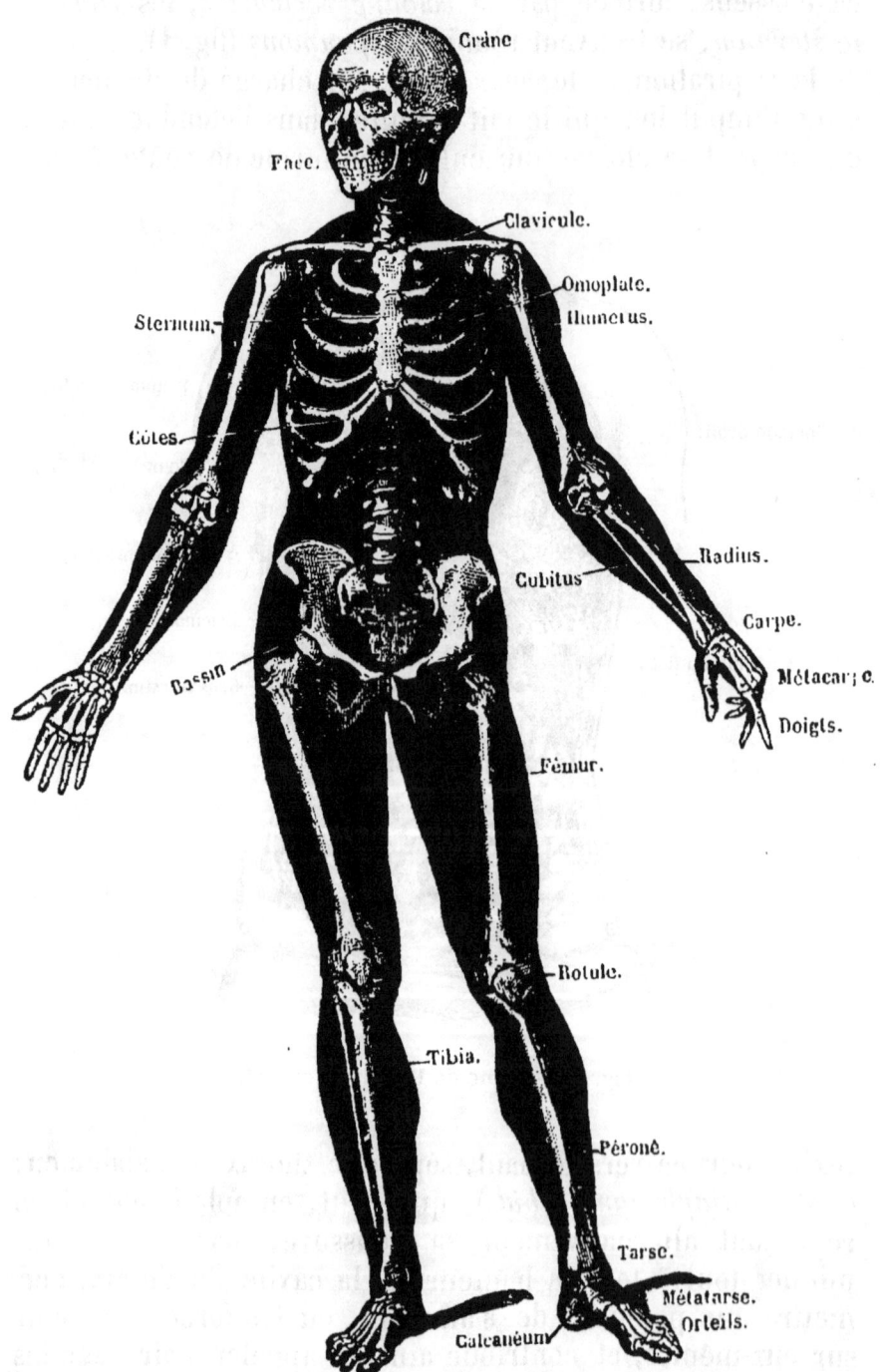

Fig. 2. — Squelette de l'Homme.

L'abdomen contient, entre autres, les organes digestifs : l'*estomac*, le *foie*, le *pancréas*, l'*intestin* (fig. 2), et les organes de la sécrétion urinaire, c'est-à-dire les *reins* et la *vessie*. Ses parois latérales, supérieure et antérieure, sont essentiellement formées par des parties molles, des *muscles*, qui viennent s'attacher, en arrière sur la colonne vertébrale, en bas sur une sorte de cuvette solide formée par les os du *bassin* (fig. 2), en haut sur les os de la cage thoracique.

§ 10. **Les membres**. — Les membres (fig. 2) sont au nombre de quatre, symétriques deux à deux, et ayant des fonctions bien différentes, puisque les deux membres supérieurs, les *bras*, servent exclusivement à palper et à saisir, tandis que les deux inférieurs, les *jambes*, servent exclusivement à la marche.

Cependant les deux paires de membres sont exactement construites sur le même plan; chaque membre se divise, en effet, en trois parties, qui sont : pour le membre supérieur, le *bras*, l'*avant-bras* et la *main*; pour le membre inférieur, la *cuisse*, la *jambe* et le *pied*.

Les membres sont formés de *muscles* et d'*os*. Le bras et la cuisse (fig. 2) sont soutenus respectivement par un seul os : le bras, par l'*humérus*, la cuisse par le *fémur*. Il existe deux os au lieu d'un dans l'avant-bras et la jambe : ce sont le *cubitus* et le *radius* pour le premier, le *tibia* et le *péroné* pour la seconde. Un os en forme de disque, la *rotule*, se trouve au-devant du fémur et du tibia. Dans la main et le pied se trouvent six rangées transversales d'os; la première rangée est formée de trois os, la seconde de quatre, les quatre autres chacune de cinq. Les deux premières rangées, auxquelles s'ajoute, dans la main, un os supplémentaire, le *pisiforme*, forment le *carpe* ou *poignet* pour le membre supérieur, le *tarse* ou *cou-de-pied* pour le membre inférieur; la troisième rangée constitue le *métacarpe* et le *métatarse*, qui correspondent à peu près à la paume de la main et à la plante du pied; les trois rangées suivantes forment les *doigts* et les *orteils*, qui sont libres, de sorte que chacun d'eux est soutenu par trois os placés bout à bout et que l'on nomme les *phalanges*. Il n'y a d'exception que pour le doigt interne de chaque membre, le *pouce* et le *gros orteil*, qui n'ont chacun que deux phalanges.

La dernière phalange de chaque doigt est revêtue à sa face supérieure par une lame cornée, aplatie, qui grandit continuellement et qu'on nomme l'*ongle*.

§ 11. **Fonctions de relation et fonctions de nutrition.** — Par l'intermédiaire de ses membres et de ses organes des sens, l'Homme se met en rapport avec le monde extérieur; il apprend à connaître les objets qui l'entourent, apprécie les impressions qu'ils produisent sur lui, et peut ordinairement, à son gré, se déplacer par rapport à eux ou les déplacer par rapport à lui. A l'aide de ses membres et de ses organes des sens, l'Homme entre donc en relation avec le monde extérieur. Aussi donne-t-on le nom de *fonctions de relation* aux fonctions remplies par ces différents organes.

La plupart des organes internes de l'Homme sont utilisés pour sa propre conservation, pour l'entretien de sa vie, et celle-ci ne peut durer qu'à la condition qu'un certain nombre de fonctions nouvelles, constituant les *fonctions de nutrition*, soient régulièrement accomplies.

§ 12. **Organes des fonctions de relation.** — Les fonctions de relation sont de trois sortes : 1° la *locomotion*, accomplie par les membres ; 2° la *sensibilité*, dont les organes des sens et le système nerveux sont les *instruments*; 3° les *fonctions intellectuelles*, de qui dépend la *volonté*.

§ 13. **Caractères des diverses fonctions de nutrition.** — Les fonctions de nutrition sont les suivantes : 1° *digestion*; 2° *respiration*; 3° *sécrétion*; 4° *circulation*; 5° *assimilation*.

La *digestion* est l'ensemble des actes au moyen desquels les aliments solides et liquides sont introduits dans l'organisme et transformés de manière à pouvoir être utilisés pour l'entretien de la vie.

La *respiration* est la fonction qui préside aux échanges de gaz entre l'organisme et l'atmosphère.

La fonction de *sécrétion* comprend tous les actes qui ont pour but d'extraire de l'organisme des produits liquides ou solides, destinés à être utilisés de nouveau par lui ou rejetés au dehors. Généralement ces produits, et notamment ceux qui sont liquides, sont extraits du sang par des organes spéciaux, de forme et de volume très variés, parfois réduits à un simple tube, et qu'on appelle des *glandes*.

Les aliments prêts à être incorporés dans la substance de l'être vivant, les gaz qui doivent se fixer sur cette substance, les matières gazeuses ou solubles qu'elle rejette, sont momentanément emmagasinés, chez les animaux supérieurs, dans un liquide d'une haute importance, le *sang*, qui doit nécessairement, pour accomplir son rôle multiple, parcourir toute l'étendue du corps, porter à chaque partie les matériaux qui lui sont nécessaires et recevoir d'elle ceux dont elle doit se débarrasser. Les actes qui assurent ce mouvement continu du sang constituent la fonction de *circulation*.

Enfin les phénomènes qui se passent dans l'intimité même de la substance vivante, grâce auxquels cette substance s'incorpore les matériaux inertes contenus dans le sang, ces phénomènes si importants, mais si difficiles à bien connaître, forment une dernière fonction de nutrition, l'*assimilation*; elle a pour contre-partie la *désassimilation*, préface de la sécrétion qui rejette hors de l'organisme les composés inutiles formés par l'exercice de la vie.

L'assimilation se produisant partout, en tous les points de la substance vivante, il n'y a pas d'organes qui lui soient spéciaux. A l'accomplissement de toutes les autres fonctions concourent, au contraire, un certain nombre d'*organes*, et l'ensemble des organes qui dépendent de l'une d'entre elles est désigné sous le nom d'*appareil*. Il y a donc un *appareil de la digestion*, un *appareil de la respiration*, un *appareil de la circulation*, etc. Nous devons apprendre à connaître sommairement chacun de ces appareils.

RÉSUMÉ

1. La *Zoologie* est la branche de l'histoire des êtres vivants qui a pour objet l'*étude des animaux*.

Les *êtres vivants* se distinguent des *êtres inanimés* qui forment avec eux toutes les *productions naturelles*, en ce qu'ils se *nourrissent* en introduisant dans leur corps des substances étrangères destinées à remplacer d'autres substances qu'ils rejettent incessamment; en ce qu'ils

LES RÉGIONS DU CORPS ET LES FONCTIONS CHEZ L'HOMME.

naissent, *grandissent*, *se transforment*, *reproduisent* des êtres semblables à eux, *meurent* et paraissent alors *se décomposer* spontanément.

A ces facultés les animaux ajoutent trois facultés nouvelles, qui manquent généralement aux végétaux : celles de *se mouvoir*, de *vouloir* et de *sentir*, facultés qu'on nomme la *mobilité*, la *volonté* et la *sensibilité*. En outre ils peuvent absorber des *aliments solides* qu'ils introduisent dans une *cavité digestive*. Les végétaux ne peuvent absorber que des aliments liquides ou gazeux et n'ont pas de cavité digestive.

On divise donc les êtres vivants en deux Règnes : le *Règne animal* et le *Règne végétal*, entre lesquels il n'existe cependant pas de démarcation absolue.

II. L'organisation du corps de l'Homme est la même que celle des animaux les plus élevés qu'on nomme les *Mammifères*, et peut servir de point de départ à l'étude de l'organisation des autres animaux.

Le corps de l'homme comprend trois régions : la *tête*, le *tronc* et les *membres*.

La tête comprend le *crâne* et la *face*. Sur cette dernière sont réunis la bouche et les organes des sens.

Le tronc comprend le *thorax* et l'*abdomen*, séparés par une cloison transversale, le *diaphragme*. Le thorax contient le cœur et les poumons. L'abdomen contient la plupart des organes digestifs.

Les membres sont au nombre de quatre, symétriques, deux à deux, les *bras* et les *jambes*. Les bras et les jambes ont à peu près la même structure et se divisent respectivement en trois parties, qui se correspondent exactement.

La vie s'entretient, chez l'homme et chez les animaux, à l'aide de deux catégories de fonctions : les fonctions de *nutrition* et les fonctions de *relation*.

Les fonctions de nutrition sont au nombre de cinq : 1° la digestion ; 2° la respiration ; 3° la sécrétion ; 4° la circulation ; 5° l'assimilation.

Les fonctions de relation sont de trois sortes : 1° la locomotion ; 2° la sensibilité ; 3° les fonctions intellectuelles.

DEUXIÈME LEÇON

LA DIGESTION.

§ 14. **Description générale de l'appareil de la digestion.** — Quelque variées que soient, en apparence, les matières alimentaires, elles ne sont cependant que le résultat du mélange de trois sortes de substances, que nous pouvons aussi absorber isolément : les *matières féculentes*, telles que l'amidon, les sucres, les gommes, etc. ; les *matières grasses*, telles que les huiles, les beurres, les suifs et les cires ; les *matières albuminoïdes*, telles que le blanc d'œuf, la partie coagulable du lait ou du sang, la chair, etc. Les substances appartenant à chacune de ces trois catégories sont digérées de la même façon ; cela simplifie considérablement la tâche de l'appareil de la digestion. Cet appareil est un ensemble de cavités qui forment le *tube digestif*; il comprend aussi des glandes nombreuses. La première de ces cavités est la *bouche*, dans laquelle les aliments, broyés par les *dents*, que supportent les deux *mâchoires*, sont mélangés à des sucs qui commencent leur digestion et qui constituent la *salive*. De la bouche, les aliments, réduits en pâte molle, passent dans un tube qui les conduit à l'estomac et qu'on appelle l'*œsophage*. Lorsque les aliments sont introduits dans ce tube, ses parois se contractent en arrière de leur masse, en même temps que l'œsophage se raccourcit au-dessous, et la contraction, cheminant vers le bas, chasse le *bol alimentaire* jusque dans l'estomac. L'orifice de l'œsophage dans l'*estomac* s'appelle le *cardia*. De l'estomac les aliments, traversant un orifice nommé *pylore*, se rendent dans l'*intestin*.

§ 15. **L'estomac.** — L'estomac (fig. 1) est une poche volumineuse ayant à peu près la forme d'un gros œuf qui serait couché dans l'abdomen immédiatement au-dessous du diaphragme. L'œsophage vient se terminer un peu en dedans du gros bout de l'œuf, et le petit bout, tourné vers la droite, se prolonge en un tube qui n'est autre chose que l'*intestin*. L'orifice de communication entre l'estomac et l'intestin porte le nom de *pylore*; il est habituellement fermé par la contraction d'un muscle spécial qui l'entoure comme un anneau. Les parois de l'estomac peuvent se contracter comme celles de l'œsophage et faire marcher dans tous les sens les matières contenues dans l'organe. De la sorte, les aliments peuvent être intimement mélangés avec le *suc gastrique* qui perle de toutes parts, pendant la digestion, à la surface interne de l'estomac. Le suc gastrique, grâce à la *pepsine* qu'il contient et à son acidité, transforme en substances solubles dans l'eau les matières albuminoïdes telles que le blanc d'œuf, la partie solide du lait caillé, la chair, etc. Les matières nutritives, après avoir subi l'action du suc gastrique, prennent donc l'aspect d'une sorte de bouillie, qu'on appelle le *chyme* et qui passe dans l'intestin.

§ 16. **Le foie et le pancréas.** — A peine arrivé dans le tube intestinal, le chyme est arrosé par la *bile* que produit

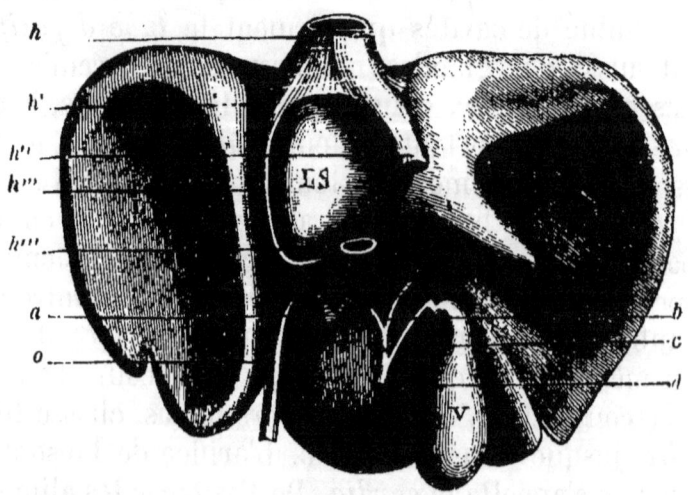

Fig. 3. — Foie, vu en dessous. — L*g*, L*d*, L*m*, L*s*, les différents lobes du foie; — *a*, artère hépatique; — *b* et *p*, veine porte conduisant le sang au foie; — *h*, *h'*, *h''*, *h'''*, veines emportant le sang du foie; — *o*, cordon fibreux; — V, vésicule du fiel; — *b*, *c*, *d*, canaux déversant la bile dans l'intestin.

le *foie* (fig. 3), grosse glande rouge brun, située à droite, dans l'abdomen, et recouvrant en partie l'estomac. La bile s'accumule dans la *vésicule du fiel* (fig. 3, V); elle arrête immédiatement l'action du suc gastrique, mais c'est pour laisser agir un suc nouveau, fourni par une nouvelle glande, le *pancréas*, et déversé dans l'intestin presque en même temps que la bile. Le *suc pancréatique* continue l'action du suc gastrique; de plus, il transforme en sucre l'amidon, la fécule, les gommes, et divise les graisses en une multitude de fines gouttelettes, semblables à celles qui donnent au lait sa blancheur. On dit alors que les graisses sont *émulsionnées*. Ces gouttelettes peuvent traverser les parois de l'intestin et pénétrer directement dans les vaisseaux absorbants qui rampent dans ses parois (fig. 5).

§ 17. **L'intestin: le suc intestinal et le chyle.** — La digestion est achevée par le *suc intestinal*, fourni par des glandes microscopiques (fig. 4), les *glandes de Lieberkühn*, contenues dans les parois de l'intestin lui-même.

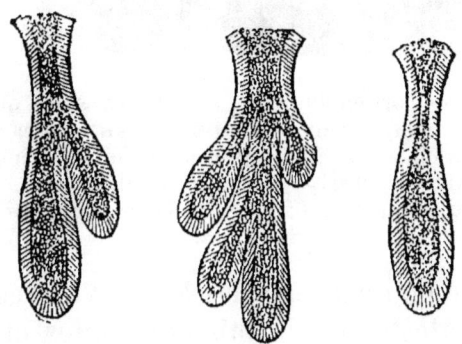

Fig. 4. — Glandes situées dans la paroi de l'intestin.

Les aliments digérés sont divisés en deux parties : l'une à demi solide, formée des résidus inutiles qui constituent les excréments ; l'autre, liquide, qui est absorbée par l'organisme et qu'on appelle le *chyle*. Ils parcourent la partie de l'intestin désignée sous le nom d'*intestin grêle* (fig. 1), et dont la longueur peut atteindre douze fois celle du corps. L'intestin grêle a un trajet très sinueux; il est en quelque sorte pelotonné sur lui-même, de manière à former un grand nombre de replis ou *circonvolutions;* il aboutit à un tube beaucoup plus large, le *gros intestin* (fig. 1), qui se divise en *côlon*, à parois bosselées, et en *rectum*, à parois lisses. Le rectum s'ouvre au dehors par l'anus, orifice de sortie des excréments.

§ 18. **Les chylifères et la veine porte.** — La paroi interne de l'intestin grêle a une apparence veloutée, due à la présence à sa surface d'une multitude de petites saillies cylindriques, relativement assez longues, qu'on nomme les *villosités*. Des villosités naissent de petits canaux qui, s'unissant entre eux, finissent par former un système compliqué de vaisseaux, les *vaisseaux chylifères* (fig. 5, *c*), dans lesquels le chyle s'accumule sous forme d'un liquide semblable à du lait. Ce liquide est conduit par les vaisseaux qui le contiennent dans un vaisseau plus gros, le *canal thoracique* (fig. 6), qui monte le long de la colonne vertébrale, et vient s'ouvrir, tout près du cœur, dans la *veine sous-clavière gauche*. Une portion considé-

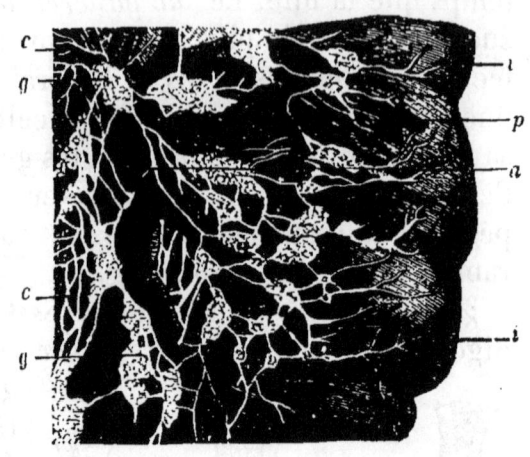

Fig. 5. — Portion d'intestin avec les vaisseaux qui lui correspondent. — *i*, intestin ; — *a*, vaisseaux artériels ; — *p*, rameaux contribuant à former la veine porte ; — *c*, vaisseaux chylifères ; — *g*, ganglions lymphatiques situés sur leur trajet.

rable du chyle est absorbée non par les vaisseaux chylifères, mais par les veines de l'intestin qui s'unissent toutes ensemble, de proche en proche, pour former une grosse veine, la *veine porte*, aboutissant au foie. Le chyle ainsi transporté au foie est converti, en partie, par cette glande en une sorte de sucre, le *glycogène*, qui s'accumule dans le tissu de la glande, où le sang le reprend au fur et à mesure des besoins de l'économie.

Les diverses parties de l'appareil digestif subissent, chez les Mammifères, de nombreuses modifications avec le régime alimentaire ; la plupart sont du ressort de l'anatomie, mais il en est de particulièrement frappantes, qui sont toujours faciles à observer et qui fournissent immédiatement des renseignements précieux sur les mœurs des animaux ; ce sont celles qui concernent les *dents*.

§ 19. **Dents.** — Les dents ont une structure assez différente de celle des os, qu'elles surpassent en solidité. Elles sont enfoncées dans des cavités spéciales des mâchoires; on appelle *racine* leur partie cachée dans ces *alvéoles;* leur

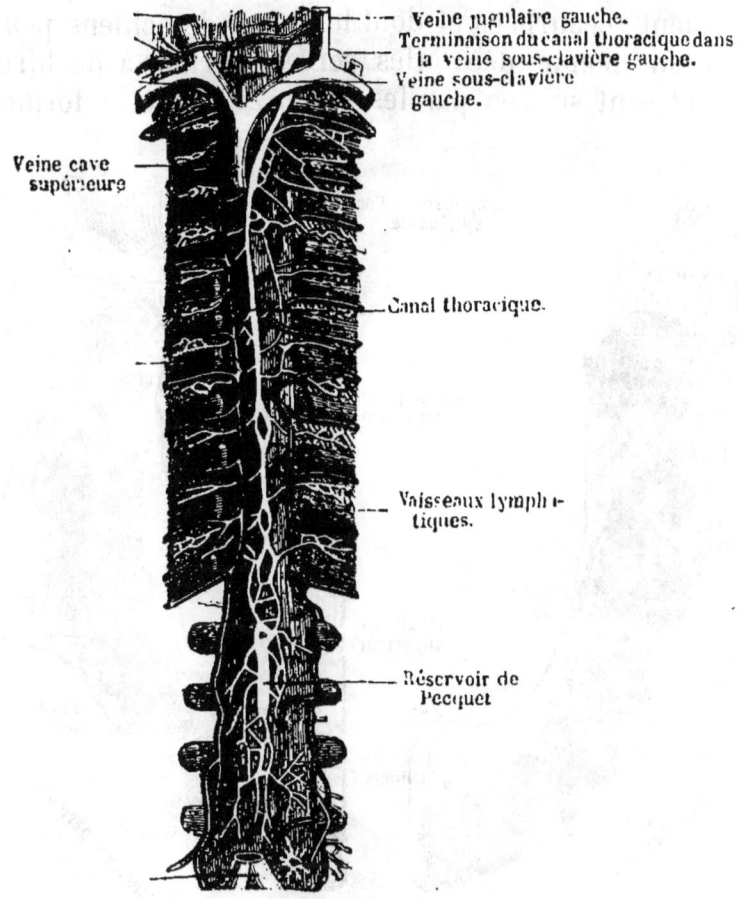

Fig. 6. — Canal thoracique.

partie saillante est la *couronne*. La substance dure de la dent est formée d'une trame organique, imprégnée de sels de chaux et qu'on désigne sous le nom d'*ivoire*. Sur la couronne, l'ivoire est revêtu par l'*émail*, brillant, parfois demi-transparent et d'une grande dureté; sur la racine, l'émail est remplacé par du *cément*, dont la structure ne diffère pas de celle des os.

Les dents ont, chez le même animal, des formes variées,

suivant les usages auxquels elles doivent servir (fig. 7) ; sur le devant de la bouche sont placées les *incisives*, généralement en forme de palettes, propres à saisir et à couper ; après elles, de chaque côté, viennent les *canines*, pointues, légèrement recourbées et dont les crocs des chiens peuvent donner une bonne idée ; elles servent surtout à déchirer la chair, et sont suivies par les *molaires*, dont la forme est

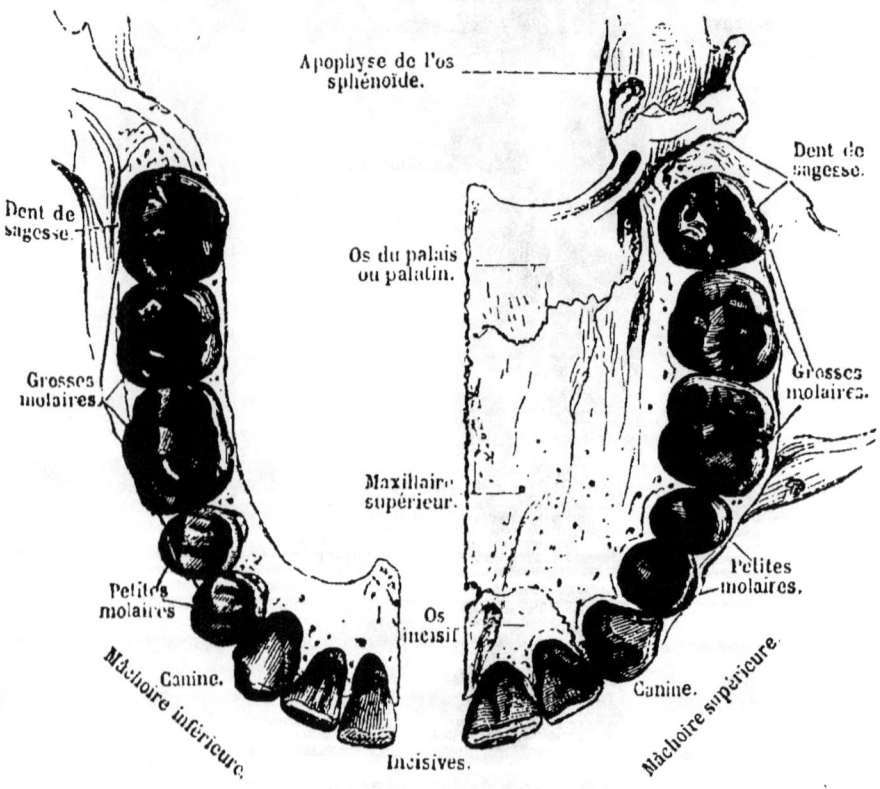

Fig. 7. — Dents de l'Homme adulte.

particulièrement variable avec le régime alimentaire ; nous aurons à signaler ces variations de formes en nous occupant des différents types de Mammifères. Le nombre des dents de chaque catégorie varie, comme leur forme, avec le genre de nourriture. Chez l'homme adulte, il existe, à chaque mâchoire et de chaque côté, deux incisives, une canine et cinq molaires, ce qui fait, en tout, trente-deux dents. Chez l'enfant, il n'existe d'abord que vingt dents, le nombre des molaires étant réduit à deux; mais ces dents, dites *dents de lait*, tombent vers l'âge de sept ans, et sont remplacées par d'autres, plus grandes et plus fortes; la dernière molaire, qui est aussi la plus grande et la plus forte, la *dent de sagesse*, n'apparaît que de vingt à vingt-cinq ans.

La plupart des Mammifères sont soumis comme l'Homme à un renouvellement des dents, qui a lieu à une époque plus ou moins précoce de leur vie.

RÉSUMÉ

L'appareil de la digestion comprend : 1° un ensemble de cavités formant le *tube digestif*; 2° des *glandes*.

Les cavités formant le tube digestif sont chez l'Homme au nombre de cinq : 1° la *bouche*; 2° l'*œsophage*; 3° l'*estomac*; 4° l'*intestin grêle*; 5° le *gros intestin*.

Les principales glandes annexes de l'appareil digestif sont : 1° les trois paires de *glandes salivaires*; 2° les *glandes à pepsine* et les *glandes muqueuses* contenues dans la paroi de l'estomac; 3° le *foie*; 4° le *pancréas*; 5° les *glandes de Lieberkühn*, contenues dans la paroi de l'intestin grêle.

Ces glandes produisent des sucs qui transforment les matières alimentaires solides en matières solubles, aptes à passer dans le sang et à servir à la nutrition des organes. C'est dans cette transformation que consiste la digestion.

Toutes les matières alimentaires se ramènent à trois catégories : 1° les *matières féculentes*, telles que les amidons, les fécules, les gommes, les sucres; 2° les *matières grasses*, telles que les huiles, les beurres, les graisses et les cires; 3° les *matières albuminoïdes*, telles que l'*albumine* ou blanc d'œuf, le lait caillé et le fromage, la chair. Chacune de ces catégories de substances a son suc digestif spécial.

La *salive* transforme l'amidon et les fécules en sucre; le *suc gastrique*, produit par les glandes de l'estomac, rend solubles les matières analogues à la chair et au blanc d'œuf; la *bile*, produite par le foie et le *suc pancréatique*, digèrent les graisses. Le suc pancréatique et le suc intestinal achèvent en outre toutes les digestions commencées au moment où ils agissent.

Les aliments sont broyés par les *dents*, qui changent de forme avec le régime alimentaire des animaux. Les dents sont formées d'une substance particulière, l'*ivoire*, recouverte d'*émail* sur la couronne de la dent, de *cément* sur sa racine. L'Homme possède trois sortes de dents : les *incisives*, les *canines* et les *molaires*. Ces dents se renouvellent vers l'âge de sept ans.

TROISIÈME LEÇON

LA RESPIRATION. — LES SÉCRÉTIONS. — LA CIRCULATION.

§ 20. **Appareil de la respiration.** — L'appareil de la respiration est tout entier contenu dans la cavité thoracique ; il comprend la *trachée-artère* et les *poumons*.

La trachée-artère commence immédiatement au-dessous et en arrière de la bouche par un organe important, en forme d'entonnoir ; c'est le *larynx* (fig. 8), dans lequel des replis membraneux, les *cordes vocales* (b), mises en vibration par l'air chassé des poumons, produisent la voix. Au-dessous du larynx, la trachée-artère proprement dite est un tube demi-cylindrique, maintenu constamment ouvert par des arcs cartilagineux, descendant jusqu'au sommet de la poitrine, et là se divisant en deux branches, qui ne tardent pas elles-mêmes à se subdiviser à l'infini, de manière à former deux arbres très compliqués ; les rameaux de ces arbres portent le nom de *bronches* (fig. 9).

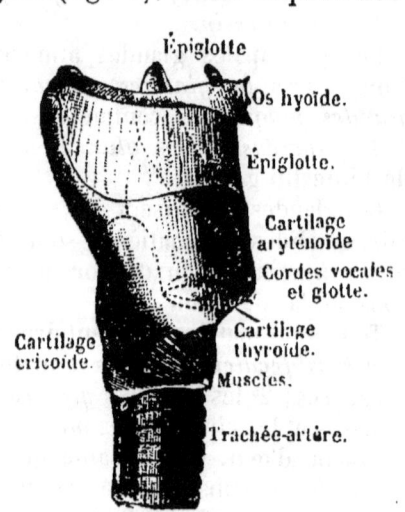

Fig. 8. — Larynx de l'Homme (1/3 gr. nat.).

Les plus fines ramifications des bronches se terminent par de petits sacs bosselés, indépendants les uns des autres, les *vésicules pulmonaires*. Des vaisseaux sanguins nombreux courent entre les bronches et forment, à la surface des vésicules pulmonaires, un réseau extrêmement serré. Ces vaisseaux, les nerfs qui les accompagnent, les bronches et les vésicules pulmonaires sont unis par un tissu élastique, et tout cet ensemble forme les *poumons*.

Les poumons remplissent presque toute la cavité de la poitrine ; ils sont enveloppés par une double membrane, la *plèvre*, dont un feuillet s'applique sur eux, tandis que l'autre revêt la paroi interne du thorax. Ces deux feuillets s'accolent sur tout leur pourtour et forment ainsi une sorte de sac

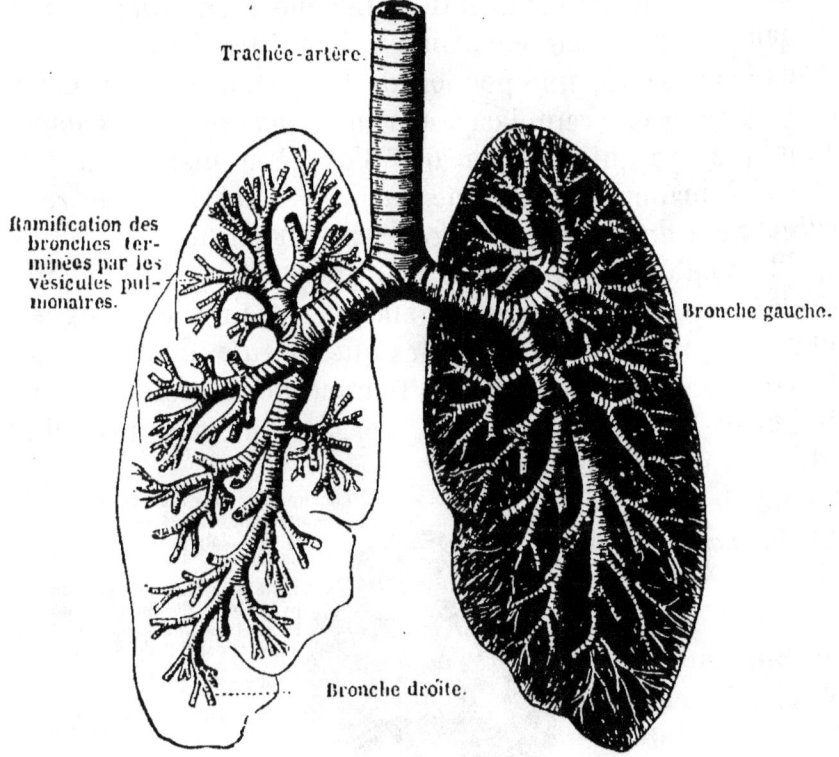

Fig. 9. — Trachée-artère et ramifications principales des bronches (1/6 gr. nat.).

dont les parois humides, glissant l'une sur l'autre, facilitent les mouvements du poumon.

§ 21. **Mécanisme de la respiration.** — On appelle *inspiration* l'acte par lequel une certaine quantité d'air pénètre dans les poumons ; *expiration*, l'acte par lequel une portion de l'air contenu dans les poumons est chassée au dehors.

L'inspiration est produite par le soulèvement des côtes, qui agrandit la poitrine d'arrière en avant et de droite à gauche, et par l'abaissement du diaphragme, qui l'agrandit de haut en bas ; les poumons suivent la cavité thoracique

LA RESPIRATION. — LES SÉCRÉTIONS. — LA CIRCULATION.

dans son accroissement de volume, et une certaine quantité d'air s'y trouve, par conséquent, appelée. L'abaissement des côtes et le refoulement du diaphragme dans la cavité thoracique déterminent l'expiration, durant laquelle les poumons, dont le tissu est élastique, reprennent le volume qu'ils avaient au début de l'inspiration. Chaque inspiration introduit dans les poumons environ un demi-litre d'air.

Dans l'air expiré, une portion de l'oxygène contenu dans l'air inspiré a été remplacée par un *égal* volume d'acide carbonique, ce qui indique que l'oxygène disparu a été employé à brûler une certaine quantité de carbone; *la respiration peut donc être assimilée à une combustion.*

§ 22. **Appareil sécréteur. Les glandes.** — En dehors des glandes qui produisent les sucs nécessaires à la digestion et de quelques autres, telles que la *rate*, dont le rôle est mal connu, il existe chez l'Homme deux grands appareils chargés de débarrasser l'organisme des produits inutiles et de les rejeter au dehors : ce sont la *peau* et les *reins*.

La peau contient une multitude de petites glandes en forme de tubes pelotonnés sur eux-mêmes ; ce sont les *glandes sudoripares*, chargées de produire la sueur, et dont les fonctions sont de première importance.

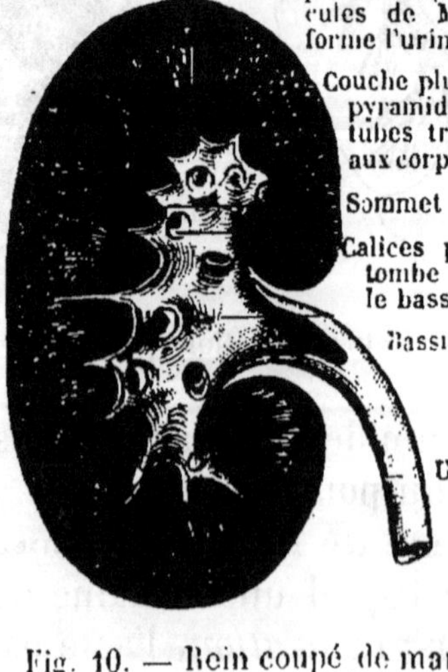

Couche extérieure marquée de points rouges; les corpuscules de Malpighi, où se forme l'urine.

Couche plus claire divisée en pyramides et formée de tubes très fins aboutissant aux corpuscules de Malpighi.

Sommet des pyramides.

Calices par lesquels l'urine tombe des pyramides dans le bassinet.

Bassinet.

Uretère.

Fig. 10. — Rein coupé de manière à montrer son organisation intérieure (1/3 gr. nat.).

Les reins (fig. 10) sont, au contraire, des glandes compactes de 1 décimètre de long environ, situées dans l'abdomen, de chaque côté de la colonne vertébrale, au-dessous de la rate et du foie. L'*urine* qu'ils produisent se rassemble dans une cavité, nommée **bassinet** contenue dans l'intérieur de chaque glande; elle est ensuite amenée par deux canaux, les *uretères*, dans un réservoir volumineux, la *vessie*, d'où elle se déverse au dehors.

Il y a une grande analogie entre la composition de l'urine et celle de la sueur; aussi l'activité de la sécrétion de l'urine est-elle souvent en raison inverse de celle de la sueur. Ces deux liquides contiennent un grand nombre de composés minéraux et surtout une substance particulière, très riche en azote, l'*urée*, qui ne peut s'accumuler au delà d'une certaine limite dans le sang, sans produire des accidents graves et amener rapidement la mort.

§ 23. **Description générale de l'appareil circulatoire.** — Le sang doit venir puiser des matières alimentaires dan

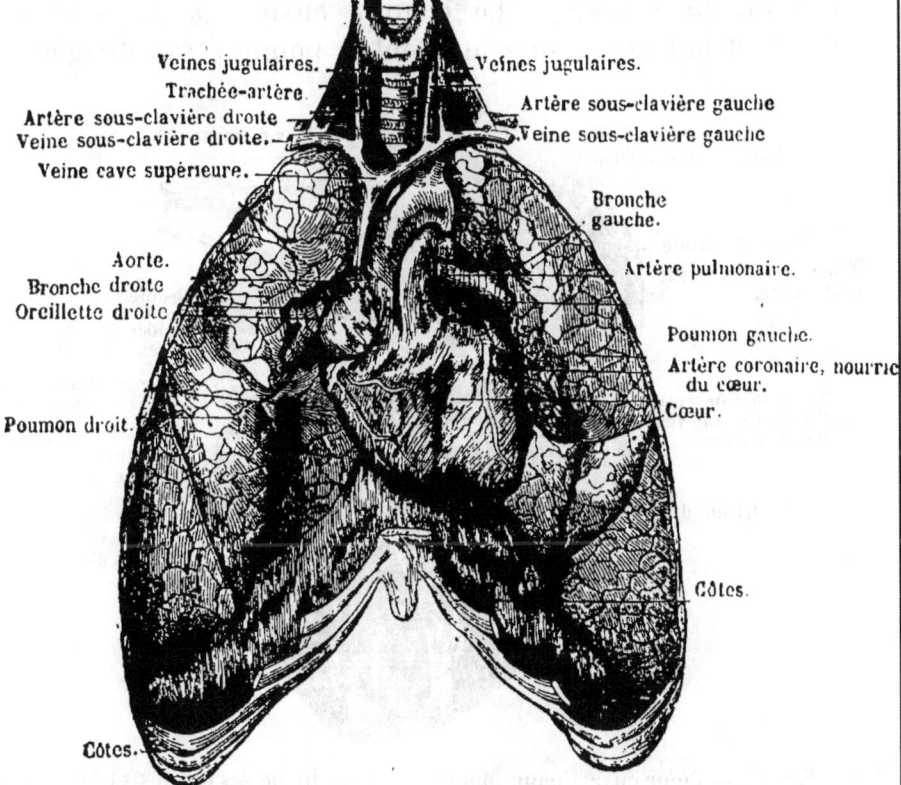

Fig. 11. — Cœur et poumons chez l'Homme (1/6 gr. nat.).

l'intestin, de l'oxygène dans les poumons, et transporter ces substances vivifiantes dans toutes les parties du corps; il doit, en outre, venir s'épurer dans le foie, les reins, la peau. Pour cela il chemine sans cesse dans un système de canaux complètement clos, au sein desquels il est mis en mouvement par un organe particulier, le *cœur* (fig. 11), situé dans la poitrine, entre les deux poumons. Chez l'Homme et les Mammifères, les vaisseaux qui conduisent le sang aux poumons et ceux qui l'en ramènent, forment un ensemble tout à fait indépendant de ceux qui se ramifient dans les diverses parties du corps. Aussi distingue-t-on une *petite circulation* ou *circulation pulmonaire* et une *grande circulation* ou *circulation générale*. Les vaisseaux des deux systèmes aboutissent les uns et les autres au cœur.

On nomme *veines* les vaisseaux par lesquels le sang revient au cœur; *artères*, ceux dans lesquels il coule loin du cœur.

§ 24. **Le cœur.** — Le cœur a environ la grosseur du poing et la forme d'un cône dont la pointe serait dirigée en

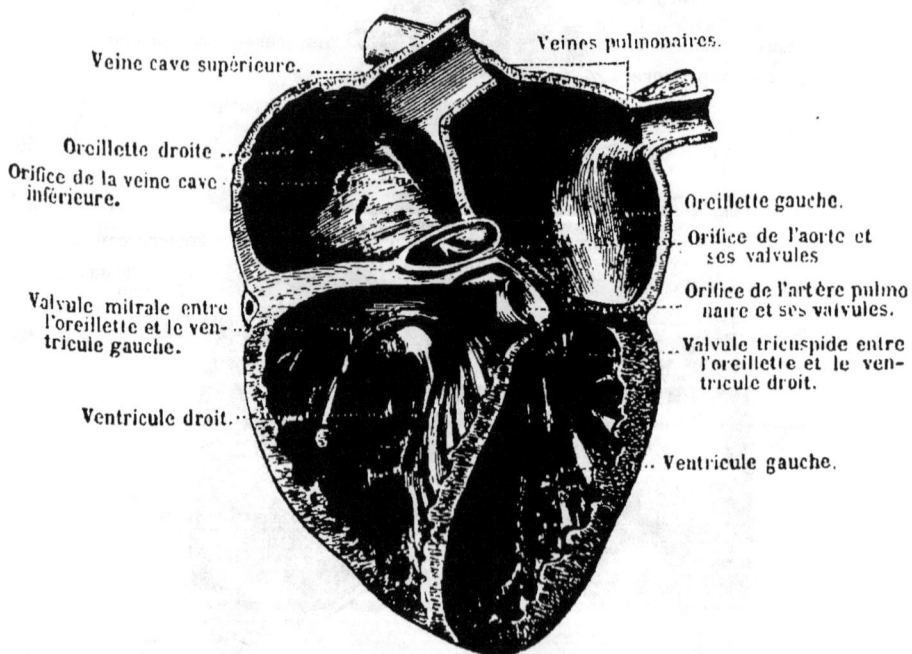

Fig. 12. — Cœur ouvert pour montrer l'intérieur de ses cavités et l'origine des vaisseaux qui en naissent (1/3 gr. nat.).

bas, en avant et à gauche. Ses parois sont musculaires; creusé de quatre cavités : deux *oreillettes* et deux *ventri*-

cules (fig. 12). Les oreillettes et les ventricules d'un même côté communiquent ensemble par un large orifice que peuvent fermer des replis membraneux constituant les *valvules*. Ces replis, en s'adossant les uns aux autres, lorsque les ventricules se contractent, empêchent le sang de repasser dans les oreillettes et l'obligent ainsi à s'engager dans les artères. Les oreillettes ne communiquent pas entre elles, et les ventricules pas davantage.

§ 25. **Les vaisseaux**. — L'oreillette droite reçoit les deux *veines caves*, qui y déversent le sang provenant de toutes les régions du corps. Ce sang est de couleur rouge brun ; il tombe dans le ventricule droit, d'où il est chassé vers les poumons au travers de l'*artère pulmonaire*. Cette artère, d'abord unique, se divise bientôt en deux branches, qui se rendent chacune à l'un des poumons et se ramifient à l'infini à l'intérieur de ces organes. Des ramifications les plus fines des artères pulmonaires, le sang passe, par l'intermédiaire de vaisseaux extrêmement délicats, les *capillaires pulmonaires*, dans les ramifications les plus fines des veines pulmonaires ; celles-ci se réunissent de proche en proche, et forment finalement, pour chaque poumon, deux veines qui se rendent isolément à l'oreillette gauche, où aboutissent, en conséquence, quatre vaisseaux (fig. 12). En sortant des poumons, le sang est devenu rouge vermeil ; il se rassemble dans l'oreillette gauche, passe de là dans le ventricule gauche, qui le chasse à son tour dans une grosse artère, l'*aorte* (fig. 11).

Fig. 13. — Portion de veine ouverte pour montrer les valvules.

L'aorte, née du cœur, remonte jusqu'à la base du cou, puis se recourbe vers la gauche en formant une sorte de *crosse*. Elle descend verticalement le long de la colonne vertébrale, fournissant sur son trajet toutes les artères du corps, et finit par se bifurquer pour former les artères des jambes. Toutes les artères se divisent à l'infini, comme les artères pulmonaires, et, à mesure qu'elles se divisent, elles diminuent de calibre; finalement, des capillaires unissent les dernières ramifications des artères à celles des veines de la grande circulation. L'intérieur de celles-ci est garni de *valvules* (fig. 13) ou replis membraneux en forme de poches, qui se remplissent de sang, obstruent alors la cavité de la veine, empêchent le retour du sang en arrière et ne lui permettent de cheminer que dans la direction du cœur.

§ 26. **Le sang.** — La partie liquide du *sang* est une humeur jaunâtre, capable de se coaguler, c'est-à-dire de se prendre en une masse demi-solide, qu'on appelle le *plasma* sanguin. Dans ce plasma nagent une infinité de corpuscules, les uns rouges, circulaires en forme de lentilles biconcaves, qui donnent au sang sa couleur; les autres sphériques et de couleur blanche. Ces *globules* sont vivants et interviennent d'une façon très active dans les fonctions de nutrition.

On peut retarder la coagulation du plasma sanguin en y ajoutant du sucre ou des sels alcalins; si l'on filtre alors le sang, les globules restent sur le filtre, et le plasma jaunâtre qui passe ne tarde pas à se séparer en deux parties, l'une solide, de même composition que la chair et qu'on nomme la *fibrine*; l'autre qui est le *sérum*. En chauffant le sérum ou en l'additionnant d'alcool, on en extrait une substance nouvelle, presque identique à du blanc d'œuf, l'*albumine*. Le liquide qui reste contient différents composés minéraux ou organiques, notamment du sel marin et du sucre, dissous dans une grande masse d'eau. Le sang est donc une solution de composés minéraux, de sucre, d'albumine et fibrine, dans laquelle nagent deux sortes de corpuscules vivants, les *globules blancs* et les *globules rouges*.

Un autre liquide, la *lymphe*, circulant dans les *vaisseaux lymphatiques*, dont les chylifères sont une dépendance, est formé d'un plasma ne contenant que des globules blancs. Des canaux bosselés, garnis de valvules, interrompus par des ganglions, et aboutissant par le *canal thoracique* et la *grande veine lymphatique droite* aux veines sous-clavières, constituent seuls l'appareil de la circulation lymphatique.

En circulant dans les organes, le *sang rouge* qu'y conduisent les artères abandonne de l'oxygène et se charge de diverses matières résultant de la décomposition de notre propre substance, notamment d'*acide carbonique* et d'*urée*. Il se transforme ainsi en *sang noir*, que les veines ramènent au cœur. Dans les poumons, le sang noir ou *sang veineux* refait sa provision d'oxygène ; il exhale, en même temps, par jour, 310 grammes d'eau et 850 grammes d'acide carbonique, contenant 232 grammes de charbon. Il redevient ainsi sang rouge ou *sang artériel*.

Durant le même temps, le sang abandonne encore, dans les reins et la peau, 1230 grammes d'eau et 58 grammes d'urée, contenant 18 grammes d'azote et 8 grammes de charbon. Pour réparer toutes ses pertes, il est nécessaire de fournir quotidiennement à l'organisme, en chiffres ronds, 240 mètres cubes d'air pur, 3 litres d'eau, 1100 grammes de pain, 300 grammes de viande et 200 grammes de légumes.

RÉSUMÉ

I. — LA RESPIRATION.

L'appareil respiratoire communique avec le fond de la bouche et par là avec les fosses nasales. Il débute par le *larynx*, organe de la voix, auquel fait suite la *trachée-artère*, tube vertical, maintenu béant par une série d'anneaux cartilagineux.

La trachée-artère se divise en deux bronches, l'une droite, l'autre gauche, qui se ramifient à leur tour en une infinité de bronches graduellement plus petites. Les plus fines bronches se terminent chacune par une *vésicule pulmonaire*. Les bronches, les vésicules pulmonaires, les vaisseaux qui amènent le sang dans l'*arbre respiratoire* et ceux qui le remportent, unis par un tissu spécial, constituent tous ensemble les deux *poumons*, l'un droit, l'autre gauche. Ces poumons sont enveloppés par la *plèvre*.

L'*inspiration* est l'acte par lequel l'air est appelé dans les poumons ; l'*expiration*, l'acte par lequel il est chassé des organes. Il contient alors de l'acide carbonique, provenant de la *combustion* de la substance du corps par l'oxygène de l'air.

II. — LA SÉCRÉTION.

Les principaux organes de sécrétion de l'Homme sont la *peau* et les *reins*.

LA RESPIRATION. — LES SÉCRÉTIONS. — LA CIRCULATION.

La peau contient les *glandes sudoripares*, en forme de tubes microscopiques pelotonnés sur eux-mêmes, qui produisent la *sueur*.

Les *reins* sont deux glandes compactes en forme de haricot, situées dans l'abdomen ; ils produisent l'*urine*, qui se rassemble dans la *vessie*.

La sueur et l'urine ont une grande analogie de composition ; elles contiennent, entre autres composés chimiques, dont la plupart sont des sels minéraux, une substance azotée, l'*urée*.

Par les poumons, l'Homme perd chaque jour 310 gr. d'eau et 232 gr. de charbon ; par la peau et les reins, il perd dans le même espace de temps 1250 gr. d'eau et 18 gr. d'azote. Il doit, pour ne pas dépérir, absorber dans ses aliments une quantité au moins équivalente de ces substances.

III. — LA CIRCULATION.

Deux liquides circulent dans l'organisme : le *sang* et la *lymphe* ; le premier étant seul véritablement nourricier.

L'appareil de la *circulation sanguine* comprend le *cœur* et les *vaisseaux*. On nomme *artères* les vaisseaux qui emportent le sang loin du cœur ; *veines*, les vaisseaux qui ramènent le sang au cœur.

Le cœur est divisé en deux moitiés *indépendantes*, l'une droite et l'autre gauche. Chaque moitié du cœur comprend deux cavités, une *oreillette* et un *ventricule*, qui communiquent largement l'une avec l'autre, quand les oreillettes se contractent, mais dont la communication est interrompue par des valvules quand c'est le tour des ventricules de se contracter.

L'oreillette droite reçoit par les deux *veines caves* tout le *sang noir* revenant du corps, le chasse dans le ventricule droit, qui l'envoie à son tour, par l'*artère pulmonaire*, dans les poumons. Le sang noir se transforme en *sang rouge* dans ces organes et revient à l'oreillette gauche par les deux paires de *veines pulmonaires*. L'oreillette gauche le déverse dans le ventricule gauche, qui le chasse enfin dans tout le corps par l'intermédiaire d'une artère unique, l'*aorte*, ramifiée indéfiniment.

La lymphe est un liquide incolore, contenant des globules blancs, qui circule dans des canaux spéciaux, les *vaisseaux lymphatiques*. Le sang se compose d'un liquide jaunâtre, le *plasma*, dans lequel nagent des globules blancs et surtout des globules rouges auxquels il doit sa couleur. Du plasma se sépare spontanément un corps solide, la *fibrine* ; le liquide restant est le *sérum*.

QUATRIÈME LEÇON

LA LOCOMOTION. — LE SYSTÈME NERVEUX.

§ 27. Les muscles et la locomotion. — C'est par le déplacement, les unes par rapport aux autres, des diverses parties du squelette (voir p. 5) que s'accomplit la locomotion chez l'Homme et les animaux supérieurs ; mais les os sont des pièces inertes, ne pouvant se déplacer par elles-mêmes ; il faut donc que des parties nouvelles viennent agir sur elles, pour obtenir ce résultat. Ces parties sont les *muscles*, qui forment la chair des animaux.

Les muscles, dont la couleur est d'un rouge vif et la structure fibreuse, s'attachent aux os par des sortes de cordons demi-transparents, durs, élastiques, qu'on appelle des *tendons*. On confond assez souvent, dans le langage usuel, ces tendons avec les nerfs, qu'il en faut soigneusement distinguer. Le *nerf de bœuf*, par exemple, est simplement un tendon, et quand on dit qu'une viande est nerveuse, c'est tendineuse qu'il faudrait dire.

Les muscles possèdent la propriété de se contracter, de se raccourcir, sous l'action de la volonté : ils s'attachent généralement par leurs deux extrémités à des os différents (fig. 14), et, lorsqu'ils se raccourcissent, ils rapprochent nécessairement leurs points d'attache l'un de l'autre ; les deux os sur lesquels se trouvent ces points d'attache sont ainsi forcés de basculer l'un sur l'autre. Les muscles du corps humain sont extrêmement nombreux, comme le montre la figure 14 ; c'est par leur intermédiaire que s'accomplissent tous les mouvements que nous sommes capables d'exécuter ; ceux au moyen desquels nous transportons notre corps d'un lieu à un autre ; ceux qui donnent à notre physionomie sa mobilité et son expression ; ceux mêmes qui ne sont soumis qu'en partie à l'action de notre volonté, comme le cligne-

LA LOCOMOTION. — LE SYSTÈME NERVEUX.

EXPLICATION

1. Extenseur commun des doigts.
2. Tendon du long extenseur du pouce.
3. 1ᵉʳ inter-osseux dorsal.
4. Adducteur du pouce.
5-5. Court abducteur, court fléchisseur et opposant du pouce (*éminence thénar*).
6. Adducteur et court fléchisseur du petit doigt (*éminence hypothénar*).
7-7. Court extenseur et long abducteur du pouce.
8-8. 2ᵉ radial externe.
9-9. 1ᵉʳ id.
10-10. Long supinateur.
11-11. Long fléchisseur propre du pouce.
12-12. Grand palmaire.
13. Petit palmaire.
14-14. Rond pronateur.
15-15. Brachial antérieur.
16-16. Triceps.
17-17. Biceps.
18. Frontal.
19. Temporal.
20. Triangulaire du menton.
21. Masséter (*entre ces deux muscles on aperçoit une partie du buccinateur*).
22. Sterno-cléido-mastoïdien.
23. Trapèze.
24. Deltoïde.
25. Grand pectoral.
26. Grand dentelé.
27. Grand dorsal.
28. Grand oblique.
29-29. Aponévrose fascia lata, enlevée en partie.
30. Tenseur de cette aponévrose.
31. Moyen fessier.
32. Grand fessier.
33. Droit antérieur.
34. Vaste externe.
35. Biceps fémoral.
36. Demi-tendineux.
37. Demi-membraneux.
38. 3ᵉ adducteur.
39. 1ᵉʳ adducteur.
40. Droit interne.
41. Couturier.
42. Vaste interne.
43-43. Jumeaux.
44-44. Soléaire.
44-45. Tendon d'Achille.
45. Long péronier latéral.
46. Court péronier latéral.
47. Extenseur commun des orteils et péronier antérieur.
42. Tendon du péronier antérieur.
48. Jambier antérieur.
49. Abducteur du petit orteil.
50. Ligament annulaire du tarse.

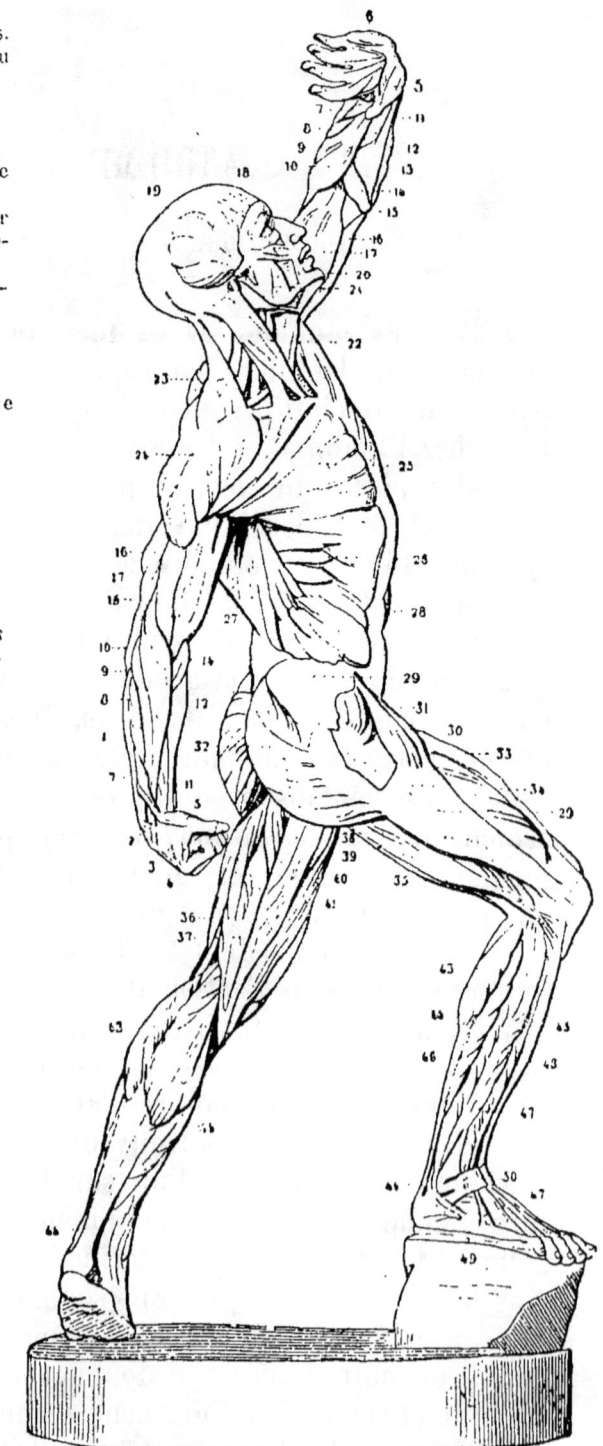

Fig. 14. — Les muscles de l'Homme.

ment des paupières, les mouvements d'inspiration et d'expiration, ou qui lui échappent complètement, comme les battements du cœur, les mouvements de l'estomac et de l'intestin pendant la digestion, etc.

§ 28. **Description générale du système nerveux.** — Les muscles eux-mêmes ne se contractent pas tout seuls ; ils ont besoin, pour cela, lorsqu'ils sont détachés du corps, de subir une excitation comme celle qui résulte d'un pincement, de l'action d'un acide, du froid, d'une décharge électrique. La volonté remplace ces excitations artificielles chez les animaux vivants, mais la volonté n'agit elle-même que par l'intermédiaire d'organes spéciaux qui constituent le *système nerveux*. Le système nerveux comprend essentiellement chez l'Homme et les autres Vertébrés : les *nerfs*, la *moelle épinière* et le *cerveau* ou *encéphale*.

§ 29. **Les nerfs; les ganglions et le grand sympathique.** — Les nerfs sont de longs cordons fibreux, blanchâtres, d'aspect légèrement nacré, partant de la moelle épinière ou du cerveau et venant se terminer dans toutes les régions du corps, dans tous les organes, dans les muscles notamment. Ils mettent ainsi les diverses parties de l'organisme en rapport étroit avec la moelle épinière et le cerveau. Les nerfs n'ont par eux-mêmes aucune action sur les organes ; ce sont, comme les fils de nos télégraphes, de simples conducteurs : les uns transportent, vers la moelle épinière et le cerveau, les impressions que font sur nous les objets extérieurs ; les autres transportent, au contraire, vers les organes, des ordres de mouvement ou d'arrêt venus soit du cerveau, soit de la moelle épinière. La moelle épinière et le cerveau possèdent donc seuls, en définitive, la direction de tout l'organisme ; ils en sont comme l'administration centrale ; c'est à eux que toutes les informations aboutissent, c'est d'eux que tous les ordres partent.

Quelques organes secondaires, les *ganglions*, sortes de renflements situés sur le trajet de certains nerfs, partagent avec eux ces fonctions d'organes directeurs. Deux chaînes de ces ganglions situés de chaque côté de la colonne vertébrale tiennent plus spécialement sous leur dépendance les organes de la circulation, de la respiration et par eux tous les viscères. Ils forment le *système* du *grand sympathique*.

§ 30. **La moelle épinière**. — La moelle épinière (fig. 15, D) est logée dans la colonne vertébrale, où elle est maintenue et protégée par trois enveloppes membraneuses superposées, les *méninges*. Elle a la forme d'un cône allongé, terminé inférieurement par un faisceau de filaments nerveux qu'on nomme la *queue de cheval*. Au niveau de chaque vertèbre elle produit deux nerfs symétriques, l'un à droite, l'autre à gauche, qui naissent chacun par deux racines placées l'une derrière l'autre; ces nerfs sortent de la colonne vertébrale par des trous correspondant aux intervalles des vertèbres. A sa partie supérieure, la moelle épinière s'élargit un peu, pénètre dans le crâne et vient se souder au cerveau.

§ 31. **Le cerveau**. — Le cerveau (fig. 15, A, B) remplit toute la cavité du crâne, qui se moule exactement sur lui. Il se divise immédiatement en deux masses principales : le *cervelet*, situé en arrière du prolongement de la moelle, et les *hémisphères*, qui couronnent la moelle et s'étendent

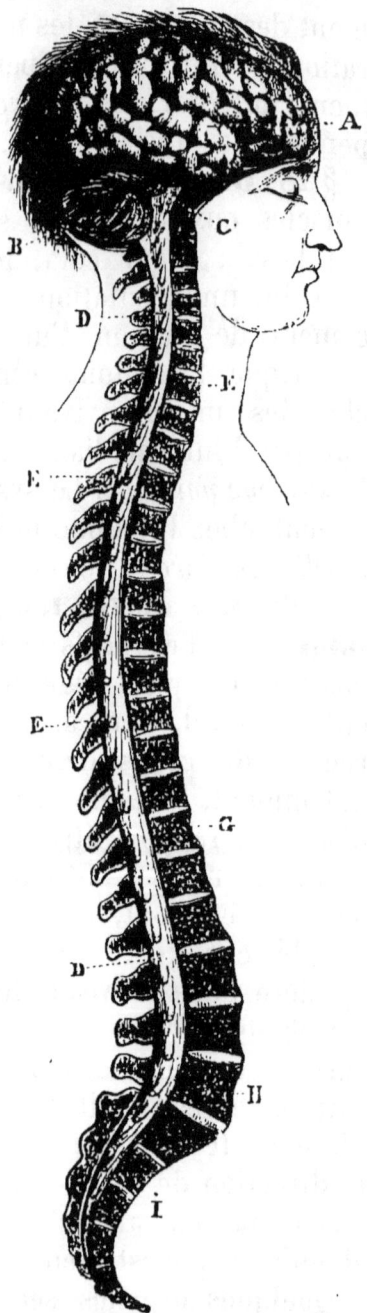

Fig. 15. — Système nerveux central de l'Homme. — A, hémisphères cérébraux; — B, cervelet; — C, moelle allongée; — D, moelle épinière; — E, racines des nerfs spinaux; — G, H, I, coupe de la colonne vertébrale.

au-dessus du cervelet. Il existe deux hémisphères cérébraux, symétriques, présentant chacun de nombreux replis, qu'on appelle les *circonvolutions*.

Une Grenouille, une Poule, auxquelles on enlève leurs hémisphères cérébraux, peuvent vivre pendant assez longtemps, se mouvoir même comme avant l'opération, ce qui indique que la moelle épinière suffit encore pour commander et coordonner des actes cependant fort complexes. Mais sur les animaux ainsi mutilés on observe un fait étrange : ils ne remuent pas spontanément, il faut que le contact d'un objet extérieur vienne les exciter à changer de place, et alors ils ne s'arrêtent que lorsqu'un obstacle se trouve sur leur route; ils avalent les aliments qu'on enfonce assez profondément dans leur bouche, mais ils ne cherchent plus leur nourriture et semblent ne pas éprouver le sentiment de la faim; un bruit violent les fait tressaillir, mais ils ne fuient pas; ils suivent en tournant la tête une lumière qu'on leur présente, mais ne savent pas éviter un obstacle : ainsi on peut dire que toute leur machine est intacte; ils sentent et peuvent se mouvoir, mais ils ne sont plus capables de mettre à profit les sensations qu'ils éprouvent pour diriger leurs mouvements; l'intelligence a complètement disparu; ils sont devenus de simples automates, n'ayant pas plus conscience de ce qui se passe autour d'eux que la plus vulgaire machine.

Tous les ressorts de l'automate sont combinés dans la moelle épinière, mais c'est le cerveau qui met en mouvement ces ressorts, qui apprécie quand et comment ils doivent agir. C'est par lui que l'homme *sent, pense* et *veut*. Il est comme une sorte de ministre dont les bureaux, minutieusement organisés, siégeraient dans la moelle, chargés de lui transmettre les informations, de recevoir ses ordres et de les expédier aux organes. Comme la moelle épinière, le cerveau donne naissance à des nerfs, au nombre de douze paires, parmi lesquels sont ceux qui aboutissent aux organes des sens.

RÉSUMÉ

Les organes de la locomotion sont le *squelette* et les *muscles*. Les os inertes composant le squelette sont mis en mouvement par la *contraction des muscles*. Ces contractions sont produites à leur tour par l'action du *système nerveux*.

Le système nerveux se compose des *nerfs*, des *ganglions*, de la *moelle épinière* et du *cerveau*. Les nerfs sont des cordons qui conduisent aux autres parties du système nerveux, les impressions venues des viscères de la peau et des organes des sens. La transmission peut s'arrêter aux ganglions ou à la moelle épinière, qui envoient alors par d'autres nerfs des ordres de contraction aux muscles, ou de sécrétion aux glandes, *sans que nous en soyons avertis*. Si les impressions arrivent au cerveau, elles donnent naissance à des *sensations*, à des *idées* ; nous en avons *conscience*, et la *volonté* intervient alors pour faire mouvoir telle ou telle partie du corps.

CINQUIÈME LEÇON

LES ORGANES DES SENS.

§ 52. **Les organes des sens en général.** — Nous arrivons à connaître le monde extérieur à l'aide de cinq catégories de renseignements, recueillis par des organes spéciaux qu'on appelle les *organes des sens*. L'aptitude que nous avons de recueillir l'une de ces catégories de renseignements constitue un *sens*.

L'Homme et la plupart des animaux possèdent cinq sens, qui sont : le *toucher*, le *goût*, l'*odorat*, l'*ouïe* et la *vue*.

§ 53. **Le toucher et la peau.** — Par le *toucher* nous parvenons à apprécier la forme des corps, leur poids, leur dureté, leur poli, leur élasticité, leur température, leur état de repos ou de mouvement.

Le toucher s'exerce par la *peau*, dont les diverses régions sont inégalement sensibles.

La peau se décompose en deux couches : l'*épiderme* et, au-dessous de lui, le *derme*.

L'*épiderme* est simplement une couche protectrice qui ne contient ni nerfs ni vaisseaux. Il se renouvelle constamment par sa couche profonde, tandis que sa couche externe se dessèche et tombe, souvent par petites plaques. C'est dans sa couche profonde qu'est contenu le *pigment*, qui donne à la peau des nègres sa couleur caractéristique. L'épiderme peut prendre une consistance cornée ; c'est lui qui constitue les ongles, les griffes, les sabots, et souvent les écailles, que présentent un très grand nombre d'animaux.

Le *derme*, bien plus épais que l'épiderme, présente à sa surface un grand nombre de petites saillies, les *papilles*, qui s'enfoncent dans l'épiderme et lui sont intimement unies. Il contient des amas de graisse, des vaisseaux et des nerfs très nombreux et très ramifiés. De petits corpuscules ovoïdes, visibles seulement au microscope, situés dans certaines papilles et auxquels viennent aboutir les dernières ramifications des nerfs de la peau, paraissent être chargés de recueillir les impressions si diverses qui résultent pour nous du contact des objets extérieurs.

§ 34. **Le goût.** — Le *goût*, qui nous permet de percevoir la saveur des corps, a pour siège presque exclusif la *langue* (fig. 16).

La langue, située dans la bouche, est un organe formé d'un grand nombre de muscles qui lui donnent une extrême mobilité. Elle est revêtue d'une sorte de peau fine et transparente, paraissant rose parce qu'on aperçoit la couleur du sang à travers son épaisseur, et portant, comme tous les revêtements analogues, le nom de *muqueuse*. La muqueuse de la langue, où viennent se terminer de nombreuses ramifications nerveuses, présente des papilles grandes, nombreuses, de formes très variées. Les principales, au nombre de six ou huit, forment, à la base de la langue, une sorte de V, à ouverture tournée au dehors. C'est dans la région de ces papilles que la sensibilité de la langue paraît être le plus grande.

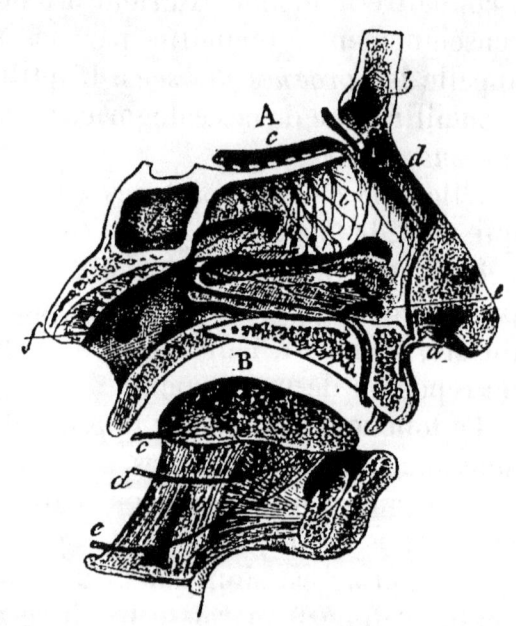

Fig. 16. — Coupe d'une partie de la face comprenant les fosses nasales. — A, fosses nasales : *a*, cloison des narines ; *b*, *b'*, cavités ou *sinus* des os du crâne ; *c*, nerf olfactif ; *d*, nerf nasal ; *e*, cornets du nez ; *f*, orifice de la trompe d'Eustache. — B, cavité buccale *a*, langue ; *b*, muscles hyoglosses ; *c*, nerf du goût (glosso-pharyngien venant du cerveau); *d*, *e*, nerfs moteurs de la langue.

§ 35. **L'odorat.** — Le sens de l'*odorat* réside dans les *fosses nasales*, que traverse, en grande partie, l'air atmosphérique, pour se rendre aux poumons. On appelle *fosses* *nasales* un ensemble de cavités qui, d'une part, communiquent avec l'extérieur par le *nez* et les *narines*, et, d'autre part, s'ouvrent largement dans l'arrière-bouche (fig. 16). Les parois des fosses nasales présentent trois anfractuosités principales : les *cornets supérieur, moyen* et *inférieur*, tapissés par une muqueuse qui est mise ainsi par une grande surface en contact avec l'air. Un nerf spécial, le *nerf olfactif*, issu du cerveau et se ramifiant surtout dans la partie du cornet supérieur tapissée par la *membrane pituitaire*, recueille d'une façon plus particulière les impressions causées par les effluves odorants.

§ 56. **L'oreille et l'audition.** — L'appareil de l'*ouïe*, chargé de recueillir les sons et d'apprécier leurs diverses

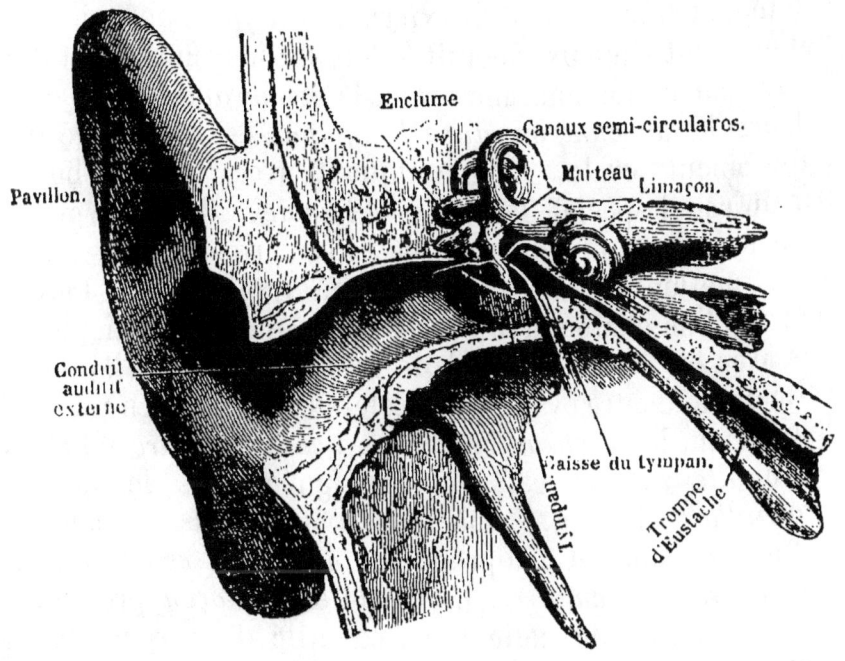

Fig. 17. — Appareil auditif

qualités, est bien plus compliqué que les précédents; on y distingue trois parties : l'*oreille externe*, l'*oreille moyenne* et l'*oreille interne* (fig. 17).

Comme on peut s'en assurer en plaçant une bandelette de papier à cheval sur une corde tendue pendant qu'on lui fait produire une note musicale, le son résulte d'une sorte de tremblotement régulier des corps; ces tremblotements réguliers sont désignés par les physiciens sous le nom de *vibrations*. Les vibrations des corps sonores se transmettent à l'air, qui les propage et les communique, à son tour, aux corps liquides ou solides avec lesquels il se trouve en contact.

L'oreille externe et l'oreille moyenne ont uniquement pour rôle de transmettre à l'oreille interne, en les renforçant, les vibrations qui leur sont communiquées par l'air. Ces vibrations sont seulement perçues dans l'oreille interne.

L'oreille externe (suivre la description sur la figure 17) comprend le *pavillon* ou *conque auditive*, dont la forme est bien connue, et le canal auditif externe, qui, après un trajet irrégulièrement sinueux, aboutit à l'oreille moyenne, dont il est séparé par une membrane ovale, la *membrane du tympan*.

L'oreille moyenne ou *caisse du tympan* est une cavité irrégulièrement ovale, communiquant avec l'arrière-bouche par un canal spécial, la *trompe d'Eustache*. D'autres orifices fermés par des membranes, la *fenêtre ronde* et la *fenêtre ovale*, mettent l'oreille moyenne en rapport avec l'oreille interne. Une chaîne de quatre osselets mobiles, articulés les uns avec les autres, s'étend de la membrane du tympan à celle de la fenêtre ovale. Ces osselets s'appellent, en raison de leur forme, le *marteau*, l'*enclume*, l'*os lenticulaire* et l'*étrier*.

L'oreille interne est aussi désignée sous le nom de *labyrinthe*; elle est formée de cavités creusées dans l'un des os du crâne, et comprend le *limaçon*, le *vestibule* et les *canaux semi-circulaires*. La cavité du *limaçon* présente la forme générale de celle d'une coquille d'escargot; les canaux semi-circulaires ont la forme de demi-cercles dont les extrémités sont en rapport entre elles et qui sont contenus dans trois plans perpendiculaires, deux verticaux, un horizontal. Des sacs membraneux sont contenus dans ces cavités; ils sont remplis par un liquide spécial, tandis qu'un autre liquide sépare leur paroi externe de la paroi osseuse. Les fibres des *nerfs acoustiques* viennent se terminer dans les parois de ces sacs membraneux.

Les vibrations sonores arrivant à travers le *canal acoustique externe* jusqu'à la membrane du tympan, celle-ci entre en vibration, et entraîne dans ses mouvements la chaîne des osselets ; le dernier os de cette chaîne communique donc toutes les vibrations de la membrane du tympan à la membrane de la fenêtre ovale, tandis que l'air de la caisse transmet les siennes à la fenêtre ronde. Ces deux membranes mettent finalement en mouvement les liquides de l'oreille interne ; c'est seulement alors que les terminaisons du nerf acoustique sont affectées.

§ 37. **L'œil et la vision.** — Les *yeux*, organes de la vue, comprennent, comme les organes de l'ouïe, des parties uniquement destinées à les protéger, d'autres chargées d'amener les rayons issus des objets externes, à peindre sur le fond de l'œil l'image de ces objets. Les excitations produites par ces images sur les terminaisons du nerf optique sont ensuite transmises par lui jusqu'au cerveau.

Chaque œil est contenu dans une cavité, l'*orbite*, à la formation de laquelle prennent part un très grand nombre d'os de la face. Les orbites peuvent être fermées, en avant, par les *paupières*, replis cutanés bordés de *cils*, et pouvant se rabattre au devant de l'œil, ou le laisser exposé à la lumière. Les *sourcils* forment un appareil de protection moins important. Enfin, une glande, située à la partie supérieure et externe de chaque œil, produit les *larmes* qui humectent la surface libre de l'œil, et sont conduites dans les fosses nasales par le *canal lacrymal*, s'ouvrant à l'angle interne des paupières.

Six muscles sont chargés de communiquer à l'œil les nombreux mouvements dont il est susceptible.

L'œil lui-même (fig. 18) est un globe formé en grande partie par une épaisse membrane blanche, la *sclérotique*. En avant, la sclérotique est percée d'un orifice circulaire, fermé par une membrane plus convexe qu'elle et qu'on nomme la *cornée transparente*. Au pourtour de cet orifice s'attache une sorte d'anneau vertical de couleur variable suivant les individus : c'est l'*iris*, dont l'ouverture centrale porte le nom de *pupille*. La pupille, qui paraît comme un cercle noir, se rétrécit à une vive lumière et s'agrandit à l'ombre. Derrière elle se trouve un corps transparent, le *cristallin*, ayant exactement la forme et les fonctions des lentilles de nos instruments d'optique. L'espace compris entre le cristallin et la cornée est rempli par un liquide semblable à de l'eau, l'*humeur aqueuse*.

La sclérotique est doublée par deux membranes : l'une,

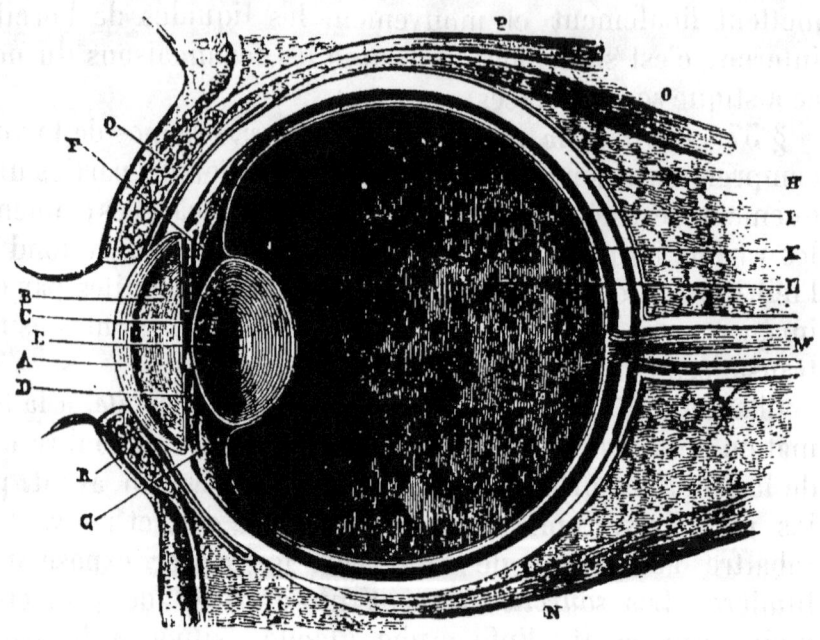

Fig. 18. — Coupe de l'œil. — A, cornée transparente; — B, chambre antérieure de l'œil; — C, pupille; — D, iris; — E, cristallin; — F, G, replis de la choroïde appelés *procès ciliaires*; — H, sclérotique; — I, choroïde; — K, rétine; — L, humeur vitrée; — M, nerf optique; N, O, muscles moteurs de l'œil; — P, muscle élévateur de la paupière supérieure; — Q, R, glandes contenues dans les paupières.

intérieure, de couleur jaune pâle, la *rétine*, est formée par les terminaisons des fibres du nerf optique; c'est sur elle que se forment les images, c'est elle qui est la partie sensible de l'œil. La rétine est séparée de la sclérotique par la seconde membrane, la *choroïde*, dont la couleur noire éteint les rayons lumineux qui ont traversé la rétine, et les empêche d'éclairer, en se réfléchissant, les diverses parties de l'œil, ce qui nuirait à la perception des images faibles. L'in-

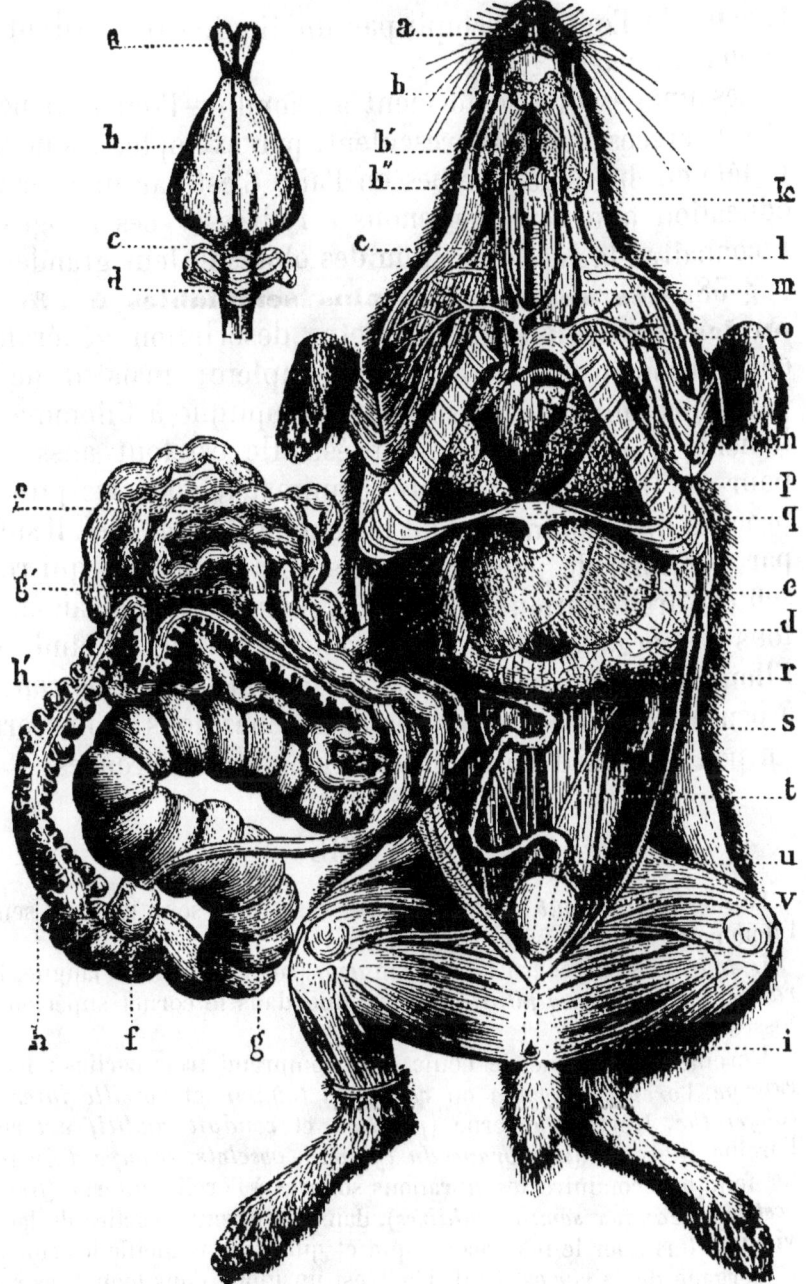

Fig. 19. — 1. Organisation du Lapin : *a*, dents incisives ; *b*, *b'*, *b"*, les trois paires de glandes salivaires ; *c*, œsophage ; *d*, diaphragme ; *e*, estomac ; *f*, intestin grêle ; *g*, cæcum ; *g'*, appendice vermiculaire du cæcum ; *h*, *h'*, côlon ; *i*, anus ; *k*, larynx ; *l*, trachée-artère ; *m*, artères carotides ; *n*, cœur ; *o*, aorte ; *p*, poumons ; *q*, extrémité du sternum ; *r*, rate ; *s*, sein ; *t*, uretères ; *v*, vessie. — 2. Cerveau du Lapin : *a*, nerfs olfactifs ; *b*, hémisphères ; *c*, tubercules quadrijumeaux ; *d*, cervelet.

térieur de l'œil est rempli par un liquide transparent, visqueux, l'*humeur vitrée*.

Les images qui se forment au fond de l'œil sont petites et renversées ; elles représentent, par exemple, les hommes la tête en haut, les jambes en l'air. C'est par une véritable éducation que nous parvenons à redresser ces images et à reconnaître la réelle position des objets et leur grandeur.

§ 38. **Les animaux les plus semblables à l'Homme ou les Mammifères.** — Notre description générale du corps humain est maintenant complète ; mais il ne faut pas croire que cette description s'applique à l'Homme seulement ; à quelques détails près, elle est tout aussi vraie pour un très grand nombre d'animaux, dont les plus rapprochés de l'Homme portent le nom de *Mammifères*. Il suffira, par exemple, de jeter les yeux sur la figure 19, qui représente l'organisation d'un Lapin, pour être convaincu que tous les organes dont nous venons de faire l'étude chez l'Homme se trouvent chez cet animal et ont même conservé à peu près la forme qu'ils possèdent chez nous ; nous verrons un peu plus tard en quoi consistent les différences.

RÉSUMÉ

Le *toucher*, le *goût*, l'*odorat*, l'*ouïe* et la *vue* sont les cinq sens de l'Homme et de la plupart des animaux.

Le *toucher* s'exerce par la peau, le *goût* par la base de la langue, l'*odorat* par la *membrane pituitaire* contenue dans le cornet supérieur des fosses nasales.

L'oreille est l'organe de l'ouïe ; elle comprend trois parties : l'*oreille externe*, l'*oreille moyenne* ou *caisse du tympan* et l'*oreille interne* ou *labyrinthe*. L'oreille externe (*pavillon* et *conduit auditif externe*) et l'oreille moyenne (*membrane du tympan*, *osselets*, *trompe d'Eustache*) ne font que conduire les vibrations sonores à l'oreille interne (*limaçon*, *vestibule*, *canaux semi-circulaires*), dans les diverses parties de laquelle vient se terminer le nerf acoustique et qui seule recueille les sons.

L'organe de la *vue* est l'œil. L'œil est un globe dans lequel les rayons lumineux ne peuvent pénétrer que par l'étroit orifice de la *pupille*. Les rayons lumineux concentrés sur le fond de l'œil par la *cornée*, l'*humeur aqueuse*, le *cristallin* et l'*humeur vitrée* viennent peindre les *images renversées* des objets extérieurs sur une membrane sensible, la *rétine*.

SIXIÈME LEÇON

PRINCIPALES DIVISIONS DU RÈGNE ANIMAL.

§ 39. **Différences entre les Hommes; races humaines.**
— Si, comme nous l'avons vu à la fin de la précédente leçon, les Mammifères présentent avec l'Homme de grandes ressemblances, à plus forte raison les différences d'un Homme à un autre doivent-elles être très faibles. Cela est vrai; et cependant les habitants des diverses parties du Globe ne sont pas identiques entre eux. Tout le monde sait qu'il existe des Hommes noirs et des Hommes blancs; tout le monde distingue à première vue un Chinois ou un Japonais d'un Européen. Il y a donc entre les Hommes des divers pays des différences constantes. Ces différences ne disparaissent pas lorsqu'on transporte d'un pays à un autre les Hommes qui les présentent. L'Européen transporté en Chine conserve ses caractères et les transmet à ses enfants; le nègre transporté en Europe demeure nègre, et ses descendants le sont aussi; leurs caractères respectifs sont donc, en quelque sorte, imprimés en eux-mêmes. L'ensemble des Hommes présentant ainsi des caractères communs qu'ils transmettent à leur postérité constitue ce qu'on appelle une *race*.

§ 40. **L'ensemble des races humaines constitue l'espèce humaine.** — Les races humaines aujourd'hui connues sont très nombreuses et variées, tout en se rattachant à certains types généraux, dont les plus tranchés sont: le *type blanc*, auquel nous appartenons; le *type jaune*, essentiellement asiatique; le *type nègre*, très répandu en Afrique, et le *type rouge*, du nord de l'Amérique.

Quelque différentes que soient ces formes extrêmes, on observe cependant entre elles tous les intermédiaires possibles; on peut passer de l'une à l'autre par une infinité de transitions insensibles; certains individus présentent des caractères tellement mixtes qu'on ne peut les rattacher à aucune race définie. Il est donc évident qu'entre les races humaines il n'existe aucune démarcation; on ne connaît, au contraire, aucun être intermédiaire entre l'Homme le plus inférieur et le plus élevé des Singes, le Gorille. Aussi considère-t-on les races humaines comme formant un seul tout, nettement séparé, auquel on a donné le nom d'*espèce humaine*.

Ces deux notions de la *race* et de l'*espèce* vont nous être d'une grande utilité pour l'étude du Règne animal, dont les formes ont une si grande diversité que l'on croirait impossible, au premier abord, de se reconnaître parmi elles.

§ 41. **Définition des mots : race et espèce.** — Pour bien fixer nos idées, jetons d'abord un coup d'œil sur les animaux qui nous sont le plus familiers, sur les *animaux domestiques*. Voici d'abord le Chien et le Chat. Les Chiens présentent entre eux des différences presque aussi nombreuses que celles dont les Hommes nous ont fourni des exemples. Il y en a de grands et de petits, de sveltes et élancés, comme les Lévriers, de lourds et massifs, comme les Bouledogues; les uns ont le poil ras, comme les Braques, d'autres le poil long et frisé, comme les Épagneuls ou les Terre-Neuve; ils ne diffèrent pas moins par leurs aptitudes que par leurs caractères extérieurs. D'autre part, les petits des Lévriers sont des Lévriers, ceux des Épagneuls, des Épagneuls; il existe donc des *races* parmi les Chiens comme parmi les Hommes. Entre ces races on peut observer une multitude d'intermédiaires; mais ces intermédiaires ne s'observent plus entre les Chiens et les Chats domestiques. Si variés que soient les Chiens, personne n'hésite à les reconnaître et n'est exposé à prendre certains d'entre eux pour des Chats. S'il n'existe aucune démarcation entre les diverses races de Chiens, il y en a une absolue entre les Chiens et les Chats; aussi dit-on que toutes les races de Chiens forment une *espèce*; les Chats en forment une autre, complètement distincte de celle des Chiens. De même les Porcs, les Bœufs, les Chèvres, les Moutons, les Coqs, les Dindons, les Pigeons, etc., forment autant d'espèces, comprenant chacune un certain nombre de races plus ou moins différentes.

Du moment que chaque espèce se multiplie avec la forme qui lui est propre et ne peut pas se mêler avec les autres espèces, il devient évident que les formes des animaux peuvent être très nombreuses, mais qu'elles ne sont pas en nombre infini; on peut donc songer à en dresser le catalogue, et nous pouvons encore simplifier beaucoup ce travail.

§ 42. **Ce qu'on entend par le mot : genre. — Convention des naturalistes pour dénommer les animaux.** — Sans sortir de notre propre pays, comparons nos animaux do-

Fig. 20. — Panthère.

mestiques aux animaux sauvages. Les Loups et les Renards sont deux espèces bien distinctes; ils sont tout aussi distincts des Chiens, et cependant c'est à peine si l'on peut constater entre ces animaux quelques différences d'ordre tout à fait secondaire. De même le Lièvre diffère à peine du Lapin ; à part la taille et la couleur, beaucoup d'animaux étrangers, la Panthère (fig. 20), le Jaguar, le Tigre (fig. 95, p. 125), le Lion, sont presque identiques à notre Chat. Ces espèces, si voisines qu'on ne peut les distinguer que par des détails sans importance, forment ce qu'on appelle un *genre*.

Le nombre des espèces qui forment un genre est très variable, mais il est parfois considérable ; il existe donc beaucoup moins de genres que d'espèces. On serait embarrassé pour donner un nom particulier à chaque espèce : il est relativement facile d'en attribuer un à chaque genre. Depuis Linné, les naturalistes, pour désigner les espèces, se servent de ce nom de genre comme nous employons notre nom de famille, et ils y ajoutent soit un autre nom, soit un adjectif, qui correspond à notre prénom[1]. Ainsi tous les animaux voisins du Chien portent le nom de *Canis*, tous ceux voisins du Chat celui de *Felis*. Le Chien domestique, le Loup, le Renard s'appellent respectivement : *Canis familiaris*, *Canis lupus*, *Canis vulpes* ; le Chat, la Panthère, le Tigre, le Lion s'appellent de même : *Felis catus*, *Felis pardus*, *Felis tigris*, *Felis leo*.

§ 43. **Autres termes employés dans la classification. Ce qu'on entend par classes.** — En comparant les différents genres, on reconnaît que les uns ont en commun un grand nombre de caractères importants, tandis que d'autres diffèrent presque en tout ; les genres les plus semblables entre eux forment des *familles*. Les familles entre lesquelles il existe des caractères semblables se groupent à leur tour en *ordres* ; les ordres en *classes*, et les classes peuvent enfin se ramener à un petit nombre d'*embranchements* distincts, se rattachant eux-mêmes à trois *types* différents d'organisation, à trois *sous-règnes*.

Par l'emploi de ces divisions successives on arrive évidemment à grouper les animaux d'après leur degré de ressem-

---

[1]. On est convenu d'emprunter ces noms au latin, afin que la même espèce puisse être désignée par les mêmes noms dans tous les pays.

blanc; c'est ce qu'on appelle les *classer*. Il devient dès lors facile de les décrire, puisque en effet, quand on connaît le type, la classe, l'ordre, la famille, le genre auxquels une espèce appartient, on sait qu'elle possède tous les caractères communs aux animaux appartenant comme elle à ces divisions; on connaît, par conséquent, tous ses traits essentiels, et il suffit, pour la caractériser complètement, d'indiquer par quels traits elle se distingue des autres espèces du genre dont elle fait partie. Ainsi, quand on connaît le corps d'armée, la division, la brigade, le régiment, la compagnie dont un soldat fait partie, il suffit de désigner son numéro matricule pour le retrouver dans sa compagnie, et l'on sait de plus, jusque dans les moindres détails, quel est l'uniforme de ce soldat.

§ 44. **Les animaux dont le corps est divisible en deux moitiés symétriques.** — Notre corps se divise en deux moitiés : l'une *droite*, l'autre *gauche*, exactement formées des mêmes parties. Les parties correspondantes de chaque moitié sont disposées de manière à se trouver respectivement à la même distance du plan idéal suivant lequel les deux moitiés se réunissent. Elles sont *symétriques*[1] par rapport à ce plan, qui est lui-même le *plan de symétrie* de notre corps.

Notre corps ne présente qu'un seul plan de symétrie, et il en est ainsi pour la plupart des animaux que nous observons habituellement autour de nous (fig. 19). Mais ce mode de combinaison des parties ne se retrouve pas dans toute l'étendue du Règne animal. Il convient de séparer des autres les animaux qui sont construits sur ce premier modèle, sur ce premier type. On les appelle les *animaux à symétrie bilatérale*.

---

1. Il est essentiel de remarquer que *symétrique* ne veut pas dire *identique*. Regardez votre image dans une glace; vous verrez qu'elle présente à gauche toutes les particularités que votre costume peut présenter à droite. Cette *image renversée* ne vous est donc pas *identique*; elle est symétrique de votre personne par rapport au plan constitué par le tain de la glace. De même un dessin vu par transparence au travers d'une feuille de papier est seulement symétrique du dessin réel. Il contient exactement les mêmes parties, mais *disposées en sens inverse*.

§ 45. **Les animaux rappelant les formes des plantes.**
— Le corps des végétaux présente ordinairement une tout autre symétrie; très souvent il est irrégulièrement ramifié, comme chez la plupart des végétaux verts; d'autres fois, comme chez certains champignons, il est symétrique par rapport à une infinité de plans de symétrie se coupant tous suivant une ligne verticale, l'*axe de symétrie*, de telle sorte que, de quelque côté qu'on le regarde, il paraît toujours le même. Les fleurs enfin possèdent très souvent plus d'un plan de symétrie; leurs parties se disposent comme les rayons d'une étoile. Il y a un assez grand nombre d'animaux dont les formes semblent calquées sur les formes végétales que nous venons de rappeler; on les a désignés depuis longtemps sous les noms d'*animaux-plantes*, de *Zoophytes*, ou moins justement de *Rayonnés*. Ils appartiennent à un *second type* du Règne animal, dont les formes les plus connues de tout le monde sont les Étoiles de mer, les Oursins, le Corail, les Madrépores, les Éponges.

§ 46. **Les plus simples des animaux ou Protozoaires.**
— Enfin, on réunit dans un troisième type, celui des **Protozoaires**, une foule d'animaux, presque tous microscopiques, dont le corps, réduit à une petite masse de substance gélatineuse, est entièrement dépourvu d'organes. La partie vivante de ces êtres change souvent incessamment de forme, de sorte qu'on ne peut lui attribuer aucune symétrie déterminée.

§ 47. **Dénomination des trois types d'animaux.** —
Afin de donner des noms ayant la même forme grammaticale à ces trois grandes divisions du Règne animal, on peut désigner les animaux divisibles en deux moitiés symétriques sous le nom d'**Artiozoaires**, qu'employait le naturaliste français de Blainville; les animaux rappelant les formes végétales seraient convenablement appelés **Phytozoaires**; quant au nom du troisième type, celui des **Protozoaires**, il est depuis longtemps dans le langage courant des zoologistes.

§ 48. **Autres caractères communs aux animaux à symétrie bilatérale.** — A ces caractères tirés de la disposition des parties du corps et qui, par cela même, s'aperçoivent au premier coup d'œil, viennent s'ajouter d'autres caractères qui accusent encore la séparation entre les trois types.

Presque tous les animaux à symétrie bilatérale rampent, marchent, nagent ou volent, *se déplacent*, en un mot. Leur déplacement s'accomplit de façon qu'ils *portent toujours en avant la même partie de leur corps;* cette partie mérite donc le nom de *partie antérieure;* elle est occupée par la *tête*, sur laquelle se trouvent, comme chez l'Homme, la bouche et les organes des sens. La partie opposée ou *partie postérieure* est souvent terminée par un prolongement du corps, qu'on appelle la *queue*. Ces mêmes animaux tournent toujours vers le sol la même face de leur corps; cette face, ordinairement moins colorée que l'autre, est leur *face ventrale;* l'autre face opposée est la *face dorsale*. L'attitude du corps étant ainsi nettement déterminée, l'une de ses moitiés est *gauche*, l'autre *droite*, sans interversion possible. Voilà pour les caractères extérieurs.

Les caractères intérieurs ne méritent pas moins l'attention. Les déplacements rapides que peuvent exécuter les animaux du premier type amènent des changements incessants dans les conditions qui les entourent. Ces changements perpétuels nuiraient au fonctionnement de leurs organes : aussi ces derniers n'accomplissent-ils d'échanges avec l'extérieur que par l'intermédiaire d'un liquide de composition constante, le *sang*. Ce liquide, mis en mouvement par un *cœur*, circule souvent dans des *vaisseaux;* c'est lui qui se charge de matières alimentaires dans les parois du *tube digestif*, et qui vient puiser l'oxygène de l'air dans un *appareil respiratoire* spécial.

Le type des *Artiozoaires*, dans lequel, le corps étant clos, les organes sont soustraits à la dessiccation, est le seul où l'on observe des animaux terrestres capables de vivre dans l'air.

§ 49. **Autres caractères communs aux Phytozoaires.** — Les animaux du second type reproduisent non seulement les formes des végétaux, mais un grand nombre d'entre eux vivent fixés au sol, comme ces organismes, la plupart des autres se meuvent ordinairement avec lenteur, et leur déplacement s'accomplit, en général, sans que leur corps soit assujetti à présenter une orientation déterminée. Il suit de là que ces animaux n'ont pour la plupart ni extrémité antérieure ni extrémité postérieure, ni tête, ni queue, ni dos, ni ventre, ni côté droit, ni côté gauche. Comme ils ne se déplacent guère, il n'est nullement nécessaire d'un intermédiaire entre leurs organes et le milieu extérieur. L'eau pénètre librement dans leur corps, dans lequel elle circule ; ils n'ont ni sang, ni cœur, ni appareil respiratoire spécial. Tous sont aquatiques et presque tous marins.

§ 50. **Autres caractères des Protozoaires.** — Les Protozoaires n'ont même plus de cavité digestive et englobent dans leur propre substance les aliments qu'ils veulent s'assimiler. Tous sont aquatiques ; beaucoup vivent en parasites à l'intérieur du corps d'autres êtres vivants.

§ 51. **Division en quatre embranchements du type des animaux à symétrie bilatérale.** — Les trois grands types d'animaux, ainsi définis, se divisent eux-mêmes en vastes groupes, qu'on nomme *embranchements*. Il y a quatre embranchements d'animaux à symétrie bilatérale, savoir : 1° les *Vertébrés* ; 2° les *Mollusques* ; 3° les *Vers* ; 4° les *Articulés*.

Dans les trois premiers embranchements, la peau est molle, alors même que l'animal habite une coquille calcaire ; les parties dures, quand elles existent, sont situées dans l'épaisseur de la peau ou au sein même des muscles, comme cela arrive pour le squelette humain. Dans le quatrième embranchement, la peau est couverte d'une sorte de vernis corné souvent encroûté de calcaire, la *chitine*, qui leur tient lieu de squelette. Cet embranchement est ainsi nettement isolé des trois premiers.

Les quatre embranchements des animaux symétriques se distinguent par des caractères que nous avons maintenant à énumérer, et qui apparaîtront d'autant plus nettement qu'on se rappellera les animaux vulgaires qui les présentent.

§ 52. **Caractères des Vertébrés.** — Les *Vertébrés* ont toujours, comme l'Homme, les parties molles de leur corps soutenues par des pièces solides, mobiles les unes sur les autres, constituant un squelette intérieur, dont toutes les parties se rattachent directement ou indirectement à une colonne vertébrale.

Tous ont un système nerveux composé, comme celui de l'Homme, d'un encéphale, d'une moelle épinière, de ganglions et de nerfs. L'encéphale et la moelle épinière sont toujours situés du côté dorsal du corps.

Presque tous ont quatre membres, symétriques deux à deux et composés des mêmes os que chez l'Homme. Tels sont les animaux couverts de poils ou *Mammifères*, les *Oiseaux*, les *Lézards*, les *Grenouilles*, et même les *Poissons*. On a désigné sous le nom de *Quadrupèdes* ceux qui marchent à l'aide de ces quatre membres. Bien qu'ils soient dépourvus de membres, les serpents sont aussi des Vertébrés.

§ 53. **Caractères des Mollusques.** — Les *Mollusques* fig. 21) n'ont jamais de colonne vertébrale, ni d'os mobiles les uns sur les autres. Quelquefois, comme chez les Poulpes et d'autres Mollusques marins, leur corps est complètement mou ; le plus souvent il est protégé par une co-

Fig. 21. — Mollusque à coquille spirale (Bulime, gr. nat.).

quille de consistance pierreuse. Tantôt cette coquille est enroulée en spirale (fig. 21), comme chez l'Escargot; tantôt elle est formée, comme chez l'Huître, de deux valves égales qui comprennent entre elles l'animal, comme la couverture d'un livre en comprend les pages. Ordinairement la coquille est assez grande pour que l'animal puisse se retirer entièrement dans son intérieur ; quelquefois elle est petite et cachée sous la peau, comme chez la Limace grise des jardins.

Le système nerveux n'est formé que de ganglions et de nerfs, les ganglions étant unis par des cordons de manière à former un *double collier* autour de la partie antérieure du tube digestif.

§ 54. **Caractères distinctifs des Vers et des Articulés.** — Un très grand nombre de *Vers* et tous les *Articulés* (fig. 22) ont le corps divisé en segments ou anneaux placés bout à bout. Chez les premiers, le corps est ordinairement protégé par une enveloppe plus ou moins résistante, et les anneaux portent des pattes, formées de plusieurs parties articulées les unes sur les autres. Les anneaux des Vers sont, au contraire, mous et dépourvus de pattes, ou portent, en guise d'organes locomoteurs, de simples mamelons charnus.

Le système nerveux des Vers dont le corps est divisé en anneaux et celui des Articulés sont formés

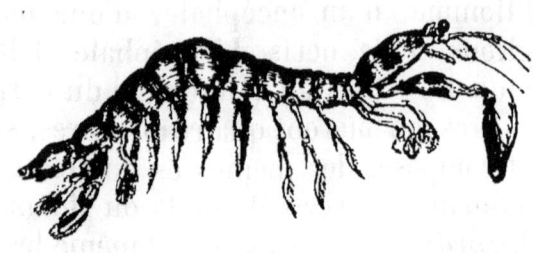

Fig. 22. — Articulé (Squille), caractérisé par son corps divisé en anneaux (1/4 gr. nat.).

d'autant de paires de ganglions que le corps a d'anneaux. Ces ganglions forment une double chaîne située du côté ventral du corps. La première paire des ganglions de la chaîne s'unit à une paire de ganglions dorsaux de manière à former avec eux un *collier unique* entourant l'œsophage, le *collier œsophagien*.

§ 55. **Division des Zoophytes en embranchements.** — Les animaux-plantes, Zoophytes ou Phytozoaires, se divisent en trois embranchements : 1° les *Échinodermes;* 2° les *Polypes;* 3° les *Éponges.*

§ 56. **Caractères des Échinodermes.** — La peau des Échinodermes (fig. 23) contient un squelette calcaire fort compliqué; très souvent de nombreuses épines calcaires la protègent. L'appareil digestif est nettement distinct des parois du corps, qui se divise presque toujours en cinq parties semblables entre elles, disposées en *rayons* autour d'une partie centrale ou *disque*. La plupart des Échinodermes actuels sont libres; ceux qui vivaient durant les premières périodes géologiques étaient, au contraire, généralement fixés au sol.

§ 57. **Caractères des Polypes.** — La peau des Polypes demeure souvent molle, et ce sont les parois mêmes du corps qui servent d'appareil digestif. La peau est bour-

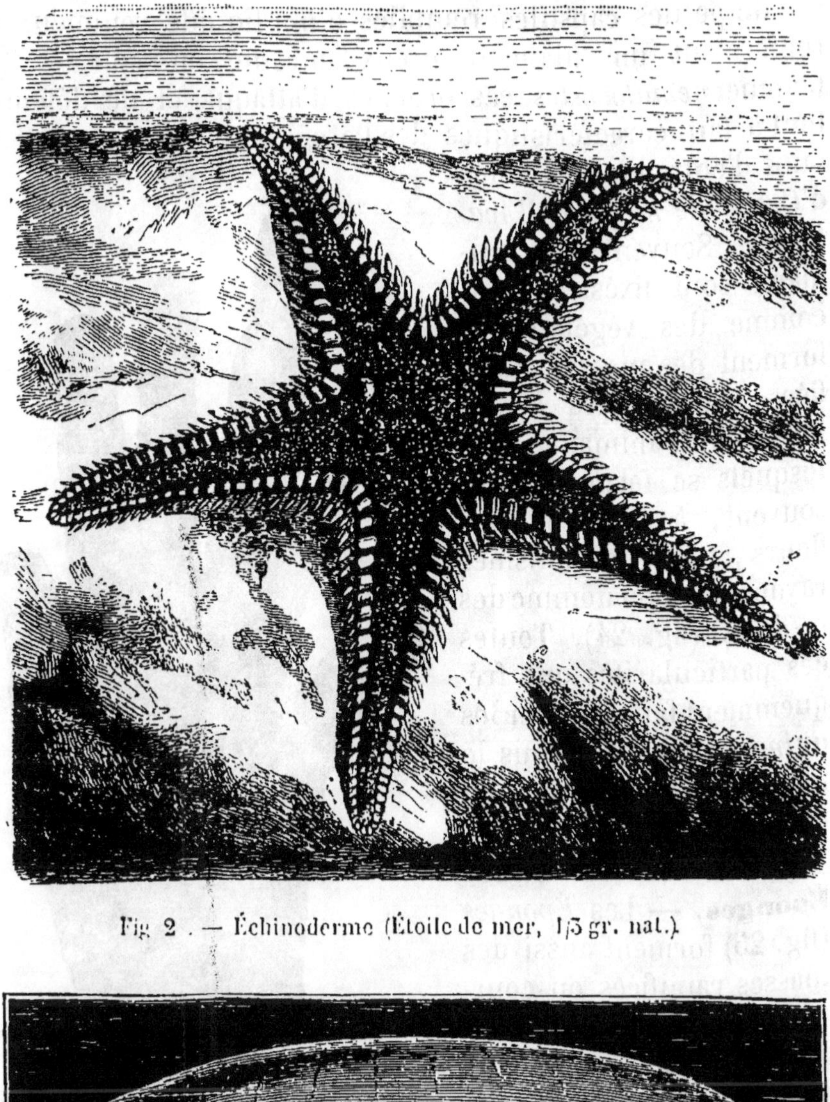

Fig. 2. — Échinoderme (Étoile de mer, 1/3 gr. nat.)

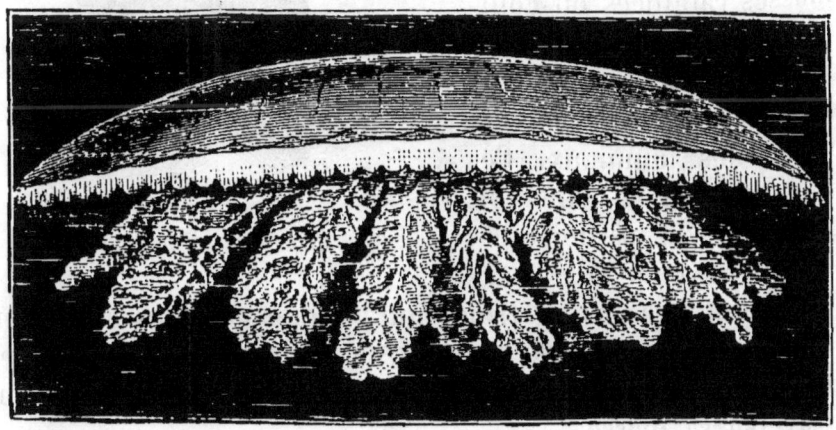

Fig. 24. — Méduse.

rée de petites capsules remplies d'un liquide venimeux et renfermant un filament creux enroulé en spirale. On nomme *nématocystes* ces organes d'attaque et de défense, tout à fait caractéristiques des Polypes; ils ont valu à certains d'entre eux les noms d'*Orties de mer* ou d'*Acalèphes*. Souvent ces animaux sont fixés au sol, comme des végétaux, et forment des masses ramifiées, semblables à des buissons d'animaux, sur lesquels se forment assez souvent, à la façon des fleurs, les organismes rayonnés qu'on nomme des *méduses* (fig. 24). Toutes ces particularités ont fréquemment fait désigner les *animaux rayonnés* sous le nom de *Zoophytes*, ou d'animaux-plantes.

§ 58. **Caractères des Éponges**. — Les *Éponges* (fig. 25) forment aussi des masses ramifiées ou compactes, fixées au sol, et plus semblables extérieurement à des végétaux qu'à des animaux. Ces masses, où l'on n'aperçoit jamais de disposition nettement rayonnée des parties, sont percées de trous que traverse sans cesse un courant d'eau. Au lieu de capturer sa proie, comme le font les Polypes, l'Éponge prend ce qu'elle peut dans l'eau qui traverse sa masse.

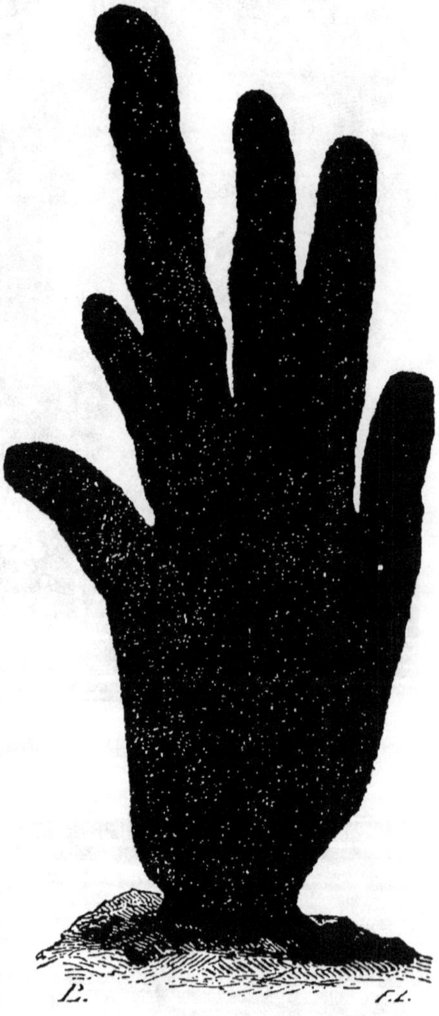

Fig. 25. — Éponge (Gant-de-Neptune).

§ 59. **Division des Protozoaires en embranchement.**

— Malgré leur extrême simplicité, les Protozoaires peuvent être répartis en deux embranchements : chez les uns, qu'on nomme les *Infusoires*, le corps est enveloppé d'une mince membrane qui lui impose une forme déterminée ; chez les autres, la gelée vivante qui forme tout le corps est nue et peut se découper en lobes ou en filaments incessamment variables de forme. Cette absence de forme déterminée dans les parties vivantes caractérise les plus simples des êtres vivants, les *Rhizopodes*.

RÉSUMÉ

Les animaux se répartissent en trois types distincts :

1° Les animaux dont le corps se partage en deux moitiés symétriques, qu'on peut appeler animaux à symétrie bilatérale, ou *Artiozoaires* ;

2° Les animaux dont les formes rappellent celles qu'on observe dans le Règne végétal et qu'on appelle animaux-plantes, Zoophytes ou *Phytozoaires* ;

3° Les animaux sans organes ou *Protozoaires*.

Seuls les animaux à symétrie bilatérale ont une extrémité antérieure, une extrémité postérieure, une tête, une face ventrale et une face dorsale, un côté droit et un côté gauche. Seuls ils possèdent du sang, un cœur, un appareil respiratoire. Souvent leur corps est formé par la répétition de parties identiques, *segments* ou *anneaux*. Ces parties sont alors disposées sur une seule ligne, à la suite les unes des autres.

Le corps des Zoophytes est souvent formé par la répétition de parties identiques, mais ces parties sont disposées sans ordre ou en rayonnant autour d'un centre.

Le type des animaux à symétrie bilatérale se divise en quatre embranchements : 1° les Vertébrés ; 2° les Mollusques ; 3° les Vers ; 4° les Articulés.

Le type des Zoophytes comprend trois embranchements : 1° les Échinodermes ; 2° les Polypes ; 3° les Éponges.

Le type des Protozoaires se partage en deux embranchements principaux : 1° les Infusoires ; 2° les Rhizopodes.

Tableau des caractères distinctifs des types et des embranchements du Règne animal.

			NOMS DES EMBRANCHEMENTS.
Animaux ayant un corps formé de deux moitiés symétriques, ordinairement libres de toute adhérence avec le sol, présentent seuls une extrémité antérieure, une extrémité postérieure, une face dorsale, une face ventrale, une tête, du sang, un cœur, un appareil respiratoire. (1ᵉʳ Type. — **Artiozoaires**.)	Un squelette intérieur rattaché à une colonne vertébrale, au moins représentée par une corde cartilagineuse. Système nerveux central formé d'un encéphale et d'une moelle épinière, tout entier situé du côté dorsal..		I. *Vertébrés*.
	Point de squelette intérieur formé de pièces séparées.	Corps habituellement enfermé dans une coquille. Système nerveux composé de ganglions réunis en un double collier œsophagien	II. *Mollusques*.
		Point de coquille. Corps souvent divisé en anneaux successifs; présentant alors une double chaîne nerveuse ventrale et un collier œsophagien. { Corps mou. Point de membres articulés.. { Corps revêtu d'une enveloppe cornée; des membres articulés..	III. *Vers*. IV. *Articulés*.
Animaux à corps irrégulièrement ramifié ou rayonné, rappelant souvent l'apparence des plantes, souvent fixés au sol, tous aquatiques, dépourvus de tête, traversés par un courant incessant d'eau. (2ᵉ Type. — **Phytozoaires**.)	Un tube digestif distinct des parois du corps, qui sont imprégnées de calcaire..		V. *Échinodermes*.
	Parois du corps servant de cavité digestive.	Des capsules urticantes; animaux vivant de proies qu'ils saisissent..	VI. *Polypes*.
		Point de capsules urticantes; animaux vivant de matières apportées par un torrent d'eau qui traverse incessamment leur corps..	VII. *Éponges*
Animaux dépourvus d'organes proprement dits. (3ᵉ Type. — **Protozoaires**.)	Corps revêtu d'une membrane qui lui donne une forme déterminée..		VIII. *Infusoires*.
	Corps sans revêtement extérieur complet, changeant incessamment de forme..		IX. *Rhizopodes*.

PRINCIPALES DIVISIONS DU RÈGNE ANIMAL.

SEPTIÈME LEÇON

PREMIER TYPE DU RÈGNE ANIMAL : LES ANIMAUX A SYMÉTRIE BILATÉRALE OU ARTIOZOAIRES. — LES CINQ CLASSES DE L'EMBRANCHEMENT DES VERTÉBRÉS.

§ 60. **Vertébrés terrestres et Vertébrés aquatiques**. — Indispensable à la vie des animaux, l'air existe dans la nature sous deux états : libre ou dissous dans la masse énorme des eaux qui recouvrent la plus grande partie de notre Globe, dans les eaux salées de la mer comme dans les eaux douces des lacs et cours d'eau. Les Vertébrés qui respirent l'air dissous dans l'eau sont au moins aussi nombreux que ceux qui respirent l'air libre; il est évident que les organes respiratoires des premiers ne sauraient être construits de la même façon que ceux des seconds. Leurs organes de locomotion devront être aussi différents, puisque cette fonction doit s'exercer sur la terre ferme ou dans l'air pour ceux-ci, dans l'eau pour ceux-là. Il y aura donc entre les Vertébrés qui respirent dans l'air et ceux qui respirent dans l'eau des différences qui justifient la division de l'embranchement des Vertébrés en deux sous-embranchements, que nous pouvons appeler simplement celui des **Vertébrés terrestres** et celui des **Vertébrés aquatiques**.

Les Vertébrés terrestres respirent tous à l'aide d'organes analogues à nos *poumons* (fig. 29). Les Vertébrés aquatiques, que l'on désigne habituellement sous le nom de **Poissons**, respirent à l'aide d'organes que nous devons apprendre à connaître et qu'on appelle des *branchies*.

§ 61. **Les branchies des Poissons**. — Les branchies des Poissons, que l'on nomme vulgairement des *ouïes* (fig. 26), sont le plus souvent formées d'une série d'arcs osseux situés de chaque côté de la tête, dans une cavité qui communique largement avec la bouche et que recouvre une sorte de couvercle mobile et libre en arrière, l'*opercule*. Ces arcs portent un très grand nombre de prolongements coniques, disposés comme les dents d'un peigne et recouverts d'une peau fine dans laquelle viennent se ramifier une multitude de vaisseaux.

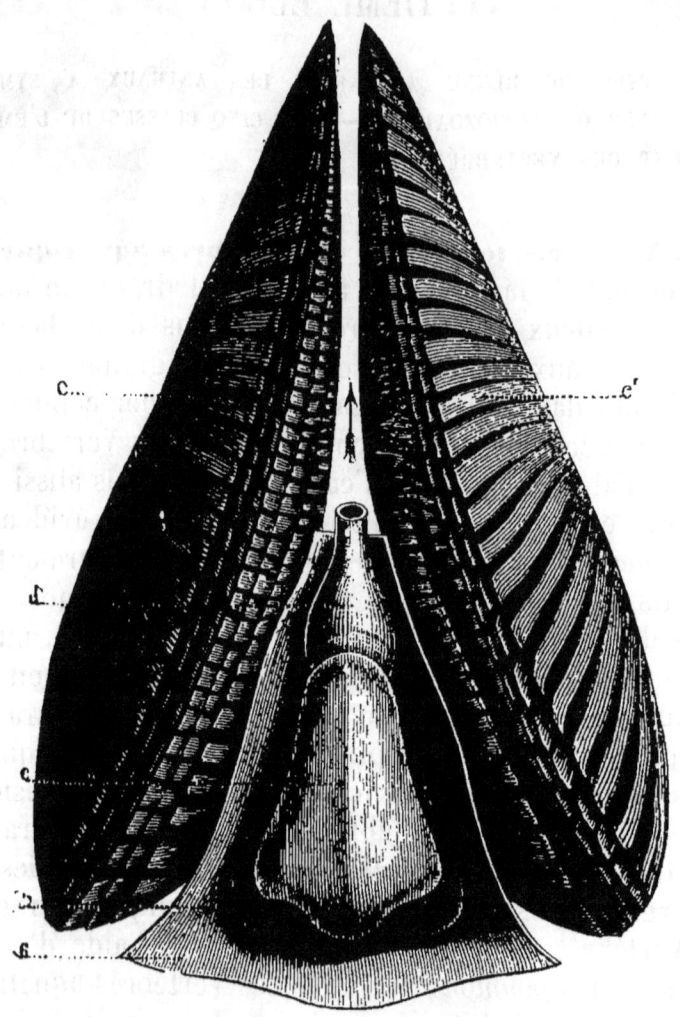

Fig. 26. — Cœur et branchies du Thon. — *a*, *b*, *c*, *d*, cœur; — *e*, *c'*, branchies.

L'animal introduit constamment de l'eau dans sa bouche en même temps qu'il ouvre et ferme ses opercules. L'eau, après avoir baigné les branchies, est rejetée par une fente située entre les opercules et le corps. C'est au travers de la peau des branchies que le sang extrait de l'eau l'air qui lui est nécessaire.

§. 62. **La vessie natatoire des Poissons n'est qu'un poumon employé à un autre usage.** — Beaucoup de Poissons possèdent, caché parmi leurs viscères, une sorte de sac membraneux, gonflé de gaz, qui est assez volumineux chez les Carpes, par exemple (fig. 162), et que les enfants s'amusent quelquefois à faire bruyamment éclater sous leur pied. Ce sac augmente le volume de l'animal, et lui permet de se maintenir sans effort entre deux eaux comme un ballon

Fig. 27. — Protoptère (1,5 gr. nat.).

gonflé se maintient dans l'air; aussi lui a-t-on donné le nom de *vessie natatoire*.

La vessie natatoire est souvent complètement fermée; souvent aussi elle communique avec l'extérieur par un canal qui s'ouvre soit dans la cavité branchiale, soit dans l'œsophage, et représente alors exactement une trachée-artère. Enfin des vaisseaux très nombreux peuvent venir se ramifier à sa surface; elle redevient alors un organe de respiration, un véritable *poumon*, grâce auquel le Poisson, déjà pourvu de branchies propres à la respiration dans l'eau, peut aussi respirer à l'air libre. C'est ce qu'on observe chez un grand poisson d'Australie, le *Ceratodus*, qui peut atteindre 2 mètres de long, chez le *Lepidosiren* du Brésil et le *Protoptère* de l'Afrique tropicale (fig. 27). Ces Poissons vivent dans des marais qui sont exposés à se dessécher, ou dont l'eau croupie peut ne plus contenir que des gaz méphitiques. Leurs branchies leur sont alors inutiles, et ils respirent à l'aide de leurs poumons.

§ 63. **Division des Vertébrés aquatiques en deux classes : les Poissons et les Batraciens.** — A l'air libre, les branchies des Poissons se dessèchent très vite et deviennent dès lors impropres à la respiration : les Poissons ne peuvent donc sortir de l'eau. C'est dans l'eau qu'ils doivent se mouvoir ; aussi leurs membres présentent-ils, en général,

Fig. 28. — Perche (1/3 gr. nat.).

la forme de rames aplaties, qui leur permettent de se déplacer rapidement : ce sont des *nageoires* (fig. 28).

Les nageoires prennent, chez les Poissons dont la vessie natatoire est devenue un poumon, une forme qui les rapproche déjà des membres des autres Vertébrés (fig. 27). Ces membres revêtent tous les caractères d'organes de locomotion terrestre chez d'autres animaux également aquatiques, mais pourvus de branchies et de poumons, tels que la *Sirène lacertine* de la Caroline du Sud, le *Protée anguillard* des lacs souterrains de la Carniole, l'*Axolotl* du Mexique (fig. 30). Les branchies de ces animaux sont externes et forment d'élégants panaches de chaque côté du cou. Chez l'Axolotl, les branchies disparaissent accidentellement, et l'animal, ainsi devenu aérien, ne peut plus respirer qu'à l'aide de poumons.

La disparition des branchies se produit régulièrement, à un certain âge, chez nos Salamandres, nos Crapauds, nos Rainettes et nos Grenouilles, qui passent alors d'une vie

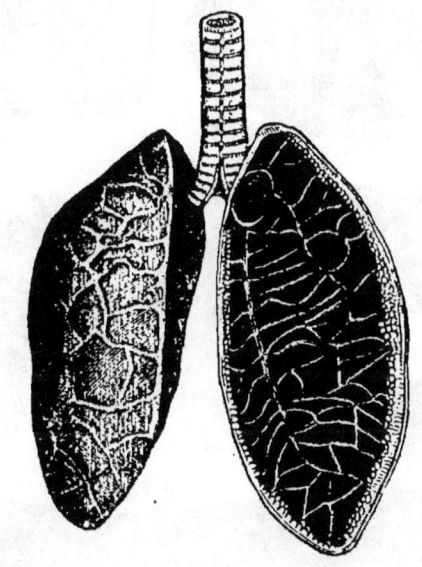

Fig 29. — Poumons en forme de sacs cloisonnés d'un Lézard (*Ameiva*).

exclusivement aquatique à une vie exclusivement aérienne. En même temps il se produit dans la forme de ces animaux des changements plus ou moins importants, qui constituent ce qu'on appelle leur *métamorphose*. Tous finissent par se mouvoir à l'aide de *pattes*.

On peut, en se fondant sur ces faits, répartir les Vertébrés aquatiques en deux classes : 1° les *Batraciens*, Vertébrés marcheurs généralement pourvus de pattes, possédant toujours des branchies dans le jeune âge et des poumons, avec ou sans branchies, à l'état adulte ; 2° les *Poissons* vertébrés nageurs, pourvus de rames aplaties au lieu de pattes, possédant des branchies toute leur vie, et dont le poumon joue généralement, quand il existe, le rôle d'organe d'équilibre.

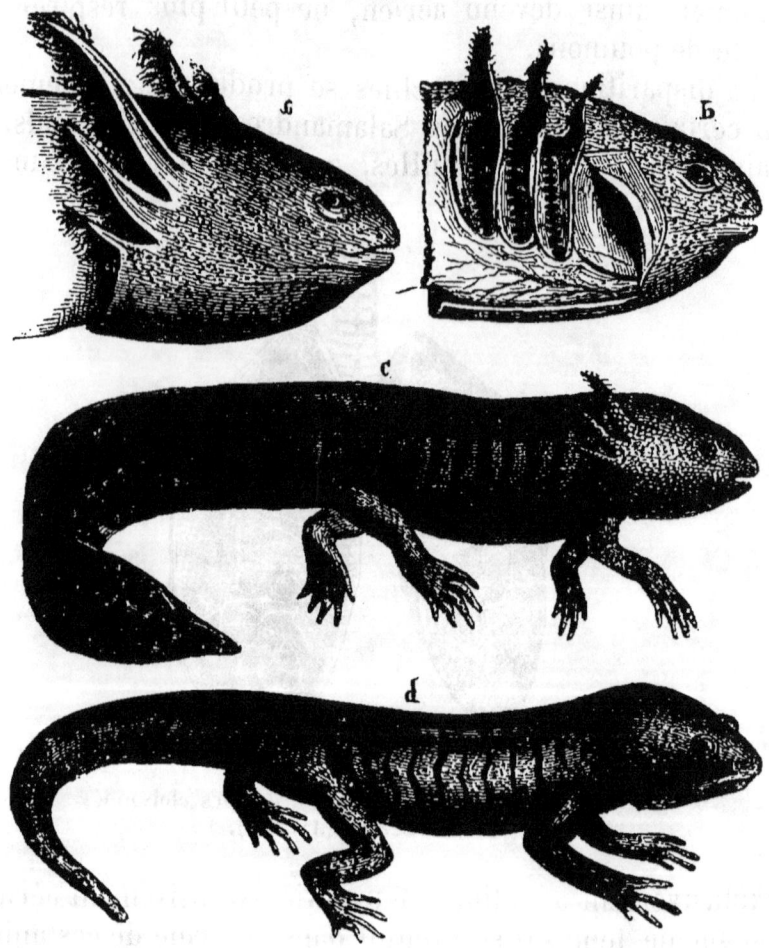

Fig. 30. — Axolotl à différents états. — *a*, tête d'Axolotl pourvue de ses panaches de branchies externes; — *b*, la même préparée de manière à montrer les branchies internes, analogues à celles des Poissons; — *c*, Axolotl pourvu de branchies; — *d*, Axolotl ayant perdu ses branchies (1/5 gr. nat.).

§ 64. **Division des Vertébrés à respiration aérienne en trois classes : 1° les Reptiles; 2° les Oiseaux; 3° les Mammifères.** — Les Poumons présentent chez les Vertébrés à respiration exclusivement aérienne des degrés divers de complication. Ce sont d'abord, comme chez les Batraciens, de simples poches suspendues à la trachée-artère, dont la cavité peut être traversée par des cloisons, et dont les parois présentent des replis de forme variée, destinés à augmenter leur surface. Cette disposition caractérise une première classe de Vertébrés terrestres, celle des **Reptiles** (fig. 29).

Dans une autre classe, celle des **Oiseaux**, la structure des poumons (fig. 31 et 32) devient si compliquée qu'ils paraissent être deux masses spongieuses, que l'air peut imprégner de toutes parts; ils supportent, en outre, de longs sacs

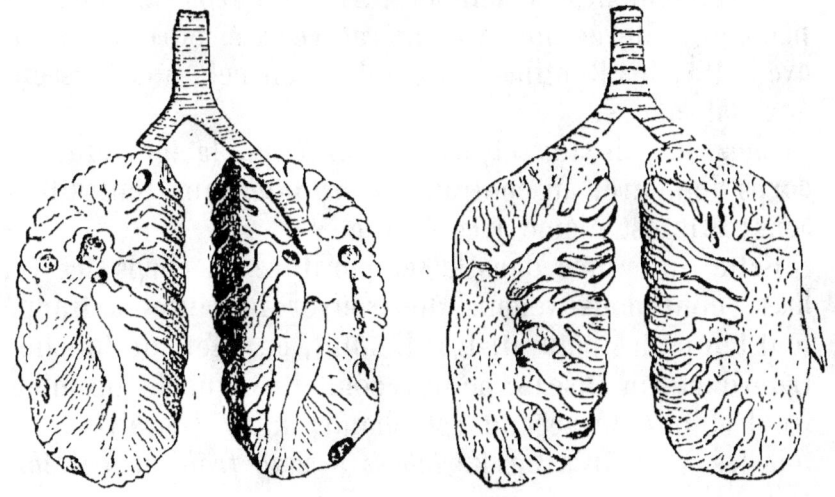

Fig. 31 et 32. — Poumons à bronches ramifiées d'un Pigeon, vus en dessus et en dessous.

remplis d'air, se prolongeant dans toutes les parties du corps et pénétrant même dans les os.

Enfin, la structure des poumons que nous avons décrite chez l'Homme caractérise une dernière classe de Vertébrés, celle des **Mammifères**.

§ 65. **Température variable des Reptiles; température constante des Oiseaux et des Mammifères.** — Les poumons compliqués et volumineux des Oiseaux et des Mammifères mettent en contact avec l'air une masse de sang très grande par rapport à celle que peuvent contenir les poumons des Reptiles; la respiration est donc bien plus active chez les premiers de ces animaux que chez les derniers. Mais la respiration, nous l'avons vu, n'est qu'une combustion s'opérant dans le sang et dans toutes les parties du corps; comme toutes les combustions, elle produit de la chaleur. Un foyer sur lequel on souffle, auquel on fournit, par conséquent, beaucoup d'air, est plus chaud qu'un foyer qu'on laisse brûler à sa guise : de même, le corps d'un animal qui consomme dans un temps donné une quantité d'air considérable doit être plus chaud que celui d'un animal qui en consomme peu.

Effectivement, la température du corps des Reptiles, à peine plus élevée que la température extérieure, est *variable* avec elle; les Reptiles ressemblent en cela aux Poissons et aux Batraciens.

Chez les Oiseaux et les Mammifères, la température du corps demeure, au contraire, *constante* dans toutes les saisons; elle est même très élevée.

Cette différence dans la température du corps des Vertébrés, dont nous venons de trouver la cause, a frappé de tout temps les naturalistes. Il suffit, en effet, de toucher un Lézard et un Oiseau pour reconnaître que le premier est froid et que le second est chaud; aussi divisait-on autrefois les Vertébrés en *Vertébrés à sang froid* et *Vertébrés à sang chaud*.

§ 66. **Le cœur a deux cavités chez les Vertébrés à respiration branchiale, trois chez les Vertébrés pulmonés à température variable, quatre chez les Vertébrés pulmonés à température constante.** — Les modifications que nous venons de signaler dans l'appareil respiratoire des Vertébrés, et qui nous ont déjà permis de les partager en classes, entraînent avec elles des modifications importantes de l'appareil circulatoire. Avant tout, les organes de la respiration sont des organes que le sang doit traverser pour se charger d'air; plus ils sont compliqués, plus le sang passe difficilement à travers leur masse; il est nécessaire qu'il y soit poussé par un organe spécial, cet organe est le *cœur*.

Chez les Poissons qui ne respirent qu'à l'aide de branchies, le sang, en revenant de toutes les parties du corps, se rassemble dans le cœur, qui le chasse dans les branchies, d'où il est directement distribué aux organes, sans revenir au cœur, sans recevoir une impulsion nouvelle. Le cœur des Poissons ne contient que du sang noir; il ne présente que deux cavités : une oreillette et un ventricule.

Dès que les poumons se constituent, le *sang rouge*, qui a respiré à l'air libre, dans leurs parois, revient au cœur et se rassemble dans une troisième cavité de cet organe; cette cavité est une oreillette qui chasse le sang revivifié dans le ventricule déjà existant, où il se mélange avec du sang noir. C'est ce qu'on observe chez les Poissons pourvus de poumons (*Ceratodus*, Lepidosiren, Protoptère), les Batraciens et les Reptiles (fig. 53). Les organes ne reçoivent donc, chez ces animaux, que du sang incomplètement chargé d'air. Il est évident que s'ils ne recevaient que du sang rouge, saturé d'air, la combustion respiratoire serait plus active dans leurs substances, et leur température s'élèverait. Il suffirait, pour cela, que le sang rouge passât de l'oreillette, où il se rassemble en revenant des poumons, dans un ventricule distinct qui l'enverrait, sans mélange de sang noir, dans toutes les parties du corps. Le cœur devrait alors avoir quatre cavités : deux oreillettes et deux ventricules. Cette disposition est déjà réalisée chez les Crocodiles, mais ses effets sont gâtés, en quelque sorte, par l'existence d'un vaisseau qui mélange les deux sangs en arrière du cœur (fig. 54). Elle n'ob-

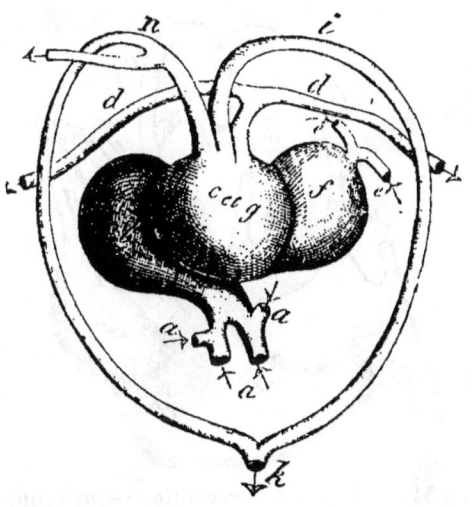

Fig. 53. — Cœur à trois cavités d'un Reptile (Tortue). — *a*, veines caves; — *b*, oreillette droite; — *c* et *g*, ventricule; — *d*, artères pulmonaires; — *e*, veines pulmonaires; — *f*, oreillette gauche; — *k*, aorte; — *i*, *n*, ses deux crosses.

tient son plein effet que chez les Oiseaux et les Mammifères, et concourt ainsi à faire de ces animaux des Vertébrés à sang chaud.

§ 67. **Importance de la température**. — Une température déterminée est nécessaire pour que les organes de la plupart des animaux puissent fonctionner. La vie est toujours suspendue ou anéantie par un certain degré de froid. En hiver, quand la température s'abaisse, la plupart des Vertébrés à température variable deviennent incapables de se mouvoir et s'engourdissent ; ces animaux ne possèdent toute leur activité qu'en été, quand la température monte ; chacun sait combien est grande alors l'agilité des Lézards. Une température trop élevée amènerait d'ailleurs également chez eux l'engourdissement et la mort. Au contraire, à quelques rares exceptions près, les Oiseaux et les Mammifères, qui maintiennent eux-mêmes leur température constante, échappent à l'engourdissement produit par le chaud et le froid extérieurs, et demeurent toujours également actifs. Ils sont par là bien supérieurs aux Reptiles.

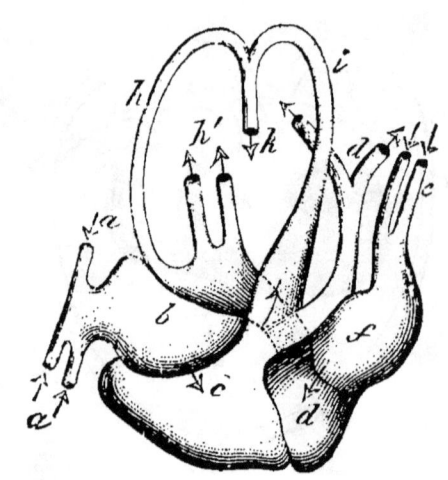

Fig. 54. — Cœur de Crocodile. — a, veine cave ; — b, oreillette droite ; — c, ventricule droit ; — d, ventricule gauche ; — h, h', aorte ; — i, vaisseau (seconde crosse de l'aorte) par lequel se mélangent le sang rouge et le sang noir.

§ 68. **Les téguments**. — Si la chaleur intérieure a une telle importance, il est nécessaire qu'elle ne se dissipe que lentement. Or la peau, si elle était nue, laisserait disparaître, surtout en hiver, une quantité de chaleur considérable ; c'est pourquoi nous portons des vêtements d'autant plus épais que la température extérieure est plus basse. Les animaux à sang chaud sont naturellement protégés contre les effets du refroidissement par deux procédés : la peau des Oiseaux produit des *plumes*, celle des Mammifères produit des *poils*, et chacun sait que nous leur empruntons souvent ces productions pour nous défendre nous-mêmes contre le froid. Le corps des Reptiles et celui des Poissons sont simplement protégés par des plaques solides, que la chaleur traverse facilement. Ces plaques sont de nature différente chez les Reptiles et les Poissons; on désigne cependant les unes et les autres sous le nom d'*écailles*.

§ 69. **Les plumes et l'aptitude au vol**. — Disposées comme elles le sont sur le membre antérieur des Oiseaux, les plumes font de ce membre un vaste parachute. Que ce

Fig. 55. — Émouchet (un peu plus petit qu'un pigeon).

parachute (fig. 55) soit capable de s'agiter avec force, il pourra maintenir l'Oiseau au-dessus du sol et lui permettre même de progresser dans l'air. En raison de l'activité exceptionnelle de sa respiration, l'Oiseau est, comme une locomotive bien chauffée, capable de mouvements rapides et étendus; ses plumes sont d'une extrême légèreté; les sacs remplis d'air qui s'étendent depuis ses poumons jusque parmi ses viscères, l'air qui pénètre même ses os, le rendent, à volume égal, bien moins lourd, bien plus facile à soutenir dans l'atmosphère que les autres animaux; tout concourt donc à rendre l'Oiseau éminemment propre à un mode nouveau de locomotion, le *vol*.

§ 70. **Vertébrés vivipares et ovipares**. — Abandonnez une Salamandre en plein air, loin de l'humidité : en quelques heures elle sera desséchée comme du parchemin. Les animaux terrestres ont besoin, dès leur naissance, d'être protégés contre un pareil danger; de plus, leurs tissus, n'étant pas soutenus par l'eau, ont besoin d'être plus résistants. Les animaux terrestres doivent donc naître à un état de développement plus avancé que les animaux aquatiques; aussi les Reptiles et les Oiseaux pondent-ils des œufs contenant toute une provision de matières alimentaires destinées à nourrir le jeune avant son éclosion, et donnant à ces œufs un très gros volume relativement à celui des œufs des Poissons et des Batraciens. L'un des premiers traits de leur développement est la production dans l'œuf d'un organe spécial, l'*allantoïde* (fig. 56), grâce auquel le jeune animal, pendant qu'il se développe, peut respirer l'air qui pénètre à travers les enveloppes de l'œuf.

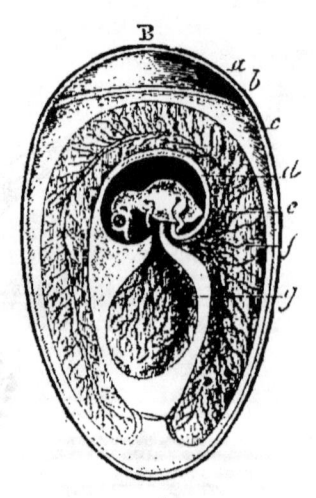

Fig. 56. — Œuf d'Oiseau. — *a*, coquille; — *b*, chambre à air; — *c*, blanc de l'œuf; — *d*, une des enveloppes du jeune Oiseau; — *e*, allantoïde; — *f*, vaisseaux; — *g*, vésicule ombilicale.

L'œuf des Oiseaux, celui des Mammifères, se sont produits dans des organismes dont la température est constante et généralement plus élevée que la température extérieure; ils ont besoin, pour se développer, de conserver cette température. Aussi les Oiseaux construisent-ils des nids, où ils déposent leurs œufs, qu'ils réchauffent en demeurant posés sur eux; c'est ce qui s'appelle *couver*.

Chez les Mammifères, ces résultats sont atteints tout autrement. L'œuf est petit, mais il demeure dans le corps de la mère, où il trouve la nourriture et la chaleur dont il a besoin, jusqu'au moment où les organes du jeune animal seront suffisamment actifs pour développer la chaleur qui lui est nécessaire. Les petits viennent au monde tout formés, ce qu'on exprime en disant que les Mammifères sont *vivipares*. Au contraire, les Vertébrés aquatiques, les Reptiles et les Oiseaux sont *ovipares*.

Après leur naissance, les petits des Mammifères sont encore nourris, pendant un certain temps, par la mère à l'aide d'un liquide, le *lait*, produit par des glandes particulières, les *mamelles*. L'existence de ces glandes est tellement caractéristique qu'on a tiré de leur nom celui de la classe entière des Mammifères.

§ 71. **Résumé des caractères des cinq classes de Vertébrés.** — L'embranchement des Vertébrés se divise en deux sous-embranchements : 1° celui des *Vertébrés terrestres*; 2° celui des *Vertébrés aquatiques*.

Les *Vertébrés terrestres* respirent à l'aide de poumons et se meuvent à l'aide de pattes ou d'ailes; leur cœur présente au moins trois cavités, ils produisent des œufs volumineux ou sont vivipares. Les Vertébrés terrestres se divisent en trois classes : les *Mammifères*, les *Oiseaux* et les *Reptiles*.

Les *Mammifères* ont des poumons formés d'une accumulation de vésicules indépendantes, suspendues chacune à l'extrémité d'une ramification des bronches; leur cœur a quatre cavités; leur température intérieure est constante; ils sont couverts de poils, allaitent leurs petits et sont vivipares, sauf dans un seul groupe.

Les *Oiseaux* ont des poumons formés d'une accumulation de vésicules communiquant entre elles et compliqués de sacs aériens; leur cœur a quatre cavités; leur température intérieure est constante; ils sont couverts de plumes, et leurs membres antérieurs sont transformés en ailes; ils sont ovipares et couvent leurs œufs.

Les *Reptiles* ont des poumons en forme de poches plus ou moins cloisonnées ; leur cœur (sauf chez les crocodiles) n'a que trois cavités ; leur température intérieure est variable ; leur peau est écailleuse ou cornée ; ils sont ovipares et ne couvent pas.

Les *Vertébrés aquatiques* respirent à l'aide de branchies, au moins dans leur jeune âge, et se meuvent à l'aide de pattes ou de nageoires ; leur cœur peut n'avoir que deux cavités ; leur température intérieure est toujours variable ; leurs œufs sont ordinairement de faible volume.

Les Vertébrés aquatiques se divisent en deux classes : les *Batraciens* et les *Poissons*.

Les *Batraciens* respirent à l'aide de branchies dans leur jeune âge ; ils peuvent les conserver à l'âge adulte ou les perdre, mais possèdent toujours alors des poumons, un cœur à trois cavités, et se meuvent à l'aide de pattes. Leur peau est souple et nue.

Les *Poissons* possèdent toute leur vie des branchies ; chez presque tous, les poumons sont transformés en vessie natatoire ou manquent ; le cœur n'a que deux cavités ; les pattes sont remplacées par des nageoires ; la peau contient de petits os, qui sont les écailles.

§ 72. **Les Baleines, les Cachalots, les Marsouins et les Dauphins, quoique vivant dans l'eau, sont des Mammifères. — Autres Mammifères et Reptiles nageurs.**
— Toutes ces divisions sont assez connues pour qu'on n'ait la plupart du temps aucun embarras à rapporter un Vertébré quelconque à la classe à laquelle il appartient. Voici cependant quelques difficultés qui embarrassaient autrefois les naturalistes eux-mêmes et qu'il va nous être maintenant bien facile de résoudre.

La *Baleine* (fig. 57), le *Cachalot*, le *Marsouin* (fig. 58), le *Dauphin* et un assez grand nombre d'autres animaux semblables habitent dans l'eau et n'en sortent jamais ; ils ont tout à fait l'air d'énormes Poissons. Mais récapitulons les caractères des Poissons : les Poissons respirent, à l'aide de branchies, l'air dissous dans l'eau ; ils sont couverts d'écailles ; ils pondent des œufs ; leur température est variable. La

Baleine, le Cachalot, le Marsouin, le Dauphin respirent, à

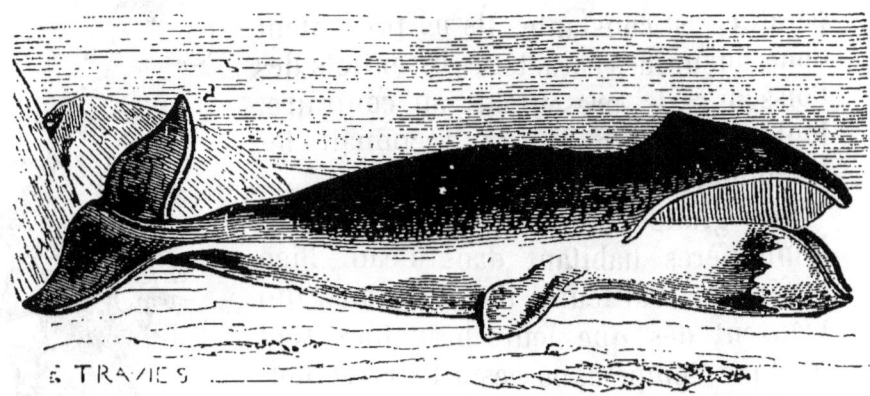

Fig. 37. — La Baleine franche (grandeur 30 mètres). C'est un *Mammifère aquatique* et non un *Poisson*; il n'a que des pattes de devant.

l'aide de poumons, l'air libre; ils n'ont jamais d'écailles, et quelques espèces présentent, notamment sur les lèvres, de

Fig. 38. — Le Marsouin commun (grandeur de 1 à 2 mètres). C'est un *Mammifère aquatique* comme la Baleine.

véritables poils; ils mettent au monde des petits vivants,

PREMIER TYPE DU RÈGNE ANIMAL.

qu'ils nourrissent de leur lait; leur température est constante. Ils ne présentent donc aucun des caractères essentiels des Poissons; ils présentent, au contraire, tous ceux auxquels on reconnaît les Mammifères.

Ces grands animaux sont donc des Mammifères habitant dans l'eau. Bien différents d'ailleurs des Poissons, qui meurent dès que leurs branchies sont quelque temps exposées à l'air, et doivent par conséquent vivre toujours sous l'eau, les Baleines et les Mammifères analogues se noieraient, tout comme les autres, s'ils étaient empêchés de venir respirer à la surface; mais ce sont d'admirables nageurs, que les plus fortes tempêtes n'empêchent pas de se maintenir à fleur d'eau.

Cette habileté à nager n'a pu être obtenue sans quelques sacrifices : leurs pattes de devant sont de puissantes nageoires (fig. 39), mais elles ne sauraient plus servir à marcher; leurs pattes de derrière sont remplacées par une nageoire molle, horizontale et non plus verticale comme celle des Poissons. Avec ses pattes de devant en forme de rames, une baleine est incapable de mouvoir à terre son énorme corps; échouée sur le rivage, elle est condamnée à mourir rapidement, non pas faute de pouvoir respirer, comme les Poissons, mais surtout faute de pouvoir manger.

Les Phoques ou Veaux marins (fig. 40) sont bien moins aquatiques encore que les Baleines; ils ont conservé quatre pattes, peu différentes de celles des

Fig. 39. — Nageoire de Dauphin; elle est construite comme la patte de devant des Mammifères; mais toutes ses parties sont immobilisées.
a, bras; — b, avant-bras formé de deux os; — c, paume de la main; — d, doigts

autres Mammifères, et interrompent souvent leurs exercices de natation pour venir se reposer sur le rivage.

Fig. 40. — Phoques. Ce sont des *Mammifères aquatiques* pourvus de quatre pattes.

Fig. 41. — Chauves-Souris. — Ce sont des *Mammifères volants*.

Les *Tortues de mer*, véritables Reptiles, comme les autres.

Tortues, viennent aussi à terre, notamment pour y pondre ;

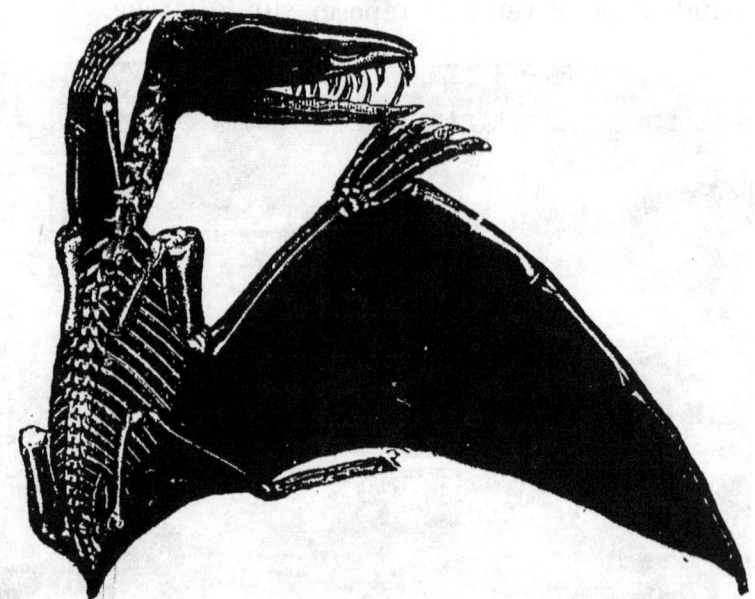

Fig. 42. — Ptérodactyle. Reptile volant, de la taille d'un Corbeau, qui vivait à une époque où n'existaient encore que de très rares Oiseaux et Mammifères.

Fig. 43. — Le Dragon volant des îles de la Sonde (même taille que nos Lézards gris).

Fig. 44. — Exocet ou Poisson volant de toutes les mers chaudes (grandeur d'une Tanche, 15 centimètres).

Fig. 45. — Polatouche ou Écureuil volant de la Sibérie et de l'Amérique du Nord (grandeur de notre Écureuil).

mais il a vécu autrefois des Reptiles nageurs, tels que les *Ichthyosaures* et les *Plésiosaures*, qui, bien que pourvus de quatre membres, ne sortaient probablement pas plus de l'eau que les Baleines.

§ 75. **Les Chauves-Souris sont des Mammifères. Autres Mammifères, Reptiles et Poissons volants.** — Bien qu'elles volent dans l'air, les *Chauves-Souris* (fig. 41) ne sont pas plus des Oiseaux que les Baleines ne sont des Poissons. Les Oiseaux, en effet, sont couverts de plumes, possèdent un bec, manquent de dents, pondent des œufs. Les Chauves-Souris, au contraire, sont couvertes de poils, manquent de bec, possèdent des dents, mettent au monde des petits vivants, qu'elles nourrissent de leur lait. Ce sont des Mammifères volants, comme les Baleines sont des Mammifères nageurs. Leur aile, comme celle des Oiseaux, comprend les mêmes parties que les pattes de devant des autres

Fig. 46. — Galéopithèque, *Lémurien volant* des îles de la Sonde et des Philippines (taille d'un Chat).

Mammifères. Mais, dans l'aile des Oiseaux (fig. 55), les doigts sont à peine reconnaissables, et l'aile est surtout faite de grandes plumes. Dans l'aile des Chauves-Souris, les doigts, bien distincts les uns des autres, sont d'une longueur démesurée; ils forment comme les baguettes d'un éventail entre lesquelles est tendue une peau mince et délicate. C'est ce singulier éventail qui constitue l'aile.

Il a vécu autrefois des Reptiles, les *Ptérodactyles* (fig. 42), qui avaient une aile à peu près semblable à celle des Chauves-Souris. De nos jours on trouve aux îles de la Sonde un petit lézard, le *Dragon volant*, muni, sur les flancs, d'ailes soutenues, non pas par les os de ses pattes, mais par ses côtes (fig. 43). Les grandes nageoires de devant de certains Poissons (fig. 44) leur permettent aussi de se maintenir quelques instants dans l'air.

Il y a enfin d'assez nombreux Mammifères, des écureuils (fig. 45), par exemple, ou mieux encore les étranges *Galéopithèques* des îles de la Sonde et des Philippines (fig. 46), chez qui la peau des flancs, tendue entre les quatre pattes, forme un parachute analogue à l'aile des Chauves-Souris.

On dit quelquefois : les Mammifères *marchent;* les Oiseaux *volent;* les Reptiles *rampent;* les Batraciens *sautent* ou *rampent* et *nagent;* les Poissons *nagent.* Cela est presque vrai; mais il y a, ou il y a eu, on vient de le voir, des Mammifères et des Reptiles aussi habiles nageurs que les Poissons, des Mammifères et des Reptiles aussi aptes au vol que les Oiseaux. Pour se prêter à ces modes de locomotion étrangers aux animaux de leur classe, l'organisation de ces êtres privilégiés doit se modifier ; ces modifications s'appellent des *adaptations.*

Tableau
des caractères distinctifs des cinq classes de Vertébrés, résumant avec le § 71 la septième leçon.

Vertébrés respirant toute leur vie l'air libre, à l'aide de poumons. (Vertébrés terrestres.)

- Poumons formés d'une multitude de vésicules indépendantes. Cœur à 4 cavités; température intérieure constante; téguments couverts de poils; petits naissant généralement tout formés, toujours allaités par leur mère. ... *Mammifères.*
- Poumons formés de petites cavités communiquant entre elles; se prolongeant en sacs aériens. — Cœur à 4 cavités; température intérieure constante; téguments couverts de plumes; membres antérieurs transformés en ailes; animaux ovipares..... *Oiseaux.*
- Poumons très simples. — Cœur à 3 cavités (sauf chez les crocodiles); température intérieure variable; animaux ovipares........................ *Reptiles.*

Vertébrés respirant, au moins à leur naissance, à l'aide de branchies, l'air dissous dans l'eau. (Vertébrés aquatiques.)

- Vertébrés acquérant des pattes et des poumons et finissant par pouvoir respirer de l'air libre. — Cœur à trois cavités .... *Batraciens.*
- Vertébrés ne possédant que des nageoires et respirant toute leur vie dans l'eau, au moyen de branchies. — Cœur à deux cavités (sauf chez les Dipnés, qui ont un ou deux poumons et un cœur à trois cavités).......... *Poissons*

HUITIÈME LEÇON

LES MAMMIFÈRES

(Généralités.)

§ 74. Il y a trois grandes divisions de Mammifères. — Dans une famille, tous les enfants n'arrivent pas à une position également élevée. Des fils d'un paysan pauvre et ignorant, les uns restent à la ferme comme lui, tandis que d'autres vont à la ville et peuvent devenir d'habiles généraux ou d'illustres savants. Il en est à peu près ainsi dans toutes les classes du Règne animal. Parmi ces classes, celle des Mammifères renferme les animaux les plus élevés, et nous appelons naturellement ainsi ceux qui nous ressemblent le plus; mais tous ne peuvent être mis au même rang, et ils présentent au moins trois degrés de perfection organique, correspondant à certaines contrées où les Mammifères, pris en bloc, semblent être plus ou moins achevés.

§ 75. Les Mammifères d'Australie. — Dans un singulier pays, l'Australie, presque tous les Mammifères appartiennent ainsi à deux branches de la famille, demeurées dans une situation inférieure, celle des *Monotrèmes*, qui rappellent encore les Reptiles, et celle des *Marsupiaux*, beaucoup plus voisins des Mammifères ordinaires.

§ 76. Mammifères d'Australie ressemblant à des Reptiles ou Monotrèmes. — La branche des Monotrèmes ne comprend que deux genres, les genres *Ornithorhynque* et *Échidné* (fig. 47); l'autre, celle des Marsupiaux, est au contraire très nombreuse.

L'*ornithorhynque* est couvert d'une épaisse fourrure, sa taille est celle d'un gros lapin; il vit dans l'eau : aussi les doigts de ses pattes sont-ils unis par une large membrane qui dépasse les ongles aux pattes de devant et qui fait des pieds et des mains autant de fortes nageoires. C'est par le même procédé que les pattes des canards peuvent servir à nager, et ce procédé est encore appliqué pour transformer en habiles nageurs certains Mammifères de nos pays, tels que les loutres et les castors. L'ornithorhynque n'a pas seulement les pattes d'un canard, il en a aussi le bec et il s'en sert pour barboter dans la vase à la recherche des petits Vers dont il se nourrit; il n'a que deux dents à chaque mâchoire; ses dents, au lieu d'être solides et blanches, semblent être en corne.

L'*échidné* n'a pas de dents; il vit à terre, se creuse un terrier avec les ongles puissants dont ses pattes sont ar-

Fig. 17. L'Échidné, *Mammifère monotrème* d'Australie, de la taille d'un gros lapin

mées; des piquants sont entremêlés à ses poils; son bec est allongé, cylindrique.

Tout cela ne suffirait pas pour faire à l'ornithorhynque et à l'échidné une place à part parmi les Mammifères; mais *ils pondent des œufs*, et leur squelette ainsi que plusieurs de leurs organes internes présentent des particularités qu'on ne trouve que chez les Reptiles. Ceci est important à retenir : vous voyez par là que les animaux ne forment pas des groupes tout à fait séparés, comme on pourrait le croire quand on examine seulement, par exemple, un chat, un pigeon et un brochet. Par les ornithorhynques et les échidnés, les Mammifères donnent la main aux Reptiles. En sortant de l'œuf, un peu moins gros qu'un œuf de poule, leurs petits sont encore tellement faibles que la mère les enferme dans une ou deux petites poches qu'elle a sous le ventre, et où ils sont à l'abri

Fig. 48. — Kangurou géant avec un petit dans sa bourse (presque de la hauteur d'un homme).

du froid et de la dent des carnivores. L'ornithorhynque ne pond qu'un seul œuf, les échidnés en pondent deux.

§ 77. **Les Mammifères à bourse ou marsupiaux.** — Comme si les marsupiaux n'étaient pas encore des vivipares parfaits, leurs jeunes, en naissant, sont presque informes et incapables de se mouvoir; les mères les enferment dans une large poche ventrale (fig. 48), où ils viennent longtemps encore se réfugier quand ils peuvent marcher seuls. Le mot de *mammifères marsupiaux* signifie d'ailleurs, en latin, *Mammifères à poche* ou *à bourse*. Leurs espèces sont très nombreuses et de formes très variées; les unes sont carnassières, les autres insectivores, d'autres encore herbivores, de sorte qu'on trouve en Australie des Mammifères

Fig. 49. — Thylacine ou loup zébré d'Australie (taille d'un chien).

presque aussi différents entre eux que les nôtres, bien que tous soient marsupiaux : il y a, par exemple, des loups marsupiaux, les *thylacines* (fig. 49), des herbivores marsupiaux, les célèbres *kangurous* (fig. 48), toujours posés sur un trépied formé de leurs pattes de derrière et de leur queue; des écureuils marsupiaux, les *pétauristes*; ceux-ci sont d'agiles grimpeurs, ils sautent de branche en branche avec une extrême légèreté : dans quelques espèces, une membrane tendue entre les quatre pattes et la queue forme un parachute qui permet à l'animal de se soutenir quelque temps dans l'air. C'est une particularité que nous trouverons toujours plus ou moins complètement réalisée quand nous étudierons les mammifères qui vivent habituellement sur les arbres, si différents qu'ils soient les uns des autres.

En dehors de l'Australie, l'Amérique seule nourrit aujour-

Fig. 50. — Sarigue, *Marsupial* américain (taille d'un renard)

d'hui quelques marsupiaux, tels que les *sarigues* (fig. 50), dont Florian a si bien dépeint l'amour maternel. Mais il y en avait autrefois beaucoup en Europe. L'Australie semble donc un pays dont les animaux en sont restés, comme on dit, « au bon vieux temps », tandis que les autres pays se laissaient envahir par le progrès. Ainsi les hommes sont

Fig. 51. — Tatou, *Édenté* insectivore d'Amérique (de la taille d'un lapin).

Fig. 52. — Le Fourmilier, *Édenté* d'Amérique (de la taille d'un épagneul)

eux-mêmes demeurés en Australie au plus bas degré de sauvagerie, tandis que les Européens arrivaient à la civilisation dont nous jouissons actuellement.

§ 78. **Les Mammifères de l'Amérique du Sud à dents incomplètes ou Édentés.** — L'Amérique, que nous appelons cependant le Nouveau Monde, l'Amérique du Sud surtout, est aussi un pays arriéré. On y trouve, à la vérité, des animaux correspondant à ceux de l'Ancien Monde,

Fig. 53. — L'Aï, *Édenté* herbivore (de la taille d'un gros chat).

mais ils sont d'espèce différente et leur taille est plus petite : le lion est remplacé par le *couguar* ou *puma*, le tigre par le *jaguar*, les chameaux par les *lamas*, les singes par les *sapajous*; de plus, à ces Mammifères sont associés d'autres Mammifères singuliers qui n'ont jamais de dents *sur le devant des deux mâchoires*, et qui méritent, par cette raison, le nom d'*Édentés*. Naturellement de pareils animaux ne sauraient être carnivores, mais il y en a d'insectivores et d'herbivores.

Parmi les Édentés insectivores il faut citer les *tatous*

(fig. 51), couverts d'une carapace cornée qui rappelle de loin celle des tortues; et surtout les *Fourmiliers* (fig. 52), dépourvus de dents, mais armés d'ongles robustes, à l'aide desquels ils peuvent d'un coup de patte remuer une fourmilière; ils attrapent, à l'aide de leur langue gluante, assez de fourmis pour nourrir un corps aussi gros que celui d'un bel épagneul.

Les principaux Édentés herbivores sont l'*unau* et l'*aï* (fig. 53), assez semblables à des singes couverts d'un poil des

Fig. 54. — Le Pangolin, fourmilier écailleux d'Afrique (de la taille d'un chat).

plus grossiers et dont les mains seraient remplacées par deux ou trois énormes griffes. L'unau et l'aï vivent sur les arbres, et ils se meuvent si lentement, que leur allure leur a valu le nom de paresseux.

Il existe en Afrique un fourmilier couvert d'écailles, le *pangolin* (fig. 54), et un autre sans poils, l'*oryctérope*.

§ 79. **Les Mammifères grimpeurs de Madagascar ou Lémuriens.** — La grande île de Madagascar est à peine plus avancée, au point de vue des Mammifères, que l'Amérique. Là vivent en grand nombre des animaux très variés, beaucoup moins différents des Mammifères européens que les marsupiaux et les édentés, mais fort singuliers encore ; on les prenait autrefois pour des singes imparfaits, parce que leurs quatre membres sont terminés par de véritables mains ; mais ces prétendus singes ont pour la plupart un museau de renard ; au lieu de se nourrir de fruits, de jeunes pousses et d'œufs, comme les vrais singes, ils mangent

Fig. 55. — L'Aye-aye. *Lémurien* rongeur de Madagascar (taille d'un lapin de garenne).

plus particulièrement les insectes et les petits mammifères. Presque tous sont nocturnes ; leurs allures bizarres et silencieuses leur ont valu le nom de *Lémuriens*, du mot *lemur* qui signifie *spectre*, en latin. Parmi eux il y en a, comme l'*aye-aye* (fig. 55), qui ressemblent à de gros écureuils et en ont même les dents; d'autres, comme les *makis* (fig. 56), semblent tenir à la fois des chiens et des singes.

§ 80. **Lémuriens volants**. — Les Lémuriens vivant presque toujours sur les arbres, nous devons nous attendre à

Fig. 56. — Maki, *Lémurien* insectivore de Madagascar (taille d'un renard).

en trouver parmi eux qui soient pourvus de parachutes semblables à ceux des pétauristes dont nous avons précédemment parlé; tel est en effet le *galéopithèque* des îles de la Sonde, dont la grosseur est celle d'un chat et dont les allures rappellent étonnamment celles des chauves-souris (fig. 46, page 73).

Les Lémuriens, qu'on ne trouve plus aujourd'hui qu'à Madagascar, au sud de l'Afrique, dans les îles de la Sonde, dans les îles Philippines et dans l'Inde, comptent parmi les plus anciens habitants de la France ; il y en a eu dans nos pays, qui étaient herbivores.

§ 81. **Les Mammifères des grands continents, de l'Ancien Monde ; leurs diverses façons de se nourrir.** — Nous arrivons maintenant à des Mammifères qui nous sont plus familiers, mais dont nous avons déjà trouvé une sorte d'esquisse parmi les Marsupiaux et les Lémuriens. Ce sont ceux qu'on peut appeler les Mammifères ordinaires, car ils peuplent tout l'Ancien Monde, toute l'Amérique du Nord et l'emportent aussi de beaucoup sur les Édentés dans l'Amérique du Sud. Ce sont naturellement les plus nombreux de tous ; mais, si nombreux qu'ils soient, il va nous être bien facile, si nous y mettons un peu d'ordre, de faire connaissance avec eux. Il nous suffira, pour cela, de nous rappeler quelles sont les catégories d'aliments dont un Mammifère peut faire usage : à chacune de ces catégories correspond une forme spéciale de ces animaux.

Ainsi les arbres ou leur voisinage fournissent des fruits mous ou des œufs, des graines dures ou du bois, tandis que sous leur couvert vivent des insectes. Les *singes* ont adopté le premier de ces régimes, les *écureuils* le second, les *hérissons* le troisième. Mais les Insectes volent ; vous pourrez deviner qu'il y a des Mammifères insectivores, capables de poursuivre leur proie dans l'air, des insectivores volants : ce sont les *chauves-souris*.

Les animaux qui vivent de fruits, de graines ou d'insectes n'ont pas besoin d'être très forts pour s'assurer leur nourriture ; ils deviennent souvent la proie des carnassiers ; ceux-ci toutefois poursuivent surtout les vrais herbivores, ceux qui ne vont pas chercher leur nourriture sur les arbres ou sous terre, qui se bornent à brouter le tapis de gazon du sol ou les branches qui s'abaissent jusqu'à eux.

§ 82. **Division des Mammifères ordinaires en ordres.** — Toutes les grandes divisions dans lesquelles se répartissent les Mammifères ordinaires correspondent à ces cinq régimes : frugivore, granivore, insectivore, carnassier, herbivore. En effet, les singes, éminemment *Frugivores*, forment un ordre à part ; les écureuils sont des *Rongeurs* ; les hérissons des *Insectivores* ; les chauves-souris des *Chéiroptères*. A l'ordre des *Carnassiers* appartiennent les ours, les chiens, les chats, les genettes, les fouines, les belettes, etc.

Le Porc mange de tout, il est *Omnivore* ; il se contente cependant le plus souvent d'une nourriture végétale et se rapproche beaucoup, par son organisation, des véritables *Herbivores* ; il a comme eux l'extrémité des doigts enveloppée dans une sorte d'étui corné, dans un *sabot* remplaçant l'ongle.

Quant aux *Herbivores*, lorsque nous aurons nommé le cheval, le cerf, le bœuf, la chèvre et le mouton, vous aurez compris qu'ils sont très variés de forme.

Il existe enfin des Mammifères exclusivement nageurs, comme les baleines, les cachalots, les marsouins, les dauphins, les lamantins, etc. On les désigne tous sous le nom de *Cétacés*.

Voilà maintenant nos jalons posés ; il nous sera facile désormais de descendre dans le détail, de pousser plus avant notre reconnaissance.

RÉSUMÉ

On peut distinguer dans l'organisation des Mammifères trois degrés de perfection, représentés par les trois grands groupes suivants :

1° Les *Monotrèmes*, Mammifères *ovipares*, qu'on pourrait appeler les *Mammifères-Reptiles*, à cause des ressemblances qu'ils présentent effectivement avec les Reptiles ;

2° Les *Marsupiaux* ou *Mammifères à bourse*, dont les petits, très faibles en naissant, demeurent plus ou moins longtemps enfermés dans une large poche que la mère possède sous le ventre ;

3° Les *Mammifères ordinaires*, parmi lesquels on peut d'abord mettre à part des Mammifères imparfaits et à régime alimentaire varié : les *Édentés* et les *Lémuriens*. Nous diviserons, pour le moment, les autres Mammifères, suivant leur régime, en *Singes* ou *Frugivores*, *Rongeurs*, *Insectivores* et *Chéiroptères*, *Carnassiers*, *Porcins* ou *Omnivores* et *Herbivores*. On peut ajouter à ces groupes celui des *Cétacés* ou *Mammifères nageurs*.

Autrefois beaucoup plus répandus, les Monotrèmes et les Marsupiaux sont aujourd'hui presque exclusivement propres à l'Australie ; les Édentés, à l'Amérique du Sud et à l'Afrique Australe ; les Lémuriens, à Madagascar et au sud de l'Asie.

NEUVIÈME LEÇON

LES SINGES. — LES RONGEURS. — LES INSECTIVORES ET LES CHAUVES-SOURIS.

§ 83. Moyens de défense des Mammifères inoffensifs contre les Carnassiers. — S'il n'y avait pas de Carnassiers, l'existence serait bien facile pour les bêtes qui vivent modestement de matières végétales ou d'insectes; toutes pourraient la nuit dormir côte à côte, et le jour s'ébattre en plein air, sans autre souci que la recherche d'une nourriture toujours abondante. Malheureusement une telle paix n'est pas de ce monde, et les bêtes inoffensives sont constamment exposées à tomber sous la dent des bêtes carnassières; elles auraient bien vite disparu si leur organisation même, ou, à son défaut, d'habiles stratagèmes ne leur assuraient une sécurité relative. Les procédés au moyen desquels cette sécurité a été obtenue sont d'autant plus intéressants, qu'ils établissent des différences frappantes entre les animaux dont le régime alimentaire est le même.

Il y a au moins deux manières d'éviter d'être tué par ses ennemis et mangé par eux. La première, c'est de les vaincre; la seconde, c'est de les fuir, ou tout au moins de ne pas s'exposer à les rencontrer.

Le premier procédé est plus noble, le second plus sûr; tous deux sont employés dans le Règne animal. Nous pourrons en trouver un premier exemple parmi les Singes.

§ 84. Les Singes. — Vivant principalement sur les arbres pour y chercher leur nourriture, les Singes, presque tous frugivores, sont naturellement à l'abri des attaques de tous les animaux qui grimpent mal. Ils doivent en grande partie leur aptitude à grimper à la conformation de leurs pattes, dans lesquelles le pouce est opposable aux autres doigts comme dans nos mains (fig. 57), de sorte qu'ils peuvent se cramponner par quatre points à la fois.

L'Amérique possède des singes nombreux, qui diffèrent de tous ceux de l'Ancien Monde par l'écartement plus grand de leurs narines et le nombre de leurs dents. Ces Singes sont peut-être de plus parfaits grimpeurs que ceux de l'Ancien Monde, car beaucoup d'entre eux ont un cinquième organe de préhension : c'est leur queue, qui peut s'enrouler autour des branches, et leur permet de se suspendre en

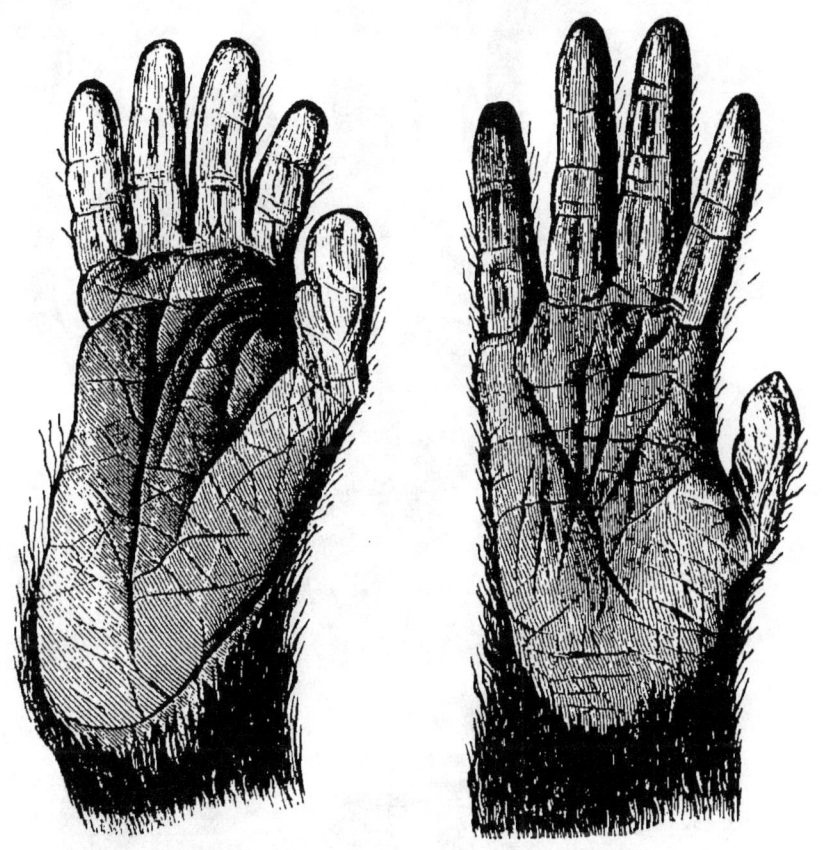

Fig. 57. — Pied et main d'un Singe.

se balançant, les quatre pattes libres, jusqu'au moment où ils jugent leur élan suffisant pour atteindre d'un bond une branche éloignée (fig. 58).

La plupart des Singes sont d'une agilité extraordinaire. Cette agilité diminue lorsque l'animal est de taille suffisante pour n'avoir plus grand'chose à redouter. Ainsi parmi les Singes qui ressemblent le plus à l'homme, ce sont les plus petits, les *gibbons* (fig. 59) de l'Inde, qui sont les plus

Fig 58. — Atèles, singes d'Amérique à queue prenante.

lestes. Quoique fort adroits, l'*orang-outang* des îles de la Sonde (fig. 60), le *chimpanzé* d'Afrique (fig. 61), sont beaucoup plus lents dans leurs mouvements. Le plus grand des Singes, le redoutable *gorille* du Gabon (fig. 62), semble même dédaigner la sécurité qu'il pourrait trouver sur les

Fig. 59. — Gibbons.

arbres et vit habituellement à terre, où il défend chèrement sa vie quand elle est menacée.

Des mains ne peuvent être utiles qu'à la condition d'être

assez grandes pour saisir; mieux vaudraient des *griffes* pour

Fig. 60. — L'Orang-outang ou Homme des bois des îles de la Sonde (un peu plus petit que l'homme).

s'accrocher qu'une petite main ne pouvant embrasser assez

solidement de menues branches. Les plus petits de tous les Singes, les *ouistitis* d'Amérique (fig. 63), de la taille des écureuils, ont gardé leurs mains; mais tous leurs doigts, sauf le pouce, sont armés d'ongles crochus qui leur facilitent singulièrement la locomotion sur les arbres.

Dans tous les autres Mammifères grimpeurs, ce sont de pareils ongles, que nous appelons des *griffes*, que l'animal

Fig. 61. — Le Chimpanzé de la côte occidentale d'Afrique (notablement plus petit que l'homme).

enfonce dans l'écorce des arbres; c'est notamment ainsi que grimpent les Écureuils, types de l'ordre des Rongeurs, où nous allons voir d'autres rapports intéressants entre le genre de vie et les membres.

§ 85. **Les Rongeurs et leur dentition**. — Les Rongeurs se reconnaissent immédiatement à leurs dents. Les dents des Singes ressemblent aux nôtres; ceux d'Amérique en ont trente-six (fig. 64), ceux de l'Ancien Monde trente-

LES SINGES.

deux. Comme les nôtres, ces dents garnissent entièrement la

Fig. 62. — Le Gorille du Gabon (aussi grand, mais plus robuste et plus fort que l'homme).

mâchoire ; il y en a quatre sur le devant de chaque mâchoire

96 ÉLÉMENTS DE ZOOLOGIE.

qui sont plates, et dont le bord est droit et tranchant; ce

Fig. 63. — Ouistiti, petit singe d'Amérique de la taille d'un écureuil.

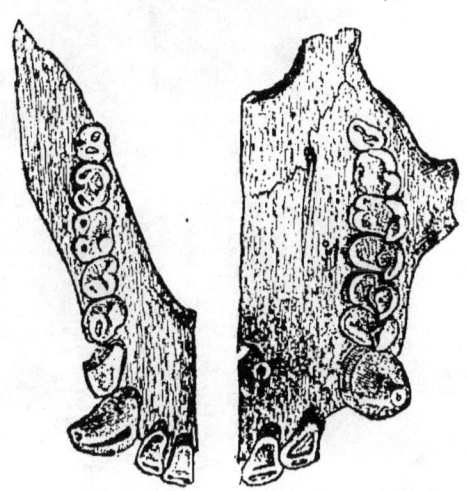

Fig. 64. — Dents d'un Sapajou, Singe américain; il y a de chaque côté des deux mâchoires deux incisives, une grande canine et six molaires.

sont les *incisives;* de chaque côté chez la plupart des Singes une dent pointue dépasse les autres pour former un *croc:* c'est la *canine,* suivie elle-même de cinq dents larges, aplaties, à surface irrégulière, qu'on nomme les *molaires,* et qui sont parfaitement propres à écraser les fruits.

Les Rongeurs n'ont, en général, que deux incisives, mais elles sont remarquables, longues, tranchantes (fig. 65), et propres à entamer les bois les plus durs; en raison même de leur longueur, la bouche s'ouvre peu; aussi les Rongeurs peuvent-ils pincer cruellement, mais ils ne mordent guère de manière à enlever le morceau; des canines propres à faire des plaies profondes leur seraient inutiles; elles manquent, et il y a dans leur mâchoire un espace vide entre les incisives et les molaires. Celles-ci, arrivant toutes à la même hauteur, forment une espèce de râpe parfaitement

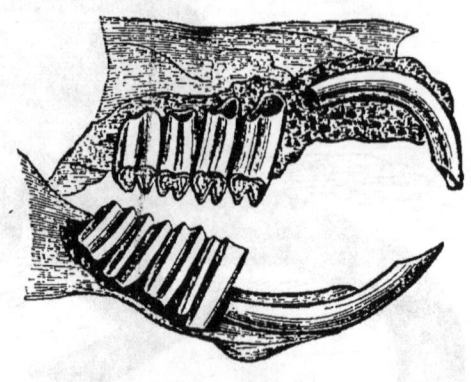

Fig. 65. — Dentition d'un Rongeur; les incisives sont énormes, et il n'y a pas de canines.

Fig. 66. — Deux Souris dans une cave.

disposée pour réduire en sciure tous les objets contre lesquels elles frottent. Vous pourrez facilement constater tout cela en examinant une mâchoire d'écureuil.

§ 86. **Moyens de défense des Rongeurs.** — Avec une pareille dentition, les Rongeurs ne sont guère bien outillés

Fig. 67. — Le Rat des moissons et son nid.

pour se défendre; aussi sont-ils tous essentiellement fuyards, et c'est chez eux que nous allons voir s'épanouir le plus complètement ces trois sortes de moyens de défense des animaux timides : 1° se dissimuler; 2° se rendre inaccessible; 3° fuir.

1° *Aptitude à se dissimuler; petite taille, coloration terne et habitudes nocturnes.* — Être petit, ne sortir que la nuit, porter un vêtement qui se confonde avec la couleur des objets qui vous entourent, voilà les trois meilleurs moyens de passer inaperçu. Nombre de Rongeurs remplissent à merveille ce programme. Peu de Mammifères sont plus petits que la *souris* de nos maisons (fig. 66), le *mulot*

Fig. 68. — Le Loir (de la taille d'un rat).

des champs, et surtout l'élégant petit *rat des moissons* (fig. 67). La couleur grise ou rousse de ces petits animaux permet à peine de les distinguer quand ils sont au repos, et tout le monde connaît leurs habitudes nocturnes; ce sont aussi celles des *rats*, des *surmulots*, qui infestent nos maisons, des *loirs* (fig. 68) qui hantent nos vergers, des *écureuils*, des *lapins* et de la plupart des Rongeurs. Pour bien voir quand il ne fait pas très clair, il faut de grands yeux; *aussi reconnaîtra-t-on de suite à leurs gros yeux ronds la plupart des animaux nocturnes*, et tout le monde sait bien que tels sont les yeux des souris, des rats, des écureuils, etc.

2° *Moyens de se rendre inaccessible:* Rongeurs couverts d'épines; Rongeurs fouisseurs; Rongeurs aquatiques; Rongeurs grimpeurs; Rongeurs volants. — On peut se rendre inaccessible en se hérissant de pointes, en se choisissant une habitation que d'autres trouveraient incommode ou ne pourraient atteindre, comme une étroite galerie souterraine, l'eau, les branches d'un arbre, la cime d'une montagne élevée. Il y a des Rongeurs qui emploient tous ces moyens

Fig. 69. — Le Porc-épic, Rongeur à épines, habitant tout le pourtour de la Méditerranée (un peu plus gros qu'un lièvre).

de défense; mais chacun a choisi le sien et n'en emploie que rarement deux à la fois.

Les porcs-épics (fig. 69), dont il existe une espèce en Espagne, en Italie et en Grèce, sont couverts de longues *épines* qui rebuteraient les plus hardis adversaires.

La plupart des Rongeurs habitent dans des *trous* à étroite ouverture : souvent ils prennent ceux qu'ils trouvent et se contentent d'en façonner l'ouverture à leur usage, comme le font les *souris;* assez fréquemment ils creusent eux-mêmes leur terrier, l'aménagent avec une véritable science d'archilecte et y transportent des herbes ou des provisions, de

Fig. 70. — Le Hamster d'Alsace et d'Allemagne (taille d'un rat.)

Fig. 71. — La Marmotte, Rongeur habitant les hautes montagnes d'Europe (taille d'un lièvre)

manière à en faire tout à la fois un nid moelleux et un grenier pour les temps de disette; c'est l'habitude des *hamsters* (fig. 70), communs en Alsace, des *campagnols* de nos pays, des *marmottes* des Alpes (fig. 71) et d'une foule d'autres. Presque tous les Rongeurs, dont les pattes sont armées d'ongles robustes, sont, en effet, capables de creuser la terre. Il en est qui ont même l'habitude de la creuser sans relâche et de ne jamais venir au jour; les plus curieux

Fig. 72. — Le Spalax ou Rat-Taupe, aveugle et habitant exclusivement des galeries souterraines.

sont les *spalax* (fig. 72) du sud-est de l'Europe qui, vivant habituellement sous terre, dans une obscurité profonde, ne font plus usage de leurs yeux et n'en ont que d'extrêmement réduits. Il est évidemment impossible d'être plus ami de la retraite et de sacrifier davantage à sa sécurité. Quel homme consentirait à ne plus sortir de sa cave, par peur de ses ennemis?

Les *eaux* offrent aux animaux qui savent s'y mouvoir un refuge dont beaucoup de Rongeurs profitent avec succès. On rencontre souvent au bord de nos rivières et de nos ruisseaux le *rat d'eau*, dont le terrier est profond et possède plusieurs issues. Le rat d'eau ne porte pas encore en lui de trace manifeste de ses habitudes; il en est tout autrement de son proche parent, l'*ondatra* ou *rat musqué* de l'Amérique du Nord (fig. 73) et surtout du *castor* (fig. 74), qu'on trouve dans les mêmes régions, mais qui, de plus, habite les bords des grands fleuves d'Europe, y compris le Rhône. Comme l'ornithorhynque dont nous avons précédemment parlé, ces

Fig. 73. — L'Ondatra ou Rat musqué du Canada (taille d'un lapin).

animaux ont les doigts de leurs pattes réunis par la peau; leur pied est ainsi transformé en une rame parfaite.

Le rat musqué et le castor vivent exclusivement d'écorces, de bois et de racines; la nourriture n'a rien donc à faire avec leur prédilection pour les eaux. Ils s'y tiennent uniquement parce qu'ils s'y trouvent en sûreté. Ils ont d'ailleurs, comme autrefois nos propres ancêtres, le singulier instinct de s'y construire sur pilotis de commodes habitations et de maintenir l'eau à l'aide de digues, de manière que son niveau soit à peu près constant autour de leur établissement. Rien n'est plus merveilleux, à ce point de vue, qu'un village de castors.

C'est dans les *arbres* que se réfugient, au contraire, les loirs et les écureuils. A l'aide de leurs griffes acérées ils grimpent aussi lestement que les Singes. Leurs bonds sont prodigieux, et plusieurs espèces d'écureuils, les *Polatouches*

Fig. 74. — Castors du Canada avec leurs huttes (taille supérieure à celle des plus gros lapins domestiques).

(fig. 45, p. 72), sont munies, comme les Pétauristes et les Galéopithèques, de parachutes formés par la peau des flancs tendue entre les quatre pattes. Suffisamment à l'abri à la cime des arbres, les écureuils ne se donnent pas la peine de dissimuler les nids soigneusement construits dans lesquels ils s'abritent.

Il est enfin à peine besoin de rappeler que c'est immé-

Fig. 75. — Le Lièvre.

diatement au-dessous du niveau des neiges éternelles que les

Fig. 76. — La Gerboise (taille de l'écureuil).

marmottes sont venues chercher une tranquillité qui malheureusement n'est pas toujours respectée. Elles ont une habitation d'été et une habitation d'hiver, dans laquelle elles passent la mauvaise saison à dormir. Ainsi font également les loirs.

3° *Agilité des Rongeurs.* — Enfin, d'autres Rongeurs n'ont plus que l'agilité de leurs jambes pour se soustraire à l'avidité de leurs ennemis. En tête de ceux-là sont les *lièvres* (fig. 75),

Fig. 77 — Le Hérisson, insectivore à épines.

à qui les *lapins* ont faussé compagnie, préférant le calme de leurs terriers aux émotions de la fuite. Mais les lièvres ne sont pas les mieux pourvus des coureurs rapides. Les *gerboises* (fig. 76), grâce à la longueur de leurs jambes de derrière, peuvent faire des bonds prodigieux. Elles habitent en Asie et en Afrique.

§ 87. **Les Insectivores; leurs moyens de se protéger sont les mêmes que ceux des Rongeurs.** — Chas-

LES INSECTIVORES.

seurs de menu gibier qu'ils trouvent précisément là où les Rongeurs vont faire leurs provisions, les Insectivores n'ont guère à choisir que parmi les moyens de défense dont nous venons de voir les Rongeurs nous offrir un si grand luxe. Aussi les imitent-ils presque exactement dans leurs formes. Les principaux Insectivores de nos pays sont les *hérissons*, les *musaraignes*, les *desmans* et les *taupes*.

Comme les porcs-épics, les *hérissons* (fig. 77) sont couverts de piquants, et s'en servent même fort habilement. Au moindre danger ils se roulent en boule, de manière à

Fig. 78. — La Musaraigne, insectivore semblable à une souris.

ne présenter que des pointes à l'ennemi. Ces singuliers animaux sont nocturnes.

Les *musaraignes* (fig. 78) ont la taille et la couleur des plus petites souris. On les reconnaît toutefois bien vite à leur museau plus mobile, plus allongé et presque pointu. Elles habitent dans des trous. Toutefois une espèce, commune dans les Alpes, ne s'y trouve même pas suffisamment à l'abri et se loge, comme les rats d'eau, au voisinage des torrents, dans lesquels elle sait parfaitement nager.

Les *desmans* (fig. 79) des Pyrénées ont des habitudes plus aquatiques encore ; leurs pattes sont palmées, comme celles des castors ; leur nez se prolonge si bien, qu'on les appelle quelquefois des *rats à trompe*.

Les *taupes* (fig. 80) mènent une existence plus souterraine encore que celle des spalax et ne cessent de fouir la terre pour y découvrir les lombrics et les vers blancs dont elles se nourrissent. Leurs yeux, comme ceux des spalax, sont réduits à de petits points noirs, brillants, cachés sous les poils et à peine visibles.

Les galeries qu'elles creusent incessamment dans la terre rayonnent autour de leur habitation, toujours con-

Fig. 79. — Le Desman des Pyrénées, insectivore aquatique analogue à un rat d'eau.

struite de la même façon et si bien disposée qu'il est presque impossible de les surprendre.

Il y a enfin des Insectivores qui grimpent aussi bien que les écureuils, ou qui sautent à la manière des gerboises.

§ 88. **Les chauves-souris ou Insectivores volants.** — On pourrait même dire qu'il y a des Insectivores qui volent, car les chauves-souris, ou tout au moins celles de nos pays, se nourrissent exclusivement d'Insectes. Tandis que les écureuils volants, pourvus de simples parachutes, ne peuvent s'élever dans l'air qu'en sautant, et retombent, comme une flèche lancée par un arc, sans avoir pu reprendre dans l'air un nouvel élan, les chauves-souris ont de véritables ailes qui leur permettent de voler comme les oiseaux et les papillons. Les Rongeurs ne s'élancent dans l'air que pour fuir, les Insectivores s'y précipitent tout à la fois pour fuir et pour donner la chasse aux Insectes dont ils se nourrissent; ils ont deux raisons au lieu d'une de s'y maintenir : on comprend donc qu'ils soient mieux doués pour la locomotion aérienne. Les ailes des chauves-souris ne sont, comme les parachutes des polatouches, qu'un repli de la peau des flancs, mais ce repli ne s'étend pas seulement entre leurs quatre membres, les doigts de la main sont,

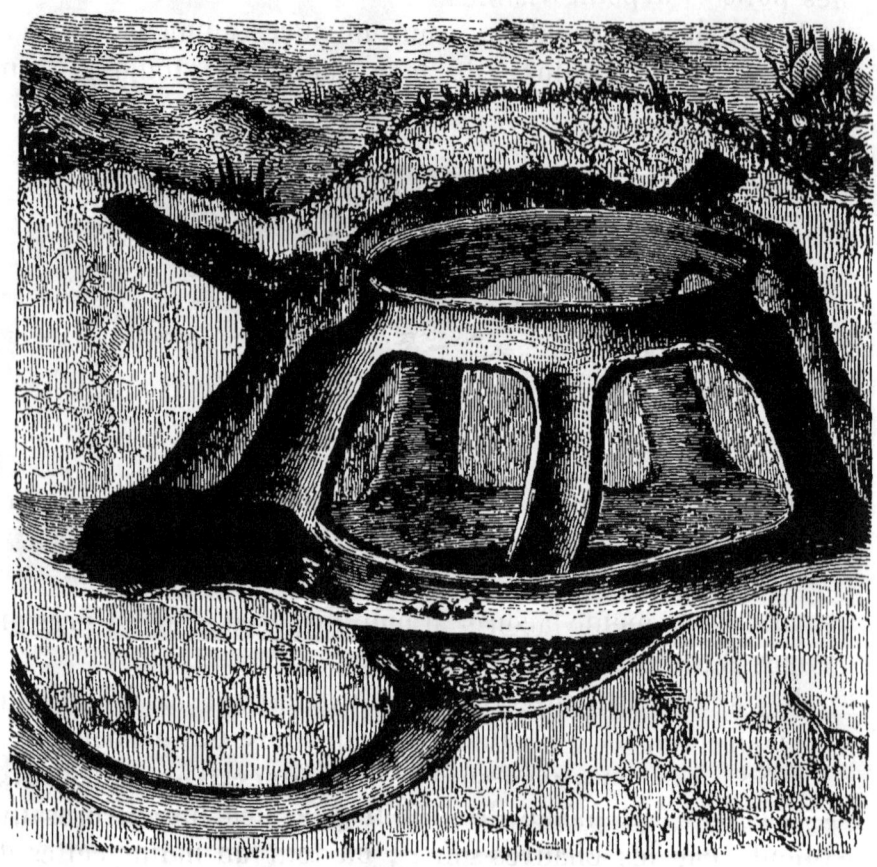

Fig. 80. — La Taupe et son terrier.

nous l'avons déjà vu, excessivement longs ; la peau se prolonge entre eux, comme une vaste palmure, et ils la soutiennent comme les branches d'un éventail.

Bien que les chauves-souris soient des animaux nocturnes, elles ont des yeux tout petits. A cela il y a une raison : leurs grandes ailes, leurs immenses oreilles, les membranes qui surmontent le nez de quelques espèces et leur donnent un aspect si ridicule, sont d'une sensibilité extrême. Par la surface énorme de tous ces replis de la peau, elles perçoivent le moindre ébranlement de l'air, savent reconnaître, même au vol, dans l'obscurité la plus profonde, les obstacles semés sur leur route. Leur toucher exquis supplée à l'insuffisance de leur vue obtuse, comme si la perfection de l'un des sens n'avait pu être obtenue qu'aux dépens de l'autre.

Quand les Insectes ont disparu pendant l'hiver, les hérissons et les chauves-souris s'endorment d'un profond sommeil. Ils *hivernent* comme les marmottes et les loirs. Les taupes, au contraire, dont le domaine souterrain est peu accessible aux vicissitudes des saisons, conservent leur activité durant toute l'année.

Malgré ces ressemblances dans leur forme générale avec les Rongeurs, les Insectivores ont, comme on peut s'y attendre, les mâchoires tout autrement armées. On y voit des incisives, de fortes canines et des molaires découpées en pointes aiguës et saillantes qui donnent à la mâchoire l'aspect d'une scie bien plus que celui d'une râpe.

RÉSUMÉ

I. En leur qualité d'animaux frugivores, les singes sont essentiellement grimpeurs et pourvus de quatre mains.
Les singes de l'Ancien Monde ont tous une dentition analogue à celle de l'homme ; les singes de l'Amérique ont une dentition différente. L'Ancien et le Nouveau Monde ont donc des singes spéciaux. Seuls les plus petits des singes, les ouistitis, possèdent des griffes au lieu d'ongles plats.

II. Les Rongeurs et les Insectivores sont des animaux de petite taille, différant de régime, mais ayant les mêmes habitudes de timidité. A chaque forme de Rongeurs correspond, pour ainsi dire, une forme d'Insectivores. Aux souris correspondent, par exemple, les musaraignes ; aux porcs-épics, les hérissons ; aux rats d'eau, les desmans ; aux spalax, les taupes ; aux gerboises, les macroscélides, et même, à certains égards, aux écureuils volants, les chauves-souris.

III. Les Rongeurs manquent de dents canines, mais possèdent de grandes dents incisives qui poussent constamment par en bas, tandis qu'elles s'usent par en haut.

IV. Les Insectivores ont des incisives de grandeur ordinaire, des canines et des molaires.

V. Les chauves-souris peuvent être considérées comme des Insectivores volants.

DIXIÈME LEÇON

LES HERBIVORES.

§ 89. **Les Herbivores sont des animaux exclusivement marcheurs ou coureurs; ils ont le bout des doigts enfermé dans un sabot.** — Le gazon qui couvre le sol, les arbrisseaux répandus partout, les branches basses des arbres offrent aux animaux qui peuvent se contenter d'une nourriture végétale des aliments en quantité presque inépuisable. Il n'y a pour ainsi dire qu'à les prendre; point n'est besoin de savoir grimper ou voler, il suffit, pour les recueillir, de marcher, mais il faut marcher beaucoup, car l'herbe est peu nourrissante; or cela nécessite des jambes robustes et, si vous voulez bien me passer le mot, de solides chaussures. Tous les Mammifères que nous avons étudiés jusqu'ici ont l'extrémité des doigts protégée par des *ongles* ou des *griffes*; les Herbivores proprement dits ont presque toute leur dernière phalange enfermée dans un *sabot*, volumineux étui corné que tout le monde a remarqué chez le cheval, qui n'a qu'un doigt, chez la chèvre ou chez le porc, qui en comptent deux bien développés et deux plus petits (fig. 81). Aussi dit-on quelquefois que les Herbivores sont *ongulés*, c'est-à-dire pourvus de grands ongles, tandis que tous les autres Mammifères sont *onguiculés*, c'est-à-dire pourvus de petits ongles.

§ 90. **Les doigts sont peu nombreux chez les Herbivores coureurs.** — Avec leur sabot, les Herbivores courent facilement, mais ils ne sauraient ni fouir le sol, ni grimper, ni saisir un objet quelconque. Le pied ne sert plus chez eux qu'à porter la bête, comme les quatre pieds d'une table soutiennent ce meuble. Il ne vient à l'esprit de personne de fendre à leur extrémité les pieds d'une table pour la rendre plus solide : c'est vous dire que des doigts ne sont pas bien nécessaires à un animal qui n'use de ses jambes que pour se porter. Vous allez voir effectivement que les doigts disparaissent à mesure que l'Herbivore devient un coureur plus parfait, et il faut bien qu'il coure puisque

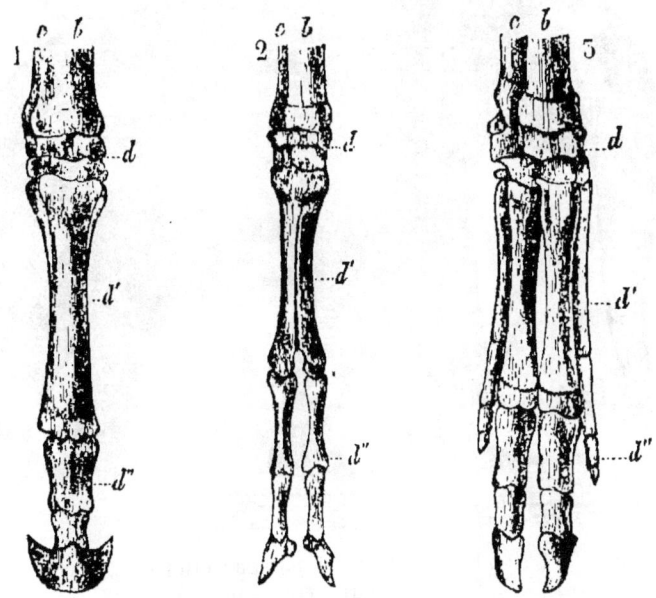

Fig. 81. — Pattes de devant d'herbivores.

1. Patte de cheval; — 2. patte de chèvre; — 3. patte de sanglier; — c, b, les deux os de l'avant-bras; — d, le poignet; — d', les os de la paume de la main; il y en a trois, dont un seul porte un doigt chez le cheval, quatre chez la chèvre et le sanglier; mais chez les chèvres les deux os du milieu de la paume sont soudés entre eux pour former le *canon*.

c'est désormais pour lui le seul moyen d'échapper à ses ennemis.

§ 91. **Les éléphants ont cinq doigts à tous les pieds; les hippopotames, quatre; les rhinocéros, trois.** — Cependant les colosses n'ont pas besoin de fuir : leur pied n'est pas très différent de celui des autres Mammifères : l'*éléphant* (fig. 82) a cinq doigts et le pied relativement court; l'*hippopotame* (fig. 83) en a quatre; le *rhinocéros* (fig. 84), trois.

Ces mêmes animaux, en marchant, n'appuient à terre que l'extrémité de leur pied, mais tous leurs doigts portent sur le sol. Il n'en est plus ainsi chez les Herbivores moins forts, pour qui la fuite devant l'ennemi devient une nécessité.

LES HERBIVORES. 113

Fig. 82. — L'Éléphant d'Asie; il possède cinq doigts et marche sur leur extrémité.

Fig. 83. — L'Hippopotame; il a quatre doigts, symétriques deux à deux, à chaque pied.

FERRIER, CL. 6e.

Aucun autre n'a cinq doigts comme l'éléphant qui reste à part; mais tous en ont quatre comme l'hippopotame, ou trois, au moins aux pieds de derrière, comme le rhinocéros. L'hippopotame et le rhinocéros sont les plus gros représentants de deux groupes distincts d'herbivores : les *herbivores*

Fig 84. — Le Rhinocéros unicorne d'Afrique; il a trois doigts à chaque pied.

à pied fourchu et les *herbivores à doigts impairs* ou *pachydermes*.

§ 92. Les Herbivores à pied fourchu; ils marchent sur le bout des doigts. — Tout le monde sait que, pour courir vite, il faut avoir de longues jambes. Quand nous voulons grandir nos jambes, que faisons-nous? Nous marchons sur la pointe du pied. C'est justement le procédé qu'emploient tous les Herbivores. Aussi regardez leurs pattes de derrière. A l'endroit qui vous paraît être leur genou, leur jambe ne se plie pas comme la nôtre en arrière, elle se plie en avant. En effet *ce que l'on est tenté de prendre pour leur genou, n'est pas leur genou, mais leur talon*, qui est relevé, l'extrémité seule des doigts posant sur le sol par le sabot qui la protège.

Les Porcins. — Les quatre doigts de l'hippopotame appuient sur la terre, de manière à soutenir tous ensemble son gros corps, mais chez le porc, qui n'est, pour ainsi dire, qu'une miniature d'hippopotame, le pied est tellement relevé que, des quatre doigts, les deux plus longs, ceux du

Fig. 85. — L'Argali, ou mouton sauvage d'Asie.

milieu touchent seuls à terre; les deux doigts de chaque côté sont inutiles; le pied semble n'avoir que deux doigts : c'est un *pied fourchu.*

L'*hippopotame*, le *porc* et les animaux exotiques voisins, le *phacochère* d'Afrique, le *babiroussa* des îles de la Sonde, le *pécari* d'Amérique, tous à pied fourchu, ont des incisives bien développées, de grandes canines constituant les *défenses*, des molaires à surface mamelonnée, en un mot une *dentition complète;* ils constituent l'ordre des *Porcins.*

Les Ruminants. — Le *cerf*, le *daim*, le *chamois*, la *chèvre*, le *mouton* (fig. 85) ont le pied fourchu et posant à

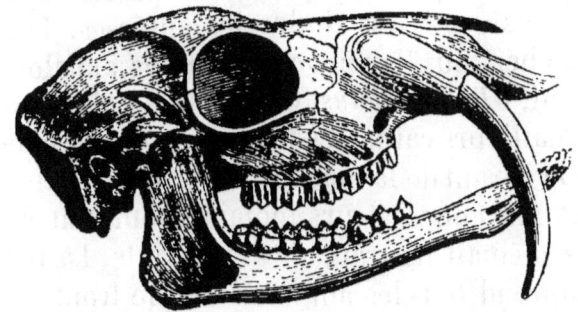

Fig. 86. — Tête du Chevrotain porte-musc, ruminant sans cornes, pourvu de canines.

terre par l'extrémité seule des doigts les plus longs, comme chez les porcs. Les deux doigts inutiles deviennent même à

Fig. 87. — Chevrotain (de la taille d'un chevreau).

peine apparents chez le bœuf, et l'on n'en voit plus rien chez la *girafe* et les *chameaux*. Mais de plus, chez tous ces animaux, les os qui portent les deux grands doigts et qui sont séparés chez les Porcins (fig. 81, n° 4), sont soudés en un seul, qu'on nomme le *canon* (fig. 84, n° 2), de manière que le pied est devenu une sorte de baguette. Désormais ces os, étant soudés, ne peuvent plus se déplacer; l'animal court et bondit sans avoir à craindre les entorses. Les pieds sont ainsi faits chez tous Herbivores que nous appelons RUMINANTS, sauf un seul, l'*Hyæmoschus*, d'Afrique. La dentition des ruminants est d'ailleurs caractéristique : ils ne possèdent jamais de dents sur le devant de la mâchoire supérieure ; ils n'ont jamais d'incisives moyennes ; leurs molaires sont plates et marquées de rubans d'émail figurant des croissants. La liste des ruminants comprend tous les animaux dont le front porte des cornes ; mais il y a des ruminants sans cornes, et ceux qui sont dépourvus de ce moyen de défense possèdent, comme les porcs, de longues dents canines, dont ils se servent à l'occasion pour maintenir leurs ennemis en respect (fig. 86 et 87).

§ 95. **Estomac des ruminants.** — Ce mot de *ruminants* mérite de nous arrêter. Il suppose que les animaux à qui on le donne *ruminent*. Qu'est-ce que ruminer?

Si l'on visite une étable de moutons, quelque temps après la rentrée dans la bergerie, on verra toutes les bêtes couchées, les yeux mi-clos, occupées à mâcher. C'est leur repas qu'elles continuent. Aux champs elles ont tout simplement fait provision d'herbe; mais, comme si elles étaient menacées de quelque danger, — et les herbivores sauvages sont toujours menacés, — elles ont fait leur provision au plus vite, sans se donner le temps de mâcher. Maintenant qu'elles sont revenues au gîte et qu'elles se sentent à l'abri, elles font d'une pierre deux coups, elles sommeillent et ramènent dans leur bouche, pour les mâcher et les avaler de nouveau, après les avoir bien broyés et mélangés de salive, les aliments qu'elles n'avaient fait que cueillir.

Ramener à la bouche et mâcher des aliments déjà avalés, pour les réavaler ensuite, c'est ce qu'on appelle *ruminer*.

L'éléphant, l'hippopotame, le porc, le rhinocéros, le cheval ne ruminent pas.

Les chameaux, les girafes, les cerfs, les antilopes, les chèvres, les moutons, les bœufs sont au contraire des ruminants.

L'estomac des ruminants est construit d'une manière particulière, il est divisé en quatre poches : la *panse*, le *bonnet*, le *feuillet* et la *caillette*. Au moment où elle est cueillie, l'herbe avalée se rassemble dans la *panse*, comme dans un sac à provisions; c'est de là qu'elle revient à la bouche, moulée en petites pelotes par le bonnet, pour être mâchée et imprégnée de salive; elle redescend ensuite et va directement au feuillet, puis à la caillette et enfin à l'intestin.

Fig. 88. — Le Cheval.

§ 94. Herbivores à trois doigts aux pieds de derrière. — Solipèdes. — Les rhinocéros n'ont pas le *pied fourchu* comme les Herbivores que nous venons d'étudier. C'est à ces animaux que se rattachent les *tapirs* et les *chevaux*. Les tapirs d'Amérique et de l'Inde ont le nez prolongé en une courte trompe, trois doigts aux pieds de derrière, quatre aux pieds de devant. Les chevaux (fig. 88) semblent ne plus avoir qu'un doigt à chaque pied et c'est précisément pourquoi on dit qu'ils sont *solipèdes*, comme l'*âne*, le *zèbre*, l'*hémione*, etc. Mais examinez les os de la jambe d'un cheval (fig. 81, n° 1) : à droite et à gauche du grand doigt, voici des os minces, les *stylets*, qui ne sont autre chose que des doigts avortés ; le cheval a donc en réalité trois doigts ; cela est si vrai que quelquefois ces trois doigts se complètent, et l'animal offre alors à chaque pied trois sabots, dont un seul touche le sol. Par suite de la réduction de tous les doigts à un seul doigt utile, le pied du cheval devient plus solide encore que celui des Ruminants, et l'on sait si les chevaux sont de bons coureurs.

RÉSUMÉ

I. Tous les Herbivores ont l'extrémité des doigts enfermée dans des sabots ; ils sont *ongulés*.

II. On distingue quatre ordres d'*Herbivores* :

1° Les *Éléphants* ;

2° Les Herbivores à doigt médian plus grand que les autres, ou *Pachydermes* ;

3° Les *Porcins*, qui ont le pied fourchu et des dents incisives à la mâchoire supérieure ;

4° Les *Ruminants*, qui ont le pied fourchu, mais point d'incisives sur le devant de la mâchoire supérieure.

III. Seuls les éléphants ont cinq doigts presque égaux à tous les pieds ; tous les autres Herbivores ont un nombre de doigts variant de quatre à un à chaque pied, et marchent sur le bout de leurs doigts.

IV. Les Herbivores ruminants ramènent à la bouche, pour les mâcher et les avaler, les aliments qu'ils ont une première fois emmagasinés dans leur panse ; leur estomac est généralement divisé en quatre poches.

ONZIÈME LEÇON

LES CARNASSIERS.

§ 95. Les sept sortes de Carnassiers. — Voici bien connus tous les Mammifères dont les Carnassiers peuvent faire leur proie. Vous avez pu voir, par tout ce que nous en avons dit, que si les Mammifères qui vivent de matières végétales et d'insectes servent de gibier ordinaire aux animaux plus forts et mieux armés, ils ne sont cependant pas faits pour cela, et semblent, au contraire, pourvus de tout ce qu'il leur faut pour échapper aux Mammifères de proie.

Il nous faut voir maintenant comment ceux-ci arrivent à se rendre maîtres de victimes capables de fuir et de se défendre. On peut dire qu'il y a sept sortes de Carnassiers : les *ours*, les *genettes*, les *belettes*, les *hyènes*, les *chiens*, les *chats* et les *phoques*.

Chacun de ces animaux a encore, pour ainsi dire, sa spécialité.

§ 96. Les ours marchent sur la plante entière des pieds. — De même que nous avons vu les singes, les rats, les porcs ajouter, à l'occasion, à leur régime végétal de petits animaux, il y a des Carnassiers pour qui manger de la chair n'est pas une nécessité absolue et qui se résignent volontiers à manger des fruits, des racines, du miel. Paresseux, lourds, marchant en appuyant à terre la plante entière du pied, peu habiles à sauter et à courir, mais grimpeurs émérites, les *ours* (fig. 89) sont, par cela même, les moins carnassiers des Carnassiers. Ils comptent beaucoup d'espèces qui sont presque inoffensives; évidemment ce ne sont pas celles qui vivent, comme l'*ours blanc*, dans des pays où les végétaux sont rares. L'*ours brun* habite encore les hautes montagnes de l'Europe et n'est pas très rare dans les Alpes et les Pyrénées.

§ 97. Le blaireau et les petits carnassiers ram-

pants. — C'est un mauvais chasseur que le *blaireau* (fig. 90), autre carnassier de nos pays, que sa façon de marcher pourrait faire prendre pour un ours en miniature, mais que le nombre et la forme de ses dents rapprochent

Fig. 89. — L'Ours brun des Alpes et des Pyrénées, carnassier *plantigrade* (bien plus gros qu'un chien Terre-Neuve).

des *martres*, des *fouines* (fig. 91), des *belettes*, des *hermines* (fig. 92), des *putois*. Tous ces petits carnassiers se trouvent dans nos campagnes. Ce sont des voleurs de nuit, qui ne marchent qu'en rampant, en s'aplatissant pour ainsi dire contre terre, et se faufilent par tous les trous. On le devine rien qu'en voyant leurs pattes courtes, appuyant à terre par une partie plus ou moins longue du pied leur souple et

« longue échine », comme dit la Fontaine, qui les a fait

Fig. 90. — Le Blaireau, carnassier *plantigrade*, commun en France (taille d'un chien basset).

Fig. 91. — La Fouine, carnassier *vermiforme*, demi-plantigrade, assez commun dans les fermes en France (plus grande qu'un écureuil).

comparer à des Vers, d'où le nom de *Carnassiers vermiformes* sous lequel on les a quelquefois désignés.

Ils mordent bien, et griffent encore mieux. Pendant qu'ils marchent, leurs ongles se redressent souvent à demi, pour ne pas s'user, et se cachent entre les poils des doigts. Les griffes du chat sont de la même façon protégées contre l'usure, mais se redressent plus encore. C'est ce qui fait

Fig. 92. — L'Hermine, carnassier *vermiforme*, commun dans le nord de l'Europe, rare en France (un peu plus petite et plus svelte qu'un écureuil).

dire, quand ces animaux sont tranquilles et caressants, qu'ils font « patte de velours ». Les ongles qui se redressent ainsi s'appellent ongles *rétractiles*.

§ 98. **Genettes et civettes.** — Les *genettes* (fig. 93) et leurs voisines les *civettes*, qui fournissent un parfum estimé en Orient, ont aussi leurs ongles à demi rétractiles ; mais elles sont plus hautes sur pattes, ont des dents plus nombreuses, et vivent d'œufs ou de petits animaux qu'elles chassent le long des cours d'eau.

En somme, tous ces petits carnassiers mangent à peu près n'importe quoi, même des fruits.

§ 99. **Les chiens et les chats, qui courent et bondissent, marchent sur le bout des doigts, comme les Her-**

124   ÉLÉMENTS DE ZOOLOGIE.

bivores coureurs. — Les Carnassiers de plus grande taille s'attaquent surtout aux Herbivores. Ceux-là doivent pouvoir forcer à la course les animaux agiles, ou s'assurer d'eux d'un

Fig. 95. — La Genette vit en France, au bord des ruisseaux; c'est un carnassier *à ongles à demi rétractiles* (un peu plus grand qu'un chat).

seul bond, à moins qu'ils ne se résignent à se repaître de cadavres. Les *chiens* sont organisés pour le premier genre de

Fig. 94. — Le Renard, carnassier *digitigrade*, fouisseur (un peu plus petit que les chiens de taille moyenne).

chasse, les *chats* pour le second, et les *hyènes* vivent de leurs restes.

LES CARNASSIERS.

Les loups, les chacals d'Afrique et d'Asie, les renards

Fig. 95. — Le Tigre royal d'Asie, carnassier *digitigrade* à ongles tranchants et rétractiles (taille d'un petit âne).

(fig. 94) sont, à quelques différences près, construits comme nos chiens domestiques. Les animaux qui se ressemblent ainsi forment, en histoire naturelle, ce qu'on appelle un GENRE. Les *loups*, les *chacals*, les *renards*, les *chiens domestiques* appartiennent donc au genre *Chien*. De même le *lion* d'Afrique et d'Asie, le *tigre* d'Asie (fig. 95), le *léopard* d'Afrique, la *panthère* d'Asie (fig. 96) et leurs confrères d'Amérique, le *cougouar* et le *jaguar*, appartiennent au genre *Chat*. On dit que le loup, le chacal, le renard sont des

Fig. 96. — La Panthère d'Asie, carnassier du genre *chat* (presque de moitié plus petit que le tigre).

ESPÈCES du genre Chien ; le lion, le tigre, le léopard, la panthère, etc., des espèces du genre Chat.

Ceci est applicable, bien entendu, à tous les autres groupes de Carnassiers et d'Herbivores.

Les chiens, les chats et les hyènes, construits pour la course et le bond, sont plus hauts sur pattes que les autres Carnassiers ; ils marchent sur le bout des doigts comme les Herbivores ; ils sont *digitigrades*, tandis que les ours, les blaireaux et nombre de Carnassiers vermiformes ou voisins des civettes sont *plantigrades*. Chez les Carnassiers plantigrades les pieds sont terminés par *cinq doigts*. Chez les Carnassiers digitigrades, le nombre des doigts diminue, comme nous l'avons également vu chez les Herbivores digitigrades. Les pattes de derrière des chiens et des chats, les quatre pattes des hyènes n'ont plus que *quatre doigts*; le pouce a disparu. Les doigts continuent d'ailleurs à être terminés par des griffes. Ces griffes sont crochues et acérées chez les chats ; elles sont larges et propres à fouir la terre chez les chiens et les hyènes. Aussi beaucoup de ces animaux se creusent-ils des terriers, dans lesquels ils habitent. Les chacals et les hyènes se servent souvent de leurs ongles pour déterrer les cadavres, dont ils se repaissent à défaut d'autre nourriture.

§ 100. **Carnassiers aquatiques**. — La hardiesse et le courage ne sont pas toujours, comme on voit, le partage des

Fig. 97. — Le Morse des mers polaires du Nord, carnassier *nageur* (4 à 5 mètres de long).

Carnassiers; s'il y en a parmi eux qu'on pourrait qualifier d'animaux guerriers, le plus grand nombre sont de vulgaires et lâches bandits, préparant leurs coups dans l'ombre, usant du guet-apens bien plus que du combat.

Quelques Carnassiers se sont affranchis de la lutte contre leurs rivaux en exploitant les eaux, où ils n'ont pas à craindre beaucoup de concurrents. Tels sont déjà, dans nos pays, les *visons*, les *loutres*, en qui l'on peut voir des putois et des martres aquatiques, reconnaissables à leurs pieds palmés. Cependant la forme aquatique des Carnassiers n'est complètement réalisée que par les *phoques* (fig. 40, p. 70), les *morses* (fig. 97) et les *otaries*, qu'on pourrait comparer à des ours dont les pattes seraient transformées en nageoires, non plus par une simple palmure, mais par la soudure de tous les doigts.

§ 101. **Baleines et cétacés.** — Le corps des Carnassiers aquatiques est déjà allongé en fuseau comme celui des Poissons; mais la ressemblance avec les Poissons est bien plus grande encore chez les *dauphins*, les *marsouins* (fig. 38), les *cachalots* et les *baleines* (fig. 37, p. 68), qui forment l'ordre des Cétacés.

Les dauphins, les marsouins ont des dents nombreuses, coniques, toutes semblables entre elles : ils vivent de calmars et de petits poissons ; les cachalots, grands de trente mètres, n'ont de dents qu'à la mâchoire inférieure; les baleines n'en ont pas du tout. Leur mâchoire supérieure porte des lames cornées verticales, les *fanons*, dont on fait les baleines si fréquemment utilisées par les marchands de parapluies et les couturières. Pour manger, la baleine emplit son énorme bouche d'eau, qu'elle chasse ensuite à travers les intervalles des fanons ; ceux-ci retiennent tous les petits animaux contenus dans l'eau, et la baleine les engloutit. Le gosier de l'énorme mammifère est trop étroit pour laisser passer des proies de quelque volume. On pourrait comparer la baleine à un monstrueux édenté marin.

RÉSUMÉ

I. Il y a sept sortes de Carnassiers, dont les plus connus sont les ours, les belettes, les genettes, les chiens, les hyènes, les chats et les phoques.

II. Les ours et un assez grand nombre d'animaux voisins des belettes marchent sur la plante entière du pied : ils sont *plantigrades;* les animaux voisins des genettes, des chiens, des hyènes et des chats marchent sur le bout des doigts, comme les Herbivores coureurs : ils sont *digitigrades*. Les phoques ont leurs pattes transformées en nageoires.

III. Les genettes et les chats ont des ongles aigus rétractiles dont ils se servent pour retenir et déchirer leur proie ; les chats sont les plus parfaits des Carnassiers.

IV. Les chiens et les hyènes ont des ongles émoussés, non rétractiles, dont ils se servent pour fouir ; les chiens sont moins friands de chair que les chats ; les hyènes se nourrissent de cadavres.

V. Les Carnassiers qui marchent de la même façon, possèdent le même nombre de doigts, le même nombre de dents conformées de la même manière, forment ce qu'on appelle un Genre ; ils sont, dans ce genre, des Espèces.

VI. Au genre *chat* appartiennent, comme espèces, le lion, le tigre, le léopard, la panthère, le jaguar, le cougouar, etc.

VII. Au genre *chien* se rapportent le loup, le chacal, le renard, etc.

VIII. Il ne faut pas confondre avec les phoques, qui ont quatre pattes munies d'ongles, les Cétacés, les plus aquatiques des Mammifères, qui n'ont que des pattes antérieures, ne laissant apparaître aucune trace de doigts ni d'ongles.

Tableau des caractères permettant de diviser les Mammifères en ordres.

- Mammifères présentant d'importantes analogies avec les reptiles; dents absentes ou cornées; mâchoires recouvertes d'une sorte de bec .... *Monotrèmes.*
- Mammifères pourvus d'une bourse ventrale, à mâchoires garnies de dents ordinaires .... *Marsupiaux.*
- Mammifères sans bec corné, ni bourse ventrale.
  - Toujours pourvus de quatre membres.
    - A dents émaillées, toujours présentes sur le devant de la mâchoire inférieure.
      - A dents absentes au moins sur le devant des deux mâchoires et toujours dépourvues d'émail .... *Édentés.*
      - Pourvus de quatre membres terminés par des mains
        - Présentant une griffe au deuxième doigt postérieur .... *Lémuriens.*
        - A pouce protégé par un ongle plat, les autres doigts étant tous munis soit d'ongles plats, soit de griffes .... *Singes.*
      - A membres antérieurs transformés en ailes .... *Chéiroptères.*
    - A membres antérieurs en forme de pattes.
      - A régime variable; à doigts armés de griffes.
        - Point de dents canines .... *Rongeurs.*
        - Des dents canines.
          - Molaires larges découpées en pointes coniques .... *Insectivores.*
          - Une partie des molaires étroites, tranchantes, taillées en biseau.
            - Pattes conformées pour la marche ou simplement palmées .... *Carnassiers.*
            - Pattes conformées pour la natation .... *Amphibies.*
      - Herbivores à doigts protégés par des sabots.
        - Cinq doigts, nez prolongé en trompe .... *Éléphants.*
        - Quatre doigts au plus.
          - Un doigt prédominant, parfois seul apparent .... *Pachydermes.*
          - Deux doigts égaux, disposés de manière à rendre le pied fourchu.
            - Des dents sur le devant de la mâchoire supérieure .... *Porcins.*
            - Point de dents sur le devant de la mâchoire supérieure .... *Ruminants.*
- Mammifères sans membres postérieurs apparents et à membres antérieurs changés en nageoires .... *Cétacés.*

DOUZIÈME LEÇON

LES OISEAUX.

§ 102. **Grande ressemblance que les Oiseaux présentent entre eux.** — L'histoire des Mammifères nous a appris que la forme du corps des animaux est dans un rap-

Fig. 98. — Noms des diverses parties du corps d'un Oiseau (le chardonneret). 1, bec. — 2, mandibule inférieure. — 3, pointe du bec. — 4, mandibule supérieure. — 5, joue. — 6, région post-oculaire. — 7, front. — 8, vertex. — 9, occiput. — 10, région parotidienne. — 11, gorge. — 12, 13, dessus et devant du cou. — 14, dos. — 15, lombes. — 16, flancs. — 17, poitrine. — 18, 19, ventre. — 20, épaules. — 21, couvertures des ailes. — 22, rémiges ou pennes des ailes. — 23, couvertures inférieures de la queue. — 24. rectrices ou pennes de la queue. — 25, tarses. — 26, doigts.

port étroit avec leur genre de vie, de telle sorte que l'examen de leurs organes peut faire deviner comment ils s'en servent, et que les divisions qu'on a établies parmi eux correspondent presque toutes à leurs diverses manières de se nourrir et de se mouvoir; nous ne serons pas surpris maintenant qu'il en soit ainsi pour les Oiseaux. Mais tous les Oiseaux ont déjà en commun un mode de locomotion très particulier : ils volent; aussi se ressemblent-ils beaucoup plus entre eux que les Mammifères : ainsi tous ont des ailes, grandes ou petites, mais toujours conformées de la même façon; leur

Fig. 99. — Oiseau aquatique ou *Palmipède*, le Pélican (grand comme une oie).

corps est toujours couvert de plumes; tous sont digitigrades et presque tous ont quatre doigts, dont un dirigé en arrière; la plante de leur pied est dressée et ses os, les *métatarsiens*, *sont soudés* en une baguette revêtue d'écailles; un bec corné recouvre leurs mâchoires, qui ne portent point de dents, et leur queue n'est représentée que par un simple tubercule, le *croupion*, sur lequel sont fixées de longues plumes. Ces grandes plumes de la queue, ainsi que celles des ailes, portent le nom de *pennes*. Les pennes de la queue, ou *rectrices* (fig. 98, n° 24) forment un gouvernail, tandis que les pennes des ailes ou *rémiges* (fig. 98, n° 22) fonctionnent comme de puissantes rames aériennes.

§ 103. **Les huit ordres de la classe des Oiseaux.** —

Fig. 100. — Oiseaux de rivage ou *Échassiers* (Hérons, hauts de près d'un mètre).

Les Oiseaux se répartissent naturellement en groupes, suivant les lieux où ils recherchent de préférence leur nourriture et suivant le mode d'alimentation qu'ils ont adopté. Beaucoup trouvent leurs aliments dans l'*eau*; ils ont les pattes palmées comme les Mammifères aquatiques; on les appelle Palmipèdes (fig. 99).

154   ÉLÉMENTS DE ZOOLOGIE.

D'autres oiseaux *explorent les rivages;* on les nomme Échassiers, parce qu'ils sont reconnaissables à leurs longues pattes, qui leur permettent d'entrer dans l'eau sans mouiller leurs plumes (fig. 100).

Un certain nombre *fouillent la terre*, et surtout la terre

Fig. 101. — Oiseaux marcheurs et gratteurs ou *Gallinacés* (le Coq, la Poule et leurs poussins).

meuble, pour y trouver des brins d'herbe, des graines, des insectes ou même de petits reptiles (fig. 101). Ils marchent naturellement beaucoup et volent mal; on les nomme Gallinacés, parce qu'ils ressemblent plus ou moins à notre coq, que les Latins appelaient *gallus*.

Les Pigeons, quoique cherchant leur nourriture dans des

conditions analogues, ont un régime plus exclusivement végétal; ils marchent moins, volent admirablement et perchent volontiers.

A l'existence des *arbres* est étroitement liée celle de l'innombrable foule des *petits oiseaux sauteurs, chanteurs* et *percheurs*, qui se rencontrent partout et qu'on nomme les Passereaux (fig. 102 et 103).

Les Perroquets (fig. 104) vivent comme les Passereaux sur

Fig. 102 et 103. — Oiseaux des arbres, percheurs, sauteurs et chanteurs, ou *Passereaux* (un couple de Tarins).

les arbres, mais ne sautent pas; ils grimpent dans les branches en s'aidant à la fois des pattes et du bec, et se servent souvent de leurs pattes pour porter leur nourriture à leur bouche; ce sont des *oiseaux préhenseurs*.

Au contraire les arbres sont moins recherchés par les Rapaces, ou Oiseaux se nourrissant exclusivement de chair (fig. 105).

Enfin il faut mettre à part certains oiseaux dépourvus de la faculté de voler, tels que les autruches, les casoars et les aptéryx : ce sont les Oiseaux coureurs.

La classe des Oiseaux comprend donc les huit ordres suivants : 1. Palmipèdes. — 2. Échassiers. — 3. Gallinacés. —

Fig. 104. — Un oiseau grimpeur et préhenseur ou *Perroquet* (le Perroquet gris d'Afrique, ou Jaco).

4. Pigeons. — 5. Passereaux. — 6. Perroquets. — 7. Rapaces. — 8. Coureurs.

Nous devons dire quelques mots des principaux représentants de ces huit ordres.

§ 104. **Les Palmipèdes**. — Le *canard*, l'*oie*, le *cygne* sont des Palmipèdes connus de tout le monde. Ils vivent par bandes sur le bord de nos rivières et de nos étangs, sans cesse occupés à filtrer à l'aide de leur bec aplati, cannelé transversalement sur les bords, la vase où abondent les vermisseaux,

Mais la mer offre à l'exploitation des Oiseaux aquatiques un domaine bien autrement étendu que les eaux douces, et l'on comprend que ce soit surtout dans les régions maritimes que l'on rencontre les formes les plus variées de ces animaux. Les Palmipèdes marins vivent de pêche; le plus souvent leur bec robuste est terminé par une sorte de crochet recourbé. Les uns ne plongent pas, ne peuvent prendre que le Poisson qui s'aventure imprudemment à la surface et qu'ils ne sauraient poursuivre; leur subsistance n'est assurée que s'ils sont capables d'explorer rapidement de vastes étendues de mer; aussi sont-ils pourvus d'ailes puissantes qui leur permettent de lutter contre les vents, même durant les tempêtes. Tels sont les immenses *albatros*, les *pétrels*, ou *oiseaux de tempête*, les *thalassidromes* ou *oiseaux de Saint-Pierre* et les *puffins*. Les *sternes* ou *hirondelles de mer* (fig. 106), les *goélands*, les *mouettes*, qui s'avancent sur les grèves de nos rivières sablonneuses et au bord de nos lacs, volent moins bien, mais plongent mieux. Les habitudes plus aquatiques, s'il est possible, des *cormorans*

Fig. 105. — Oiseau de proie ou *Rapace* (l'Autour, de la grosseur d'une poule).

(fig. 107), des *frégates*, des *pélicans* (fig. 99), sont indiquées par la forme de leurs pieds, dont les quatre doigts sont unis par la membrane natatoire ou palmaire; ces oiseaux n'en volent pas moins admirablement.

L'étendue du vol est, au contraire, très ordinaire chez les *grèbes*, les *plongeons* (fig. 108), les *guillemots*, qui sont, en revanche, d'excellents plongeurs et utilisent leurs ailes comme des nageoires, pour voler littéralement sous l'eau à

Fig. 106. — L'Hirondelle de mer, Palmipède marin à grandes ailes et à pouce libre ou *longipenne* (de la grosseur d'une tourterelle).

Fig. 107. — Le Cormoran, Palmipède marin à pouce compris dans la palmure ou *totipalme* (taille d'un canard ordinaire).

la poursuite de leur proie. Cette façon d'employer les ailes est si complètement dans les habitudes des *pingouins* et des *manchots* (fig. 109), que ces organes, incapables de battre l'air, sont complètement transformés en rames courtes et puissantes, qui semblent, chez les manchots de Patagonie, couvertes d'écailles, tant les plumes en sont courtes.

On peut, d'après cela, distinguer quatre groupes de Palmipèdes : les *Palmipèdes d'eau douce* ou *lamellirostres*, dont

Fig. 108. — Le Plongeon imbrin, Palmipède *plongeur* des mers du Nord à ailes courtes servant à la fois à voler et à nager sous l'eau (taille d'un petit canard)

le canard est le type; les *Palmipèdes de haut vol*, *grands voiliers* ou *longipennes*, tels que les albatros; les *Palmipèdes complets* ou *totipalmes*, tels que les pélicans; enfin les *Palmipèdes plongeurs*, tels que le manchot (fig. 109).

105. Les Échassiers. — Les cigognes, les grues, les hérons (fig. 100) et les butors, grands oiseaux pêcheurs, très hauts sur pattes, pourvus d'un long cou, allongeant le cou en avant, les pattes en arrière pour s'envoler, sont

Fig. 109. — Manchot sphénique des mers australes, Palmipède plongeur dont les ailes ne servent qu'à nager (grosseur d'un canard).

Fig. 110. — La Poule d'eau, Échassier nageur à longs doigts, de nos pays (grosseur d'une petite poule).

les Échassiers par excellence; mais tous les Échassiers n'ont pas leur physionomie.

Quelques Échassiers s'aventurent dans l'eau beaucoup plus avant que les Échassiers à longues jambes, nagent et plongent comme des Palmipèdes, et mènent presque le même genre de vie que les canards; ces *Échassiers nageurs* sont les *poules d'eau* (fig. 110), à bec court, à doigts démesurément allongés, permettant à l'animal de marcher sans enfoncer sur les herbes flottantes, et les *foulques*, dont les pieds (fig. 111) ont une palmure découpée comme celle des grèbes.

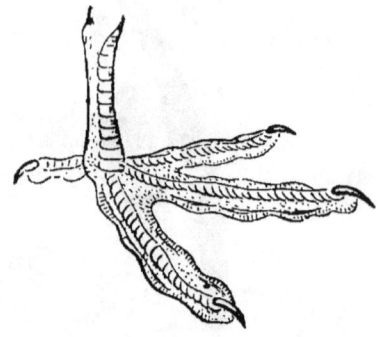

Fig. 111. — Pied à demi palmé de Foulque.

Fig. 112. — Échassiers insectivores des grèves et des marais. — 1, Bécassine sourde. — 2, Bécassine ordinaire (de la grosseur d'un merle).

D'autres, au lieu de marcher gravement au bord des eaux

ou de guetter immobiles le poisson comme le font les Cigognes, courent rapidement sur les grèves, à l'aide de pattes de grandeur moyenne, fouillant incessamment la vase au moyen de leur bec flexible et allongé; ce sont les *Echassiers coureurs*, éminemment *vermivores* ou *insectivores*, comme les *courlis*, les *combattants*, les *bécasses*, les *bécassines* (fig. 112), les *chevaliers*, les *vanneaux*, les *pluviers* (fig. 113).

Beaucoup de ces oiseaux abandonnent le voisinage des

Fig. 113. — Le Pluvier doré, Échassier insectivore des marais et terres humides (taille d'une tourterelle).

étangs et des cours d'eau pour vivre dans les prés humides, les bois et les terres cultivées où abondent aussi les vers et les larves d'insectes. Ils nous conduisent ainsi aux *outardes* (fig. 114), dont le genre de vie rappelle entièrement celui des Gallinacés.

On peut donc ramener les Échassiers à quatre formes principales d'après leur tendance à s'éloigner de l'eau : 1° les *Échassiers nageurs*, tels que les poules d'eau; — 2° les *Échassiers des gués*, pêcheurs à l'affût, et ne s'aventurant que dans les eaux où leurs longs pieds touchent le sol, comme les cigognes; — 3° les *Échassiers des grèves*, insec-

Fig. 114. — Outarde canepetière, Échassier des champs (de la grosseur d'une oie).

tivores, comme les courlis; — 4° les *Échassiers des champs*, comme les outardes.

§ 106. **Les Gallinacés**. — Les Gallinacés se reconnaissent à leur bec fort, légèrement crochu au bout, à leurs pattes robustes dont les doigts portent des ongles larges et plats, propres à gratter la terre; à leurs ailes courtes et arrondies, ne permettant qu'un vol lourd et généralement de courte durée. La chair de ces oiseaux est excellente, leur plumage parfois splendide chez les mâles. C'est à cet ordre qu'appartiennent les *coqs*, les *faisans*, les *dindons*, les *paons*, les *tétras*, les *pintades* (fig. 115), les *perdrix* et les *cailles*, que tout le monde connaît suffisamment. Ils ont tous le même genre de vie et se ressemblent beaucoup.

§ 107. **Les Pigeons**. — Les Pigeons ont aussi beaucoup de ressemblance avec les Gallinacés, mais ils ont le bec plus flexible et presque mou à la base, les pattes courtes, le pied petit, et ils volent avec une aisance remarquable. Tandis que les Gallinacés nichent à terre et que leurs petits, au moment de l'éclosion, sont capables de marcher et de manger seuls, les pigeons nichent sur les arbres ou dans des trous de rochers, et leurs petits, dépourvus de plumes, incapables de marcher, doivent être nourris par leurs parents. Il n'en existe dans notre pays que quatre espèces à l'état sauvage : le *Ramier*, qui habite les forêts,

Fig. 115. — La Pintade, oiseau gallinacé de la grosseur d'une poule.

vit sur les arbres et devient souvent à demi domestique dans les parcs et les jardins des grandes villes; le *petit Ramier*, plus farouche et ne quittant guère les fourrés; le *Bizet*, ou *Pigeon de roches*, devenu très rare; enfin la *Tourterelle*.

Le Bizet est la souche de tous nos pigeons domestiques, dont les races sont aujourd'hui si nombreuses et si variées; il niche dans les creux des rochers, dans les vieux bâtiments abandonnés; jamais sur les arbres, comme les autres espèces.

§ 108. Les Passereaux.

— De même que les Palmipèdes sont les *oiseaux aquatiques*, les Échassiers les *oiseaux des rivages*, les Gallinacés les *oiseaux des terres*, on peut dire que les Passereaux sont les *oiseaux des arbres*. Habitués à se percher sur les branches et à s'élancer sans cesse de l'une à l'autre, ils ont une allure tout à fait caractéristique : au lieu de marcher en avançant leurs pieds l'un après l'autre, ils vont presque toujours sautillant ;aussi les appelle-t-on quelquefois, en

Fig. 116. — Crâne et bec de Passereau conirostre se nourrissant de graines.

latin, *oiseaux sauteurs*. Le nombre de leurs espèces est énorme ; leur régime n'est pas moins varié, car les arbres leur

Fig. 117. — La Pie-grièche, Passereau dentirostre, se nourrissant d'insectes (un peu plus gros qu'un moineau).

fournissent des graines, des fruits, des insectes, et la plupart choisissent un mode d'alimentation auquel ils s'en tiennent.

Les Passereaux qui se nourrissent de grains, les *Passereaux granivores*, sont peut-être les plus nombreux. On les reconnaît à leur bec dur, robuste, large à la base, pointu au sommet (fig. 116), d'où le nom de *Conirostres* souvent donné à ces oiseaux. Les Conirostres mangent à l'occasion des insectes, et nourrissent leurs jeunes de chenilles et autres animaux mous. Aussi trouve-t-on beaucoup d'espèces de transition entre eux et les Insectivores proprement dits.

Ceux-ci ont quatre façons de chasser : ils peuvent, en effet,

Fig. 118. — Le Grimpereau, Passereau ténuirostre, se nourrissant d'insectes (plus petit qu'un moineau).

poursuivre les insectes de branche en branche, auquel cas ils ressemblent beaucoup aux Passereaux granivores; ou bien, aller les chercher dans les trous où ils s'abritent; ou bien les dénicher sous les écorces qui les cachent; ou bien encore les prendre au vol.

Les premiers sont reconnaissables à leur bec pointu, assez fort, quoique mince, et présentant au bout une sorte de dent ou d'échancrure : ce sont les *Dentirostres* (fig. 117); les seconds sont munis d'un bec long et effilé, qui les fait appeler *Ténuirostres* (fig. 118).

Les oiseaux qui recherchent les insectes en épluchant, pour ainsi dire, les écorces sont naturellement amenés à grimper ; lorsqu'ils courent sur une surface verticale, ils doivent être également soutenus en haut et en bas ; aussi deux de leurs doigts se dirigent-ils en arrière et n'en ont-ils que deux en avant (fig. 119) au lieu de trois comme les autres oiseaux ; en même temps ils se servent de leur queue comme d'un arc-boutant, et leurs plumes caudales, courtes et raides, semblent usées vers le bout. Ce sont là les caractères des vrais *Grimpeurs*, tels que les *pics*. Mais il y a des oiseaux à pied de grimpeur qui ne grimpent pas du tout, comme le *coucou*.

Il semble qu'on retrouve une indication de ce même pied chez les *martins-pêcheurs*, dont les deux doigts externes sont

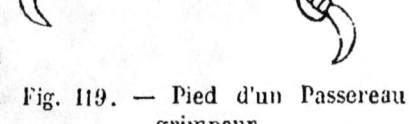

Fig. 119. — Pied d'un Passereau grimpeur.

réunis entre eux jusqu'au milieu de leur longueur. C'est aussi la forme de pied qu'on observe chez les *guêpiers* (fig. 120), qui vivent d'insectes qu'ils prennent au vol, nous conduisant ainsi vers les *hirondelles*.

Celles-ci ont un bec court, mais très largement fendu et qu'elles tiennent tout grand ouvert quand elles volent, de manière à former une sorte de petit gouffre dans lequel sont précipités les mouches, libellules ou papillons qu'elles rencontrent durant leur vol rapide. Les oiseaux analogues aux hirondelles sont nommés *Fissirostres*, ce qui veut dire en latin *becs-fendus*.

On peut donc répartir les oiseaux des arbres ou Passereaux en six groupes ou tribus : 1° Les *Conirostres*, dont l'alimentation est principalement végétale ; 2° les *Dentirostres*, dont l'alimentation, le plus souvent animale, est surtout composée d'insectes recueillis en sautillant de branche en branche, et dont le bec est assez fort pour briser les carapaces les plus solides ; 3° les *Ténuirostres*, qui sont aussi essentiellement insectivores, mais ne peuvent vivre que de petits insectes, généralement mous, qu'ils recherchent en sondant avec leur long bec les interstices du sol, les trous des arbres

Fig. 120. — Guêpier, Passereau syndactyle, chassant les insectes au vol comme les hirondelles.

ou les fentes des murs; 4° les *Grimpeurs*, grands explorateurs de l'écorce des arbres; 5° les *Syndactyles*, qui com-

Fig. 121. — Alouette huppée.

mencent à s'éloigner des arbres pour pêcher le long des cours d'eau ou poursuivre leur proie au vol; 6° les *Fissi-*

rostres, vrais habitants de l'air, dont les uns perchent encore, tandis que les autres se logent dans les trous des murailles. le long desquelles ils grimpent habilement.

§ 109. **Exemples des six sortes de Passereaux**. — En tête des *Passereaux granivores* ou Conirostres on peut placer les *alouettes,* qui rappellent les Gallinacés par leurs mœurs et vivent à terre à la façon de petites cailles (fig. 121),

Fig. 122. — Le Gros-bec (d'un tiers plus grand que le moineau).

ce qu'indique leur ongle du pouce allongé en aiguille au lieu d'être courbe comme celui des Passereaux percheurs ; mais les traits caractéristiques de ce groupe se trouvent surtout chez ceux de nos oiseaux chanteurs qu'on élève le plus volontiers en cage, comme les *pinsons,* les *linottes,* les *serins,* les *tarins* (fig. 102, page 135), les *chardonnerets* (fig. 98, page 131), qui ne sont que des espèces d'un même genre, le genre *fringilla*, près duquel viennent se ranger encore les *moineaux*, les *bouvreuils*, les *bruants*, les *gros-becs*, etc. (fig. 122).

Les *mésanges* (fig. 140), les plus vifs et les plus cruels des petits oiseaux, méritent déjà par leur mode d'alimentation d'être rapprochées des Dentirostres, et il en est de même des plus gros Passereaux, tels que les *geais*, les *pies* et les *corbeaux*; mais les vrais Dentirostres ce sont les *roitelets*, les *traquets* (fig. 123), les *fauvettes*, les *rouges-gorges*, les *ros-*

Fig. 123. — Le Traquet, oiseau insectivore du genre des Becs-fins.

signols, les *lavandières* ou *hoche-queue*, qui forment tous ensemble la famille des *becs-fins*, puis les *merles*, les *grives*, enfin les *étourneaux* (fig. 124) et surtout les *pies-grièches* (fig. 117) qui semblent des oiseaux de proie en miniature.

Il n'y a en France qu'un très petit nombre de *Ténuirostres*: ce sont les *huppes*, qui vivent à terre à la façon des alouettes et nichent dans les trous d'arbres, les *sitelles*, et les *grimpereaux* qui parcourent sans cesse le tronc des arbres à la façon des grimpeurs, enfin les *échelettes*, rares et superbes oiseaux gris cendré, aux ailes roses, qui explorent les

Fig. 124. — L'Étourneau, oiseau dentirostre (de la taille d'un merle).

vieilles murailles, auprès desquelles ils volent comme des papillons, à la recherche des araignées, dont ils se nourrissent. C'est à ce groupe des Ténuirostres que se rattachent les *colibris* et les *oiseaux-mouches*.

Notre pays ne nourrit en fait de Grimpeurs que les *pics*, les *torcols* (fig. 125) et les *coucous :* encore ces derniers ne sont-ils que des oiseaux de passage.

Fig. 125. — Le Torcol, passereau grimpeur.

Les coucous se nourrissent d'insectes, mais attrapent aussi les petits oiseaux et les petits mammifères; ils ne font pas de nids et pondent leurs œufs dans le nid d'autres oiseaux insectivores, tels que les fauvettes. Les torcols se tiennent ordinairement à terre auprès des fourmilières, dont ils saisissent les habitants à l'aide de leur langue enduite d'une salive gluante. Il existe plusieurs espèces indigènes de pics; le plus grand est le *pic-vert* (fig. 126), dont tout le monde connaît le cri aigu; ces oiseaux ont une langue démesurée, armée d'épines dirigées en arrière, à l'aide de laquelle ils saisissent les insectes qui demeurent collés à sa surface par une abondante salive visqueuse.

Fig. 126. — Le Pic-vert (de la grosseur d'un merle).

Les *martins-pêcheurs* se nourrissent de poissons, qu'ils pêchent en rasant l'eau d'un vol rapide; ce sont, avec les *guêpiers*, les seuls Syndactyles indigènes.

Enfin les Fissirostres de nos pays sont, outre les *hirondelles*, les *martinets*, dont les quatre doigts se dirigent en avant de manière à former une griffe puissante, et les *engoulevents*, en qui on peut voir de gros martinets nocturnes (fig. 127).

§ 110. **Oiseaux carnassiers ou Rapaces.** — Les Oiseaux carnassiers ou Rapaces perchent sur les rochers inaccessibles et les vieux monuments, d'où ils s'élancent pour planer dans les airs et fondre sur leur proie; ce sont: l'*aigle*, le *vautour*, le *faucon*, la *buse*, la *chouette*, le *hibou*, le *grand-duc*.

Leurs pattes robustes (fig. 128) sont terminées par des ongles recourbés et pointus, bien faits pour s'enfoncer dans les chairs; on les nomme des *serres*; leur bec est tran-

Fig. 127. — L'Engoulevent, Passereau nocturne à bec fendu, ou fissirostre.

chant, droit à sa base, et *crochu* à son extrémité (fig. 129). Les Oiseaux rapaces (fig. 35 page 64) ou Oiseaux de proie,

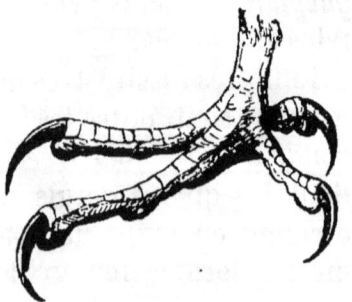

Fig. 128. — Serre d'un Oiseau de proie.

Fig. 129. — Bec crochu d'un Oiseau de proie (l'Aigle impérial).

chassent, les uns le jour, les autres la nuit; il y a donc des *Rapaces diurnes* et des *Rapaces nocturnes*. Ces derniers sont reconnaissables à leurs plumes molles, peu serrées, qui battent l'air doucement et leur permettent de voler la nuit sans faire aucun bruit alarmant pour leurs futures victimes. Leur plumage flottant les fait paraître bien plus gros qu'ils ne sont en réalité ; leur tête, peu différente, quand elle est plumée, de celle des autres Rapaces, semble ronde comme celle d'un chat, et leurs yeux très grands, comme ceux de tous les animaux nocturnes, paraissent encore plus grands

Fig. 130. — Le Chat-huant, oiseau de proie nocturne.

parce qu'ils sont placés chacun au fond d'un entonnoir de petites plumes raides qui empêchent les plumes molles de la tête de retomber devant eux. Le bec est presque entièrement caché parmi les plumes ; quelquefois la tête est surmontée de deux aigrettes en forme d'oreilles, et l'oiseau a alors si bien la physionomie d'un chat, qu'on le désigne dans les campagnes sous le nom de *chat-huant* (fig. 130).

§ 111. **Les Perroquets.** — Nous avons réservé les Perroquets pour la fin, parce qu'on peut les considérer comme les plus intelligents des Oiseaux. Leur bec est crochu ; mais il est crochu dès la base, au lieu de se recourber seulement au sommet comme celui des Rapaces ; l'animal, tout à fait inoffensif, s'en sert comme d'un crochet à l'aide duquel il se sus-

Fig. 131. — Le Nandou ou Autruche d'Amérique (trois fois grand comme un dindon).

pend aux branches pour grimper plus facilement. Le pied des perroquets ressemble à celui des Grimpeurs ; mais ce pied est utilisé chez eux comme une sorte de main dont ils se servent pour porter leurs aliments à la bouche. Il n'y a pas de perroquets en Europe; on trouve ces oiseaux dans toutes les parties chaudes de l'Asie, de l'Afrique et de l'Amérique; en Océanie ils descendent jusqu'à la Nouvelle-Zélande. Les plus gros sont les superbes *Aras*, à queue étagée, de l'Amazone. Beaucoup apprennent à parler; les plus faciles à instruire sont les *perroquets gris* ou *Jacko* du Sénégal et les *perroquets verts* d'Amérique. On élève souvent en cage, sous le nom d'*inséparables*, des couples de la petite *Perruche ondulée* d'Australie.

§ 112. **Oiseaux coureurs**. — Enfin, il y a des animaux qui sont Oiseaux par leurs plumes, par leur bec, par leurs

Fig. 152. — L'Aptéryx, oiseau sans ailes de la Nouvelle-Zélande (de la taille d'une grosse poule).

pattes, mais dont les ailes, parfois terminées par des doigts bien conformés et munis de griffes, sont si petites qu'ils ne peuvent voler. Ce sont les *Oiseaux coureurs*, parfois d'une énorme taille, mais dont aucune espèce n'existe dans notre pays. Les principaux Oiseaux coureurs sont l'*Autruche*, qu'on attelle, en Afrique, à de légères voitures; le *Nandou* (fig. 151), qui habite l'Amérique du Sud; les *Casoars*, d'Australie et de Nouvelle-Guinée; les *Aptéryx* (fig. 132), de la Nouvelle-Zélande. Beaucoup d'espèces de ces Oiseaux et des plus gigantesques sont aujourd'hui éteintes.

Chez les Échassiers coureurs et certains Gallinacés le pouce disparaît; il manque aux nandous et aux casoars, et l'autruche n'a même plus que deux doigts, réduction qui rappelle celle que nous avons observée déjà chez les Mammifères coureurs.

RÉSUMÉ

I. Les Vertébrés à sang chaud composant la classe des Oiseaux ont tous deux pattes, deux ailes, des plumes et un bec. Ils marchent exclusivement sur leurs doigts, le reste du pied étant relevé et ayant l'apparence d'une baguette écailleuse; ils manquent de dents.

II. Les Oiseaux se répartissent en huit ordres, correspondant à huit genres de vie différents, à savoir :

1° Les *Oiseaux aquatiques* ou Palmipèdes, reconnaissables à la membrane ou *palmure* étendue entre les doigts de leurs pieds.

2° Les *Oiseaux des rivages* ou Échassiers, dont les pattes, le cou ou tout au moins le bec ont une grande longueur.

3° Les *Oiseaux marcheurs et volant mal* ou Gallinacés, à ongles plats, à pattes robustes, ailes rondes et bec dur.

4° Les *Oiseaux marcheurs à vol rapide* ou Pigeons, dont les ongles sont plats, les pattes faibles, les ailes longues et le bec mou.

5° Les *Oiseaux des arbres* ou Passereaux, qui perchent, sautent plus qu'ils ne marchent, et possèdent souvent la faculté de chanter.

6° Les *Oiseaux préhenseurs* ou Perroquets, qui grimpent sur les arbres sans sauter, en s'aidant d'un bec crochu dès la base et de grosses pattes dont deux doigts sont dirigés en avant et deux en arrière.

7° Les *Oiseaux de proie* ou Rapaces, se nourrissant de chair et possédant un bec crochu au bout et des serres ou ongles aigus et recourbés.

8° Les *Oiseaux coureurs*, dépourvus de la faculté de voler et de nager.

III. Les *Oiseaux aquatiques* habitent les eaux douces ou la mer. Ceux qui habitent les eaux douces sont les *Lamellirostres* (oie, cygne, canard). Ceux qui habitent la mer pêchent en volant ou en plongeant. Les premiers ont de grandes ailes et peuvent avoir trois de leurs doigts ou tous les quatre compris dans leur palmure; on les distingue en *Longipennes* (mouettes, hirondelles de mer) et *Totipalmes* (pélicans). Les seconds se nomment *Plongeurs*; ils peuvent se servir de leurs ailes pour nager sous l'eau (plongeons, grèbes), et quelques-uns ne volent pas (pingouins, manchots).

IV. Les Échassiers *nagent et marchent sur les herbes flottantes* comme les poules d'eau; *n'entrent dans l'eau que là où ils ont pied,* comme les cigognes; *explorent les grèves,* comme les courlis, ou *vivent dans les champs,* comme les outardes. Ils se partagent ainsi en quatre groupes naturels, suivant la distance à laquelle ils vivent de l'eau.

V. Les Passereaux, bien que vivant presque tous sur les arbres, se nourrissent soit de graines, soit d'insectes. Leur bec conique a fait appeler *Conirostres* les Passereaux granivores. Les Passereaux insectivores ont quatre façons de chasser : ils poursuivent les insectes de branche en branche ; les recherchent dans les trous et les fissures où ils se blottissent ; épluchent, pour les découvrir, les écorces des arbres, ou les prennent au vol, le bec ouvert ; de là les quatre divisions des *Dentirostres*, à bec échancré au bout (rossignols, merles, pies-grièches), des *Ténuirostres*, à bec grêle et allongé (huppes, grimpeurs, colibris), des *Grimpeurs* (pics, torcols), et des *Fissirostres*, à bec court et largement fendu (hirondelles, martinets, engoulevents). — Les Martins-pêcheurs et les Guêpiers, qui pêchent ou chassent au vol, forment un petit groupe à part dans lequel deux doigts de devant sont soudés entre eux, d'où leur nom de *Syndactyles.*

VI. Les Rapaces chassent, les uns le jour, les autres la nuit, d'où leur division en *diurnes* et *nocturnes.*

VII. Les Gallinacés, les Pigeons et les Perroquets sont moins nombreux et plus semblables entre eux que les Oiseaux des autres ordres.

Tableau des caractères permettant de diviser les Oiseaux en ordres.

Ailes disposées pour le vol ou la natation.	Deux doigts au moins presque entièrement libres.	Doigts unis par une membrane ; jambes couvertes de plumes...............		*Oiseaux nageurs* ou Palmipèdes.
		Cou et tarse extrêmement longs ; jambes en partie dénudées......		*Oiseaux de rivage* ou Échassiers.
		Trois doigts dirigés en avant.	Ongles courts et aplatis. { Pattes fortes, propres à gratter le sol, ailes courtes, bec fort, légèrement crochu, petits naissant capables de marcher.	*Oiseaux gratteurs* ou Gallinacés.
			Pattes faibles, ailes grandes, bec faible, petits naissant incapables de marcher et de manger seuls........	*Oiseaux marcheurs* ou Pigeons.
			Ongles longs, pointus et recourbés, mais forts et tranchants ; bec crochu au sommet, couvert d'une membrane à sa base...................	*Oiseaux carnassiers* ou Rapaces.
			Ongles longs, pointus et recourbés. mais grêles ; bec ordinairement droit, nu à sa base........	*Oiseaux sauteurs* ou Passereaux.
	Deux doigts dirigés en avant et deux en arrière	{ Bec de forme variable, mais non courbé dès sa base ; pieds servant seulement à la marche..		*Passereaux grimpeurs.*
		{ Bec crochu, courbé dès sa base ; pieds servant à la marche et à la préhension................		*Oiseaux préhenseurs* ou Perroquets.
Ailes impropres au vol et à la natation...				*Coureurs.*

TREIZIÈME LEÇON

LES INSTINCTS DES OISEAUX.

§ 113. **Les nids.** — Quels que soient leur genre de vie et leur mode d'alimentation, les Oiseaux donnent tous à leurs petits des soins touchants. Leurs œufs sont pondus dans des nids, sortes de corbeilles habilement construites par les parents à l'aide des matériaux qui se trouvent le plus habituellement à leur portée.

§ 114. **Nids des Oiseaux aquatiques.** — Les Palmipèdes font ordinairement à terre un nid grossier formé de branchages et d'herbes aquatiques. Parmi les Palmipèdes marins, beaucoup, les mouettes par exemple, se contentent de déposer leurs œufs dans une légère excavation creusée dans le sable, ou, sans autre précaution, sur les corniches des falaises. Aux îles Féroé ces œufs, qui semblent abandonnés au hasard, sont recueillis par de hardis chasseurs et constituent une importante ressource alimentaire. Les *puffins* creusent, au contraire, dans le sable un long couloir au fond duquel ils pondent; les *manchots*, dont les ailes sont de véritables nageoires, s'assemblent pour construire leurs nids et façonnent le terrain où ils les établissent de manière à lui donner l'apparence d'une sorte de village.

§ 115. **Nids des Oiseaux de rivage.** — Les Échassiers ont des habitudes plus variées. Les *flamants* (fig. 133) font en terre un nid conique, creusé au sommet et assez haut pour qu'ils puissent couver debout; les *cigognes* s'établissent en des lieux élevés, sur des cheminées par exemple, ou au sommet des tours et des clochers; les *hérons* nichent sur les arbres; le nid des *grèbes* est un véritable bateau flottant que l'oiseau fait glisser sur l'eau en ramant à l'aide d'une de ses pattes. Les *poules d'eau* bâtissent un nid flottant qu'elles relient à la terre par une sorte de pont; les *bécasses* enfin nichent à terre.

Fig. 133. — Le Flamant et son nid.

§ **116. Nids des Gallinacés.** — C'est aussi le cas de presque tous les Gallinacés; mais il en est parmi eux quelques-uns dont les habitudes sont des plus remarquables. Les *talégalles* (fig. 154) et les *mégapodes* d'Australie sont de la taille d'une grosse poule.

Ils paraissent savoir que lorsqu'une masse de débris végétaux *fermente* pour se transformer en *fumier*, elle s'échauffe assez pour que des œufs placés dans son intérieur puissent se développer et éclore. Ces singuliers oiseaux se

Fig. 154. — Le Talégalle ramassant des matériaux pour son nid (un peu moins gros qu'un dindon).

dispensent, en effet, de couver; ils ramassent une grande quantité de feuilles, de paille et d'herbes humides, et en font un tas ayant près de 2 mètres de diamètre et 1 mètre de hauteur. C'est dans ce tas qu'ils déposent leurs œufs,

LES INSTINCTS DES OISEAUX.

sans s'en occuper davantage. Les jeunes oiseaux naissent déjà vigoureux et capables de chercher leur nourriture.

Tous les Gallinacés sont ainsi en état de marcher en naissant; les jeunes poulets, dès leur éclosion, comme vous avez pu le remarquer bien des fois, accompagnent partout leur mère, et ils mangent tout seuls les grains et les vermisseaux que celle-ci met à découvert en grattant le sol de ses pieds. Ils ne sont encore couverts que de plumes légères, de *duvet*, formant une sorte de toison, et on les nomme

Fig. 135. — Poussins venant d'éclore. Ils peuvent marcher, mais non encore voler.

alors des *poussins* (fig. 135). Les vraies plumes pousseront plus tard; elles ont d'abord l'aspect d'une sorte de tube ou chalumeau au sommet duquel se dégagent peu à peu les barbes de la plume.

Un certain nombre de Palmipèdes naissent comme les Gallinacés; c'est pourquoi il est possible de faire couver des œufs de cane par des poules, qui élèvent ensuite fort bien les *canetons*.

§ 117. **Nids des pigeons.** — Les jeunes pigeons, au contraire, sont, en naissant, dépourvus de duvet (fig. 136); leurs yeux sont fermés, leurs pattes trop faibles pour soutenir leur corps, leur bec trop mou pour prendre aucune nourriture. Leurs parents les nourrissent en dégorgeant dans leur bouche une sorte de salive laiteuse. Par leur manière d'élever leurs petits et par leur façon de vivre, les pigeons s'éloignent donc des Gallinacés. Comme la plupart des Oiseaux percheurs, ils construisent de vérita-

Fig. 156. — Jeune Pigeon quelque temps après l'éclosion; il ne peut encore marcher.

bles nids dont la charpente est formée de branchages entrelacés.

§ 118. **Aire des Rapaces.** — Les Rapaces nocturnes nichent assez souvent dans des trous.

Le nid des Rapaces diurnes s'appelle une *aire*. Il est en général placé sur un arbre élevé, sur quelque vieil édifice ou plus souvent sur quelque rocher inaccessible. Des bûchettes entrelacées en font d'abord tous les frais; mais bientôt viennent s'accumuler autour de lui les ossements de tous les animaux dont la chair a nourri la famille; de sorte que le nid finit par être placé au centre d'un véritable charnier.

§ 119. **Nids des Passereaux.** — Nous sommes bien loin de ces nids élégants, chauds et moelleux, que savent construire les Passereaux.

Les matériaux les plus variés sont employés pour construire le berceau de ces charmants animaux. Les hirondelles emploient des boulettes de terre glaise qu'elles soudent habilement entre elles. Certaines artistes emploient même des terres de différentes couleurs, qu'elles disposent en bandes régulières, formant d'élégants dessins.

Les martinets collent souvent avec leur salive, qui est

visqueuse, les matériaux de leur nid; quelquefois cette salive unie à des algues capables de se transformer en gelée fait tous les frais du nid; c'est avec un nid de cette sorte (fig. 157) que les Chinois composent un potage estimé. Les

Fig. 157. — Salangane, petit martinet dont le nid est comestible.

salanganes, propriétaires de ces nids, sont très voisines des martinets.

Les chardonnerets, les roitelets, leurs voisins les troglodytes, les rossignols, les fauvettes, entrelacent adroitement des brins d'herbe de manière à former une coupe garnie de mousse, de plumes, de laine ou de duvet (fig. 158).

Quand il ne trouve pas de trou ou de nid d'hirondelle où il puisse s'établir, notre vulgaire moineau fait un nid rond

Fig. 138. — Nid de Chardonneret.

comme une boule et ne présentant qu'une étroite ouverture facile à défendre contre toute invasion; la pie, le troglodyte (fig. 139), les tisserins et beaucoup d'autres petits oiseaux font comme le moineau des nids couverts, et il en est qui poussent la prudence jusqu'à suspendre leur nid au bout d'une branche flexible (fig. 140) et à en tourner l'ouverture vers le bas, de sorte qu'on ne peut y arriver qu'en volant. La couvée est ainsi à l'abri des petits carnassiers, des écureuils, des serpents et des gros oiseaux, qui seuls leur sont redoutables. Parmi ces nids si ingénieusement construits, on peut citer ceux de notre mésange à longue queue et ceux de la mésange rémiz du midi de la France (fig. 141).

Fig. 139. — Nid du Troglodyte, très petit oiseau voisin du roitelet.

Quelques oiseaux étrangers construisent des nids plus

Fig. 140. — Nid de la Mésange à longue queue.

remarquables que ceux des oiseaux de nos pays; la fauvette

Fig. 141. — Nid de la Mésange rémiz.

couturière de l'Inde place le sien entre des feuilles d'arbre verticales, soigneusement cousues ensemble (fig. 142); les

Fig. 142. — Nid de Fauvette couturière.

cassiques et les troupiales, sortes d'étourneaux, construisent des nids pendants qui ont plus de 1 mètre de long. Les fourniers bâtissent de véritables édifices de terre; enfin de petits conirostres de l'Afrique méridionale, les républicains, s'associent pour construire en commun, tout autour du tronc d'un arbre, un vaste parasol au-dessous duquel ils établissent leurs nids (fig. 143).

Fig. 143. — Parasol couvrant les nids des Républicains.

§ 120. **Berceaux des chlamydères.** — Le nid n'est pas toujours un berceau pour les jeunes, c'est aussi parfois une habitation pour les parents. Ce goût du domicile est particulièrement développé chez les chlamydères d'Australie, qui se construisent de véritables cabanes ou des allées couvertes, dans lesquelles ils accumulent tous les objets brillants ou vivement colorés qu'ils rencontrent dans leurs courses. Il n'est pas rare de retrouver dans l'habitation des chlamydères les bijoux qui ont été perdus en rase campagne.

§ 121. **Ce qu'on entend par instinct.** — On croit certain que les oiseaux n'apprennent pas à construire leur nid; tous ceux d'une même espèce le construisent à peu près de la même façon, à l'aide des mêmes matériaux et à la même époque, s'ils habitent le même pays. On donne le nom d'*instincts* à ces habitudes communes à tous les animaux d'une même espèce et qui se développent chez eux sans que leurs parents aient besoin de s'occuper de leur éducation.

§ 122. **Les voyages des oiseaux.** — Parmi les instincts des oiseaux, il y en a un autre bien remarquable, celui des voyages. Dans les régions polaires et dans une partie des régions tempérées, l'hiver est une saison rigoureuse où le froid et le manque de nourriture mettent beaucoup d'oiseaux en danger de mort. Mais, dans notre hémisphère, l'hiver s'adoucit à mesure qu'on descend vers le Sud, si bien que les rivages de la Méditerranée offrent encore, quand Paris est en plein hiver, l'image d'un véritable printemps. Aussi nombre de malades du Nord, depuis que les chemins de fer ont rendu les voyages faciles, quittent-ils chaque année leur pays couvert de neige pour aller retrouver en Provence les fleurs et le soleil.

Beaucoup d'oiseaux peuvent, dans leur vol, rivaliser de vitesse avec nos locomotives. Pourquoi ceux qui sont assez forts et assez lestes se condamneraient-ils à trois mois de souffrance lorsqu'ils peuvent, en quelques coups d'ailes, reconquérir les beaux jours? Des voyages qui seraient impossibles aux Mammifères, aux Reptiles, aux Batraciens, forcés d'émigrer à pied, sont faciles aux Oiseaux qui volent, et beaucoup de leurs espèces les entreprennent, en effet, chaque année.

Tous ne font pas cependant des voyages également réguliers, ni également longs. Notre moineau, notre pinson nous restent fidèles toute l'année; beaucoup de nos oiseaux chanteurs qui vivent en troupes demeurent dans les pays qu'ils visitent aussi longtemps qu'ils trouvent à y vivre, et il n'y a rien de réglé dans leurs allées et venues. Tels sont les alouettes, les chardonnerets, les linottes, les bouvreuils, les mésanges, les merles, les fauvettes, le hoche-queue gris, les troglodytes. D'autres, les cailles, les rossignols, les hirondelles, les martinets, les loriots, les bécasses, les coucous et la plupart des oiseaux insectivores ne nous arrivent qu'au printemps, pour faire leur nid, passent chez nous la belle saison et s'envolent dès qu'approche l'automne, sans même attendre les premiers froids. Ces oiseaux viennent du Midi, parfois d'Afrique. Au contraire, on voit en automne descendre du Nord les oies, les canards, les cygnes, les harles, les macreuses, les grèbes, les spatules, les échasses, les grues, qui s'en reviennent au printemps pour nicher dans le Nord.

Tous ces voyages s'effectuent à date fixe, sans rapport évident avec l'abaissement de la température ou la diminution des subsistances. En les accomplissant, les oiseaux semblent obéir à une sorte de besoin irrésistible qui s'empare même des individus conservés en cage depuis leur naissance, qui n'ont jamais voyagé et qui ont toujours été bien nourris et bien chauffés. Au moment du départ de leurs semblables, ces oiseaux sont pris d'une agitation inouïe, et se briseraient la tête contre les barreaux de leur prison, si l'on ne prenait des précautions pour les en empêcher.

C'est là encore un instinct, puisque ce besoin de voyager est inné et ne résulte ni de l'éducation, ni d'aucune nécessité actuelle.

§ 123. **Faculté d'orientation des Oiseaux.** — Cet instinct des voyages est complété, chez beaucoup d'oiseaux, par un instinct non moins étonnant, qu'on peut appeler l'*instinct de l'orientation*. Dans beaucoup d'espèces, chaque couple revient prendre chaque année le nid construit l'année précédente ; le fait est absolument certain au moins pour les hirondelles, les martinets, les hérons. Il faut que ces oiseaux aient su se guider, durant leur longue route, avec une merveilleuse précision pour retrouver non seulement le pays, mais l'arbre, la maison, le coin de fenêtre où ils ont établi leur construction. Les pigeons possèdent à un haut degré cet instinct de l'orientation, et, ce qui est plus étrange, ils savent retrouver leur pigeonnier alors qu'ils en ont été emportés la nuit, enfermés dans des paniers et endormis, alors même, par conséquent, qu'ils n'ont pu prendre sur la route aucun point de repère. L'instinct d'orientation des pigeons a été utilisé, comme on sait, pendant la guerre de 1870.

Il existe des facultés analogues et tout aussi étonnantes chez une foule d'animaux, et notamment chez de nombreux Insectes.

RÉSUMÉ

Presque tous les Oiseaux construisent des nids pour abriter leurs petits, jusqu'au moment où ils sont capables de voler et de manger seuls.

Ces nids, construits avec les matériaux que l'Oiseau trouve le plus habituellement à sa portée, sont très variables dans leur forme, dans leurs dimensions, dans la façon dont ils sont établis. Mais tous les Oiseaux de la même espèce, placés dans les mêmes conditions, construisent des nids identiques ; ils savent construire ces nids sans avoir eu besoin de l'apprendre.

De même, sans savoir pourquoi, de nombreux Oiseaux exécutent de longs voyages périodiques et savent si bien se guider dans leur route, que nombre d'entre eux reviennent chaque année au même nid.

On appelle *instincts* ces habitudes communes à tous les animaux d'une même espèce, qui se développent même chez ceux qui n'ont jamais vu d'animaux semblables à eux.

Beaucoup d'animaux appartenant à toutes les divisions du Règne animal ont des instincts semblables à ceux des Oiseaux.

QUATORZIÈME LEÇON

LES REPTILES.

§ 124. Faiblesse des Reptiles par rapport aux Mammifères. — Dépourvus d'ailes et de nageoires, les Reptiles se meuvent à terre dans les mêmes conditions que les Mammifères, qui sont pour eux de dangereux rivaux. Les Reptiles sont, en effet, des Vertébrés à sang froid, tandis que les Mammifères sont des Vertébrés à sang chaud, produisant, par conséquent, plus de chaleur que les Reptiles. Or, de même que plus une locomotive est chauffée, plus elle brûle de charbon, plus elle développe de force; de même, plus les animaux consomment d'aliments, plus ils produisent de chaleur, plus ils sont forts. A taille égale, les Mammifères doivent donc être beaucoup plus forts et surtout plus actifs que les Reptiles, et l'on peut affirmer que si ces derniers avaient dû disputer de vive force aux premiers les proies dont ils se nourrissent, ils auraient depuis longtemps disparu de la surface du globe.

§ 125. Moyens de défense et d'attaque des Reptiles. — Division de ces animaux en ordres. — Quoique presque tous carnassiers, les Reptiles sont donc condamnés, par leur faiblesse relative, à toutes les timidités. Les plus forts d'entre eux, les *crocodiles* (fig. 144), ne sauraient atteindre à la course les gros Mammifères : ils les guettent au bord des fleuves, cachés parmi les herbes des rivages, et les surprennent pendant qu'ils sont occupés à boire; leur peau est protégée par des plaques osseuses contenues dans son épaisseur et suffisamment dures pour être à l'épreuve des balles des fusils ordinaires.

Le squelette tout entier, uni aux plaques osseuses de la peau, forme chez les *tortues* (fig. 145) une boîte d'une très grande solidité, dans laquelle l'animal peut se retirer sans avoir à craindre d'être blessé ou écrasé.

Les autres Reptiles n'ont pas de semblables moyens de protection, mais la brièveté de leurs jambes leur permet de se dissimuler presque entièrement parmi les végétaux, dont ils prennent souvent la couleur et dont ils reproduisent les accidents, au point de se rendre invisibles même à la surface du sol.

Ces courtes pattes, bien qu'elles se prêtent à une course

Fig. 144. — Caïman, sorte de crocodile d'Amérique, pouvant dépasser quatre mètres de long.

rapide chez les *lézards*, ne sont pas indispensables à ces animaux comme aux crocodiles et aux tortues, dont le corps ne peut se courber. Le corps du lézard est en effet long et flexible, et ses ondulations aident puissamment l'animal dans sa marche; ses pattes mêmes peuvent lui devenir une gêne lorsqu'il s'agit d'entrer dans des trous étroits, inaccessibles aux ennemis les plus redoutables; elles disparaissent déjà presque entièrement chez les *orvets*, ou *serpents de verre;* elles manquent tout à fait chez les véritables *serpents*. Quelques-uns de ces derniers possèdent enfin cette arme honteuse et redoutable des faibles et des lâches, le *poison*.

Toutes les modifications de formes, toutes les particularités

Fig. 145. — Tortue terrestre.

d'organisation des Reptiles semblent donc être motivées par les conditions spéciales dans lesquelles doivent s'exercer l'attaque et la défense chez des animaux timides et faibles. Comme, à peu d'exceptions près, les Reptiles vivent de proie, on ne peut songer à les répartir en groupes suivant leur façon de se nourrir; et ce sont, en somme, les caractères tirés de leurs moyens de protection et d'attaque qui permettent de les diviser en quatre ordres : 1° les *crocodiles;* — 2° les *tortues;* — 3° les *lézards* ou *sauriens;* — 4° les *serpents*.

§ 126. **Les crocodiles**. — Les crocodiles sont tous de grands animaux, habitant exclusivement au voisinage des eaux. Ils ont le corps allongé, la queue robuste et comprimée, pouvant servir à la natation; les pattes courtes, mais robustes. Les antérieures ont cinq doigts, les postérieures quatre réunis par une palmure. Les mâchoires de ces animaux sont armées d'une rangée de dents coniques, fort peu différentes les unes des autres sous le rapport de la forme. Les dents, chez les Reptiles, n'ont d'ailleurs pas une variété de forme et de fonctions aussi grande que chez les Mammifères; elles ne servent pas à mâcher, mais seulement à retenir la proie, qui est, en général, engloutie tout d'une pièce.

Il n'y a pas de crocodiles en Europe, mais on en compte trois sortes principales dans les autres parties du monde : 1° les *crocodiles* proprement dits, dont une espèce habitait autrefois toute l'Égypte et se trouve encore sur les bords du Nil, au delà de la première cataracte; — 2° les *gavials*, à museau étroit et allongé, se nourrissant presque exclusivement de poissons, et dont l'espèce type habite le Gange; — 3° les *caïmans*, différant des crocodiles en ce que leur mâchoire supérieure est entière, au lieu de présenter des fossettes pour loger les plus grandes dents inférieures. Les caïmans sont presque tous américains.

La taille du crocodile du Nil et celle du gavial du Gange dépassent parfois six mètres de long. Les caïmans ont des dimensions plus modestes. Ces animaux pondent de gros œufs, semblables à des œufs de poule, que le soleil se charge seul de faire éclore.

§ 127. **Tortues.** — Les tortues se distinguent de tous les Reptiles par la carapace dure et résistante que forment ensemble diverses parties de leur squelette, soudées à des plaques osseuses produites par la peau et recouvertes par une couche cornée spéciale, l'*écaille*. Cette écaille peut être ramollie dans l'eau bouillante, et celle des grandes espèces peut servir à fabriquer une foule d'objets de tabletterie.

Les tortues n'ont point de dents; leurs mâchoires sont recouvertes par un bec corné analogue à celui des Oiseaux. Les unes sont carnivores; les autres herbivores. Leur corps est ramassé, leur queue courte; leurs pattes lourdes, massives, sont ordinairement terminées par des doigts réunis par une palmure ou complètement immobiles.

Il y a des *tortues marines*, des *tortues d'eau douce* et des *tortues terrestres*.

Les tortues marines (fig. 146) acquièrent souvent une assez grande taille pour peser plusieurs quintaux. Leurs doigts sont enfouis sous la peau, et la patte se termine par une large rame rappelant celle des Cétacés. L'une d'elles, le

Fig. 146. — Tortue luth, dépassant deux mètres de long, vivant dans la mer et ayant ses pattes transformées en nageoires.

caret, de l'océan Atlantique et de l'océan Indien, fournit presque toute l'écaille employée dans l'industrie.

A certaines époques elles viennent à terre pour pondre leurs œufs, qu'elles enfouissent dans le sable. Les pêcheurs en capturent alors beaucoup, en se bornant à les retourner sur le dos pour les empêcher de revenir à la mer, jusqu'à ce que le moment soit venu de les dépecer.

Les tortues d'eau douce ont les doigts mobiles et ordinairement palmés. Parmi elles se rangent les *cistudes*, dont une espèce habite la France (fig. 147), et les *émydes*, qui ont également une espèce européenne.

Les tortues terrestres (fig. 145) ont les doigts immobiles. Tout le monde connaît la *tortue mauritanique*, élevée dans les jardins. Ces tortues sont herbivores; elles nous viennent

Fig. 147. — La Cistude d'Europe, tortue d'eau douce à doigts libres.

ordinairement d'Algérie, mais vivent aussi en Grèce et en Italie.

§ 128. **Sauriens ou lézards; fragilité et vitalité de leur queue.** — Aussi vifs et alertes que les tortues sont lourdes et massives, les lézards vivent presque tous d'insectes. Les vrais Lézards ou Sauriens ont quatre pattes, terminées chacune par cinq doigts munis d'ongles; leur queue très longue et comme divisée en anneaux, est extrêmement fragile; presque toujours elle se brise quand on la saisit pour retenir l'animal, et on la voit alors se tordre convulsivement, et s'agiter longtemps *comme si elle était vivante par elle-même*. Vous apprendrez un peu plus tard qu'il en est bien réellement ainsi, que toutes les parties du corps vivent pour leur propre compte, et qu'elles ne meurent, quand on les sépare du corps, que parce que toutes ces parties se rendent réciproquement d'importants services. Ainsi arrive-t-il souvent lorsque deux vieillards sont habitués à vivre ensemble que la mort de l'un entraîne la mort de l'autre.

La queue des lézards repousse. — Cette fragilité de la queue est évidemment avantageuse au lézard, qui échappe aux ennemis assez peu adroits pour le saisir par cet appendice, en leur abandonnant tout simplement l'extrémité postérieure de son corps. Le sacrifice n'est du reste pas très grand, car, par un privilège dont les animaux que nous avons étudiés jusqu'ici ne nous ont offert aucun exemple, cette queue repousse assez vite, quelquefois même il en repousse deux au lieu d'une. La nouvelle queue ne paraît du reste jamais aussi parfaite que la première, de sorte que les animaux qui ont été victimes de ce petit accident sont toujours facilement reconnaissables.

Le prétendu dard des lézards n'est que leur langue. — Les vrais lézards ont, comme beaucoup de serpents, la singulière habitude de tirer incessamment et brusquement hors de leur bouche leur langue, qui est longue, mince et fendue en deux lanières à son extrémité. Beaucoup de personnes appellent cette langue un *dard*, et s'imaginent que c'est là une sorte d'aiguillon empoisonné. La langue des lézards est, comme celle des serpents, complètement inoffensive; leur morsure même ne présente aucun danger; les lézards sont d'ailleurs des animaux très doux et faciles à apprivoiser.

Le lézard vert et le lézard gris. — Il y a en France plusieurs espèces de lézards, qui, très agiles pendant l'été, s'endorment pendant l'hiver. Les plus connus sont le *lézard des murailles*, gris comme les pierres parmi lesquelles il habite, et le *lézard vert*, habitant des haies et des broussailles, beaucoup plus gros et plus richement vêtu.

Les geckos. — Les lézards ne sont pas les seuls Sauriens qu'on trouve dans nos pays. En Provence et sur toutes les côtes de la Méditerranée habitent les *geckos*, qui poussent un petit cri quand on les saisit, et dont les pattes sont terminées par des doigts aplatis, organisés de façon à permettre à l'animal de grimper, comme ferait une mouche, le long des murs les plus lisses, ou même de courir le dos en bas, accroché à un plafond.

De ces animaux se rapprochent les *iguanes* (fig. 148) des pays chauds, dont les doigts sont de forme ordinaire et dont quelques espèces dépassent un mètre de long.

Les caméléons. — Les caméléons (fig. 149) ont des formes

Fig. 148. — Iguane, grand lézard dépassant un mètre de long.

plus singulières encore que les geckos et les iguanes. Les caméléons sont évidemment faits pour vivre sur les arbres ; leurs cinq doigts sont divisés en deux paquets, l'un de trois, l'autre de deux doigts, dans lesquels les doigts sont soudés jusqu'aux griffes, de sorte que les quatre pattes fonctionnent comme quatre pinces dont les branches seraient également solides. La queue aide encore l'animal à se mieux accrocher en s'enroulant en spirale autour des branches, ce que ne peut faire celle des lézards. Ainsi accroché par ses pattes et par sa queue, un caméléon peut demeurer immobile des heures entières. Pendant ce temps il surveille activement les environs, grâce à ses gros yeux saillants qu'il peut tourner l'un en avant, l'autre en arrière, l'un en dessus, l'autre en dessous, de manière à regarder de tous les côtés à la fois.

Qu'un insecte vienne à passer à sa portée, aussitôt le caméléon, sans bouger, darde sur lui une langue de plu-

Fig. 149. — Caméléon saisissant un insecte avec sa langue (grandeur d'un lézard vert).

sieurs centimètres de long, terminée par une sorte de tampon creux qui saisit la proie et la ramène. Que son incessante surveillance révèle quelque danger à notre guetteur, il ne bouge pas, mais son émotion se trahit d'une manière singulière : il change de couleur, et sa teinte peut aller d'un gris presque blanc au noir en passant par le jaune et le vert. Si l'on crève les yeux d'un caméléon, il perd, en même temps que la vue, la faculté de changer de couleur.

Les seps et les orvets ou lézards sans pattes. — Un autre Saurien remarquable qu'on trouve dans le midi de la France est le singulier *seps chalcide*, reconnaissable à ce que ses écailles ventrales, au lieu d'être en larges plaques transversales, comme celles des lézards, sont semblables à celles du dos. Les seps ont le corps plus allongé que les lézards ordinaires, et les pattes tellement courtes qu'elles touchent à peine la terre. Ces pattes n'ont que trois doigts ; il y a dans les autres parties du monde des animaux voisins des seps, dont les pattes ont cinq doigts, d'autres qui n'ont qu'un seul doigt, d'autres qui n'ont que des pattes de derrière, d'autres enfin qui n'en ont pas du tout. De ce nombre est l'*orvet*, commun dans toute la France, où on l'appelle, suivant les pays, *serpent de verre*, à cause de la facilité avec laquelle sa queue se brise, et plus souvent *anveau*, *lanveau*, *langot*, ou *borgne*. L'orvet est un être inoffensif, à qui sa ressemblance avec les serpents a seule valu la plus mauvaise réputation. Il serait, suivant les bonnes femmes, non seulement venimeux, mais sorcier.

§ 129. **Les Serpents.** — Malgré l'absence des pattes, l'*orvet* a encore si bien la physionomie des lézards que tout le monde le reconnaît à première vue. Les vrais Serpents ont une physionomie à eux : leur tête est plus aplatie, plus large en arrière, leurs mâchoires ont une structure toute particulière qui permet à la bouche de s'ouvrir démesurément ; leur corps, tout d'une venue, est d'une étonnante souplesse et s'enroule avec facilité en faisant plusieurs tours sur lui-même. Quand ils sont surpris de manière à ne pouvoir fuir, ou qu'ils dorment, ils s'enroulent toujours ainsi, la tête protégée par leurs replis, ou dressée chez les espèces venimeuses. Ils marchent rapidement en ondulant sur le sol ; plusieurs nagent et grimpent fort bien. A certaines époques, ils abandonnent la couche extérieure de leur peau, et en sortent comme d'un habit.

Chez les Reptiles, les membres sont trop faibles pour servir à maintenir ou à dépecer une proie ; la proie, nous l'avons dit, doit toujours être tuée, puis avalée tout d'une pièce. On comprend donc que les lézards, dont la bouche s'ouvre largement, mais ne peut se dilater, ne seront pas capables de dévorer des proies aussi grandes que celles dont se nourrissent les Serpents. Effectivement nos lézards sont insectivores ; les serpents mangent au contraire des souris, des mulots, de petits oiseaux, des crapauds, des grenouilles, et assez fréquemment ils ajoutent des œufs à ce régime.

Les Serpents ont deux façons de mettre à mort les animaux dont ils font leur proie. Les uns étouffent leurs victimes, les autres les empoisonnent. Ces deux sortes de Serpents sont représentées dans notre pays par les *couleuvres* et les *vipères*.

Les couleuvres sont complètement inoffensives ; les vipères se servent de leur poison comme de moyen de défense et mordent tout ce qui les effraye ; elles sont au plus haut point dangereuses, ce sont des *serpents venimeux*, et il importe de savoir les distinguer des couleuvres ; cela n'est malheureusement pas très facile.

Les vipères ont la tête plate, triangulaire, élargie en arrière et brusquement séparée du corps (fig. 151 ; *a*, *b*). Les écailles qui la recouvrent sont, dans certaines espèces, semblables à celles du corps ; elles encadrent dans quelques autres un petit nombre d'écailles plus grandes. La queue est courte et obtuse. Le corps de nos vipères est gris ou brun, marqué sur le dos de taches noires en zigzag, et sur la tête de deux taches figurant un V.

Les couleuvres (fig. 151, *c*) ont la tête moins plate, moins élargie en arrière, insensiblement reliée au corps et couverte par un petit nombre d'écailles de forme et de dispositions constantes, dépassant beaucoup en grandeur les écailles du corps. La couleur des couleuvres varie beaucoup ; leur queue est assez longue, et la grande taille de quelques espèces permet de les distinguer immédiatement des vipères, qui ne dépassent guère soixante-dix centimètres de long.

Les vipères se plaisent dans les endroits rocailleux exposés au plus ardent soleil. Parmi les couleuvres, deux au moins vont fréquemment à l'eau : la *couleuvre à collier*, brune, portant un collier blanc sur le cou, et la *couleuvre vipérine*, dont la livrée est à peu près celle des vipères. Les autres couleuvres sont essentiellement terrestres.

Les vipères introduisent leur venin dans la plaie à l'aide

de deux dents courbes, pointues, percées d'un canal qui les traversent dans toute leur longueur, et portant le nom de *crochets*. Ces crochets repoussent lorsque, pour une cause quelconque, ils ont été brisés.

Le venin des vipères de notre pays est rarement mortel,

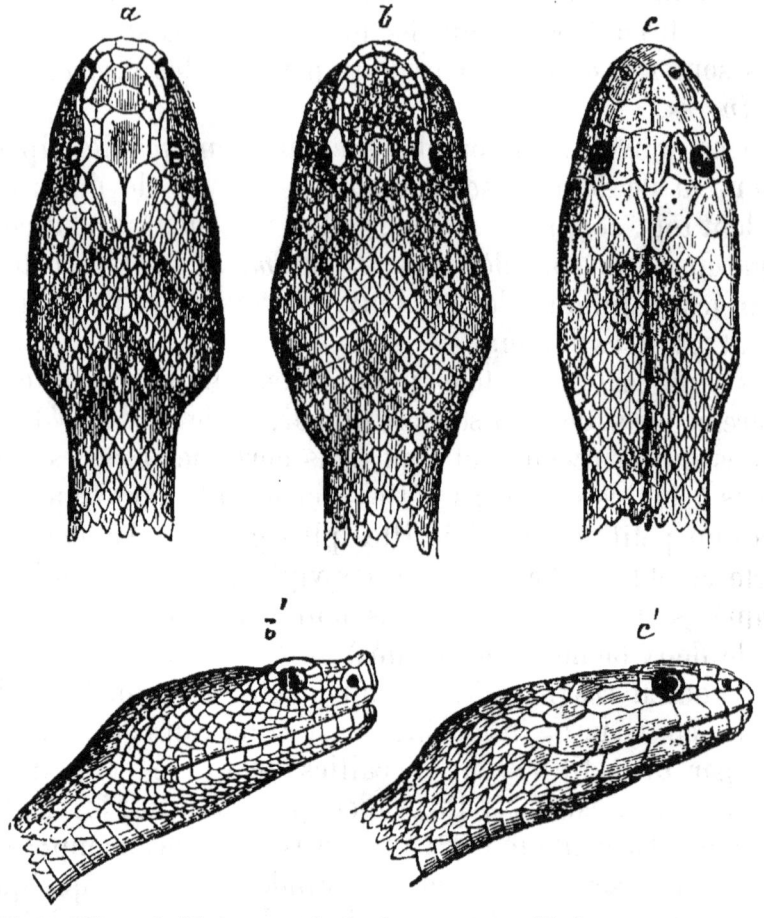

Fig. 151. — Têtes de Vipères et de Couleuvre. — *a*, Vipère commune; *b*, *b'*, Vipère aspic; *c*, *c'*, Couleuvre vipérine. La tête des vipères est plus large en arrière et n'est pas entièrement couverte de grandes plaques comme celle des couleuvres.

mais la morsure de certains serpents venimeux des pays chauds peut amener la mort en quelques heures. Le plus redouté de ces serpents est le *crotale* d'Amérique ou *serpent à sonnettes*.

RÉSUMÉ

Les Reptiles, qui produisent peu de chaleur, sont plus faibles et moins agiles que les Mammifères, qui en produisent beaucoup, de même qu'une locomotive mal chauffée ne peut ni traîner un si lourd fardeau ni marcher aussi vite qu'une locomotive bien chauffée. Les Reptiles ne peuvent vivre à côté des Mammifères, qui leur disputent leur proie, que parce qu'ils ont des moyens spéciaux de protection et arrivent facilement à se dissimuler.

On les divise en quatre groupes :

1° Les *Crocodiles*, grands et forts, ont la peau protégée par des plaques osseuses contenues dans son épaisseur.

2° Les *Tortues* semblent enfermées dans une sorte de boîte formée par leur squelette et leur peau durcie.

3° Les *Sauriens* sont lestes et pourvus de quatre courtes pattes qui laissent leur ventre traîner à terre.

4° Les *Serpents* n'ont point de pattes, et leur bouche peut se dilater démesurément ; quelques-uns font, à l'aide de dents venimeuses dont ils sont armés, des blessures souvent mortelles.

QUINZIÈME LEÇON

LES BATRACIENS.

§ 130. Ressemblance des Batraciens et des Reptiles.
— On peut répéter en partie pour les Batraciens ce qui a été dit de la faiblesse relative, de la timidité, du genre de vie des Reptiles, de leurs moyens d'attaque et de défense; aussi trouve-t-on chez eux, malgré leurs habitudes aquatiques, des formes qui rappellent celles des Reptiles. Nous avons vu, pour les mêmes raisons, les formes des Mammifères insectivores rappeler celles des Rongeurs, les formes des Mammifères à bourse reproduire celles des Mammifères ordinaires.

C'est ainsi que la *salamandre terrestre* a toute l'apparence d'un petit lézard, que la *sirène lacertine*, qui vit dans les marais de la Caroline, n'a que deux pattes comme certains Sauriens, et qu'enfin on ne trouve plus aucune trace de pattes chez les *Cécilies*, singuliers Batraciens qui, au Brésil et à Ceylan, vivent dans la terre humide à la façon des lombrics.

Comme certains serpents, beaucoup de Batraciens, les crapauds et les salamandres par exemple, sont venimeux; mais leur venin est produit par leur peau, et l'animal n'a aucun moyen de l'introduire dans le corps de ses ennemis. Ce venin n'en a pas moins un goût âcre qui suffit à éloigner la plupart des carnassiers qui seraient tentés de dévorer soit un crapaud, soit une salamandre.

Il y a d'ailleurs entre les Batraciens et les Reptiles une différence facile à constater : c'est que les premiers ont, nous l'avons vu, le corps recouvert d'une peau souple et humide, tandis que la peau est sèche et cornée au point de paraître écailleuse chez les seconds.

§ 131. Ressemblance de certains Batraciens adultes avec les Poissons. — Certains Batraciens présentent avec les Reptiles des différences extérieures plus tranchées. De chaque côté du cou de la *sirène lacertine* on voit des espèces de panaches formés de prolongements de la peau ayant l'apparence de plumes; ces mêmes organes se retrouvent chez le *protée*, grande salamandre de couleur blanche

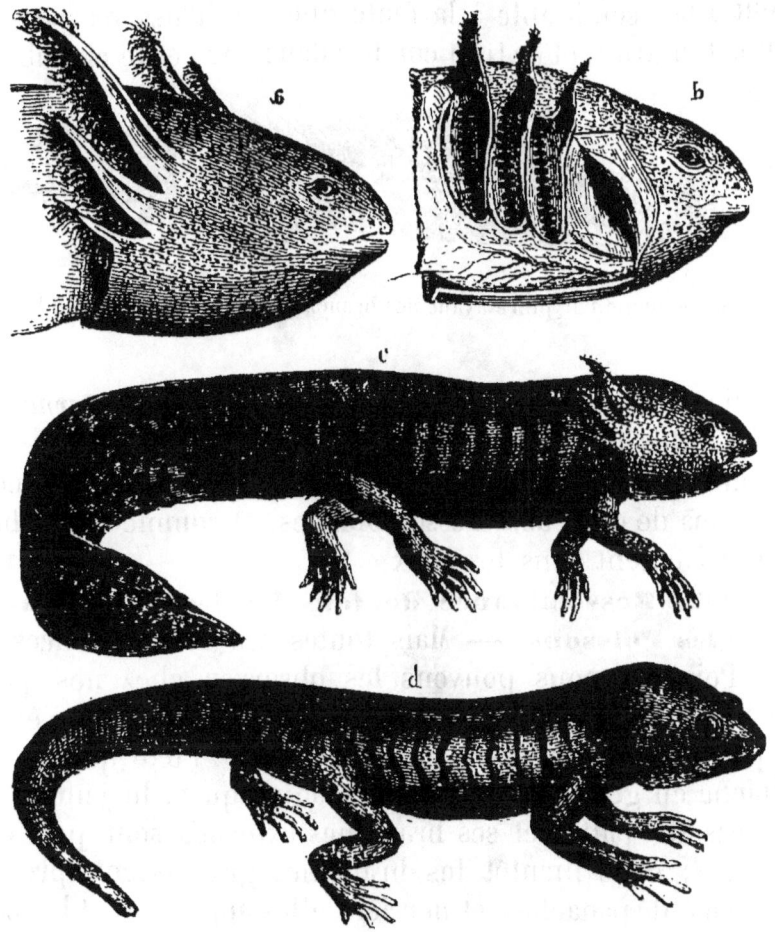

Fig. 152. — L'Axolotl. — *a*, tête d'Axolotl, grandeur naturelle, montrant les trois paires de branchies externes; — *b*, la même dont les branchies externes ont été enlevées pour laisser voir les fentes des branchies internes; — *c*, Axolotl tel qu'il demeure habituellement; — *d*, Axolotl accidentellement métamorphosé.

et aveugle qui habite les lacs souterrains de la Carniole et de la Dalmatie; on les voit aussi derrière la tête d'une autre salamandre mexicaine, l'*axolotl* (fig. 152), qu'on élève aujourd'hui dans les aquariums. Ces organes sont des organes de respiration, des *branchies externes*. Il y en a de presque semblables chez les jeunes de quelques Poissons, tels que les requins et les polyptères (fig. 153).

D'autres salamandres américaines, les *ménopomes* et les *amphiumes*, ont derrière la tête, de chaque côté, un trou tout à fait semblable à la fente que les Poissons possèdent en cet endroit, et ce trou conduit dans une petite chambre qui

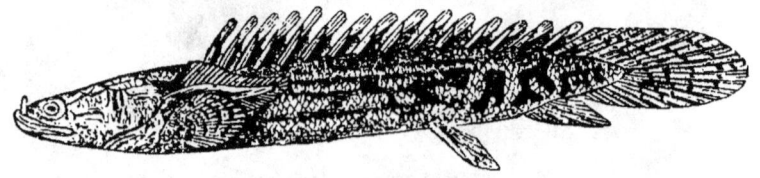

Fig. 153. — Jeune Polyptère ayant des branchies externes comme un Batracien.

contient des espèces d'ouïes, des *branchies internes*, peu différentes de celles des Poissons.

Un assez grand nombre de Batraciens ont donc avec les Poissons de curieuses ressemblances, et comme eux habitent exclusivement dans les eaux.

§ 132. **Ressemblance de tous les jeunes Batraciens avec les Poissons.** — Mais toutes ces ressemblances avec les Poissons nous pouvons les observer chez nos petites salamandres d'eau ou *tritons*, à condition de les étudier à partir de leur naissance. En sortant de l'œuf, que la mère attache en général à des plantes aquatiques, le jeune triton n'a pas de pattes, et ses branchies externes sont peu développées ; mais bientôt les branchies grandissent, prennent la forme de panaches, et derrière elles apparaissent les pattes antérieures ; le jeune triton a alors l'aspect d'une *sirène*. Bientôt se montrent les pattes postérieures et, quand elles sont entièrement développées, notre animal diffère à peine d'un *axolotl* ; plus tard, les branchies externes disparaissent, laissant à découvert un trou semblable à celui du cou des *ménopomes* ; enfin le trou se ferme : le triton est adulte ; il lui a fallu près de trois ans pour accomplir ses métamorphoses.

Durant ces trois années il a revêtu successivement des formes que conservent toute leur vie les Batraciens moins parfaits. On dirait que ces derniers sont des tritons qui, tout en grandissant, ont gardé les caractères des jeunes tritons, ont été *arrêtés dans leur développement*. L'histoire des animaux d'une même classe offre de très nombreux exemples de semblables arrêts ; les animaux les plus parfaits de la classe ne font que traverser, à mesure qu'ils vieillissent, des formes que gardent souvent toute leur vie les moins parfaits.

§ 133. **Suppression de la métamorphose chez les salamandres terrestres**. — Les jeunes tritons respirant par des branchies doivent passer dans l'eau les premiers temps de leur vie ; mais il y a des espèces qui à l'état adulte vivent en général loin des eaux. On les reconnaît à ce que leur queue est arrondie au lieu d'être comprimée verticalement et bordée d'une membrane qui en fait une puissante nageoire. Chez celles-là, la durée de la métamorphose est très abrégée. A leur naissance, les petits de notre *salamandre terrestre* ont déjà leurs quatre pattes, mais ils n'ont pas encore perdu leurs branchies, et doivent vivre, en conséquence, un certain temps dans l'eau ; ceux de la petite *salamandre noire* des Alpes naissent sans branchies, et dès lors ils ne vont jamais dans l'eau ; l'animal est devenu complètement aérien.

Ainsi, suivant les circonstances, les métamorphoses des Batraciens peuvent s'accomplir plus ou moins vite ; elles peuvent être si rapides, que l'animal les subit entièrement sous la coque de l'œuf.

§ 134. **Métamorphoses des Batraciens sans queue**. — Les *crapauds*, les *rainettes*, les *grenouilles* n'ont point de queue et se distinguent nettement par là des tritons et des salamandres. Cependant ces animaux subissent des métamorphoses analogues (fig. 154). En naissant ils ont un gros corps, prolongé par une queue comprimée bordée de nageoires ; ce sont alors des *têtards*. Ces têtards ont de très bonne heure des houppes de branchies extérieures, mais point de pattes. Bientôt les branchies externes disparaissent ; le têtard respire, comme un Poisson, à l'aide de branchies internes. Les pattes postérieures poussent les premières, grandissent et se développent peu à peu ; les pattes de devant se forment sous la peau et ne deviennent libres qu'après que les pattes postérieures sont déjà assez développées. Le jeune têtard a alors tous les caractères essentiels d'un triton; mais peu à peu la queue diminue et finit par disparaître entièrement.

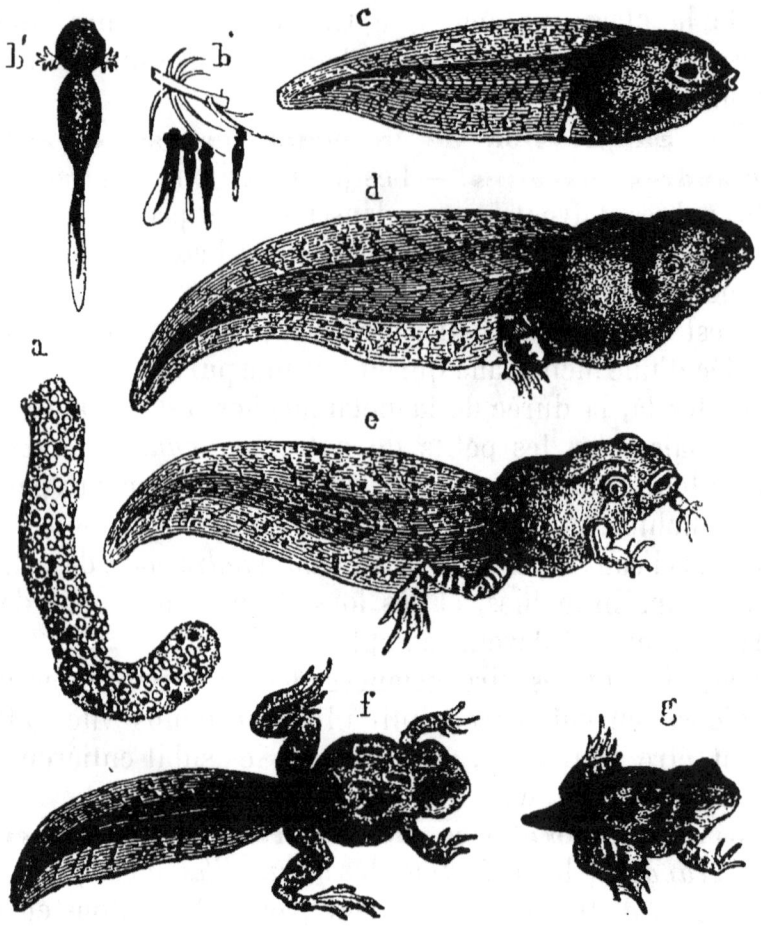

Fig. 154. — Métamorphoses du Crapaud commun : *a*, les œufs; — *b*, têtards venant d'éclore et se fixant aux plantes aquatiques par de petites ventouses que porte leur tête; *b'*, l'un d'eux grossi pour montrer les branchies externes; — *c*, les branchies externes ont disparu; — *d*, les pattes de derrière sont formées; — *e*, *f*, croissance des pattes de devant; — *g*, la queue est presque entièrement résorbée.

Les grenouilles, après avoir eu un moment l'organisation des tritons, dépassent cet état, et la métamorphose s'achève chez elles, non par l'apparition de parties nouvelles, mais par la disparition de toute la partie postérieure du corps.

§ 155. Changements intérieurs qui accompagnent la métamorphose. — En même temps qu'il leur pousse des pattes, au moyen desquelles ils peuvent marcher, les jeunes Batraciens perdent leurs branchies internes et acquièrent des poumons au moyen desquels ils peuvent désormais respirer dans l'air. *La métamorphose des Batraciens consiste donc dans la transformation d'animaux nageurs à respiration aquatique en animaux marcheurs à respiration aérienne.* Le régime alimentaire de ces animaux est aussi modifié au cours de la métamorphose. Le têtard des grenouilles, d'abord herbivore, ajoute peu à peu à son régime des matières animales mortes, qu'il déchire à l'aide d'un bec corné dont ses lèvres sont armées; les grenouilles adultes ne mangent plus que des Vers ou des Insectes vivants.

RÉSUMÉ

Les Batraciens ont à la fois des ressemblances avec les Reptiles et avec les Poissons.

Ils ressemblent aux Reptiles par leur faiblesse et la forme générale de leur corps; ils s'en distinguent par leur peau molle et visqueuse et par leurs métamorphoses.

Ils ressemblent aux Poissons par les branchies qu'ils possèdent dans les premiers temps de leur vie et par leurs mœurs aquatiques; ils s'en distinguent par leurs pattes et leurs poumons.

Presque tous naissent sans pattes; les Cécilies n'en acquièrent jamais, les Sirènes n'en acquièrent que deux; tous les autres, quatre.

Ils respirent d'abord avec des branchies externes, puis avec des branchies internes, puis avec des poumons. Les branchies externes persistent toute la vie chez les Sirènes, les Protées et beaucoup d'Axolotls; les branchies internes demeurent reconnaissables chez les Ménopomes et les Amphiumes; elles disparaissent dans les autres Batraciens; la métamorphose s'achève chez les Grenouilles, les Crapauds et les Rainettes par la disparition de la queue.

Ces métamorphoses peuvent, dans certaines circonstances, être accélérées ou ralenties.

Tableau des Caractères des principaux ordres de Batraciens.

Batraciens serpentiformes, privés de pattes toute leur vie... *Cécilies.*

Batraciens acquérant au moins deux pattes antérieures à l'état adulte :
- Branchies externes persistant toute la vie. (*Batraciens pérennibranches*)
  - Deux pattes antérieures : *Sirènes.*
  - Quatre pattes : *Protées* et *Ménobranches.*
- Branchies externes disparaissant à un certain âge ; quatre pattes
  - De chaque côté du cou, un orifice respiratoire (*Batraciens dérotrèmes*)............. *Ménopomes.*
  - Point d'orifice respiratoire derrière la tête.
    - Queue persistante (*Batraciens urodèles*). *Tritons* et *Salamandres.*
    - Queue disparaissant après la formation des pattes (*Batraciens anoures*).... *Crapauds. Grenouilles. Rainettes.*

SEIZIÈME LEÇON

LES POISSONS.

§ 136. Les Poissons diffèrent peu les uns des autres par leur genre de vie. — Tous les Poissons vivent dans l'eau, tous se meuvent à l'aide de nageoires, presque tous se nourrissent de proies vivantes : aussi ne trouve-t-on pas entre eux de différences aussi nettement correspondantes à leur genre de vie qu'entre les animaux des classes précédentes. Les uns habitent la mer, d'autres les eaux douces ; mais ces différences de mœurs ne sauraient être très marquées dans l'organisation, car il y a des Poissons de mer, tels que les *esturgeons*, les *aloses*, les *saumons*, qui remontent les fleuves chaque année pour y pondre, et des Poissons de rivière, tels que les *anguilles*, qui descendent de même jusqu'à l'embouchure des fleuves pour y déposer leurs œufs.

Tous les Poissons sont cependant loin de se ressembler, et si l'on examine leur squelette, on ne tarde pas à apercevoir entre eux d'importantes différences.

§ 137. Poissons osseux et Poissons cartilagineux. — Si l'on compare la substance qui forme le squelette d'une *raie* (fig. 155) avec celle qui forme le squelette d'une *perche* (fig. 156), on voit que la première est transparente, facile à couper au couteau, élastique, semblable à de la colle à bouche incolore : c'est ce qu'on nomme du *cartilage;* la seconde est, au contraire, blanche, résistante, plus facile à briser qu'à couper : c'est de l'*os*. Les raies semblent donc n'avoir qu'un squelette imparfaitement solidifié, un *squelette cartilagineux;* les *requins*, les *esturgeons*, les *lamproies* sont dans le même cas.

Au contraire, les brochets, les saumons, les truites, les carpes, les tanches, les anguilles, la plupart des poissons de nos rivières ont un *squelette osseux*. Il semble donc naturel de diviser les Poissons en deux grandes catégories, les *Poissons osseux* et les *Poissons cartilagineux;*

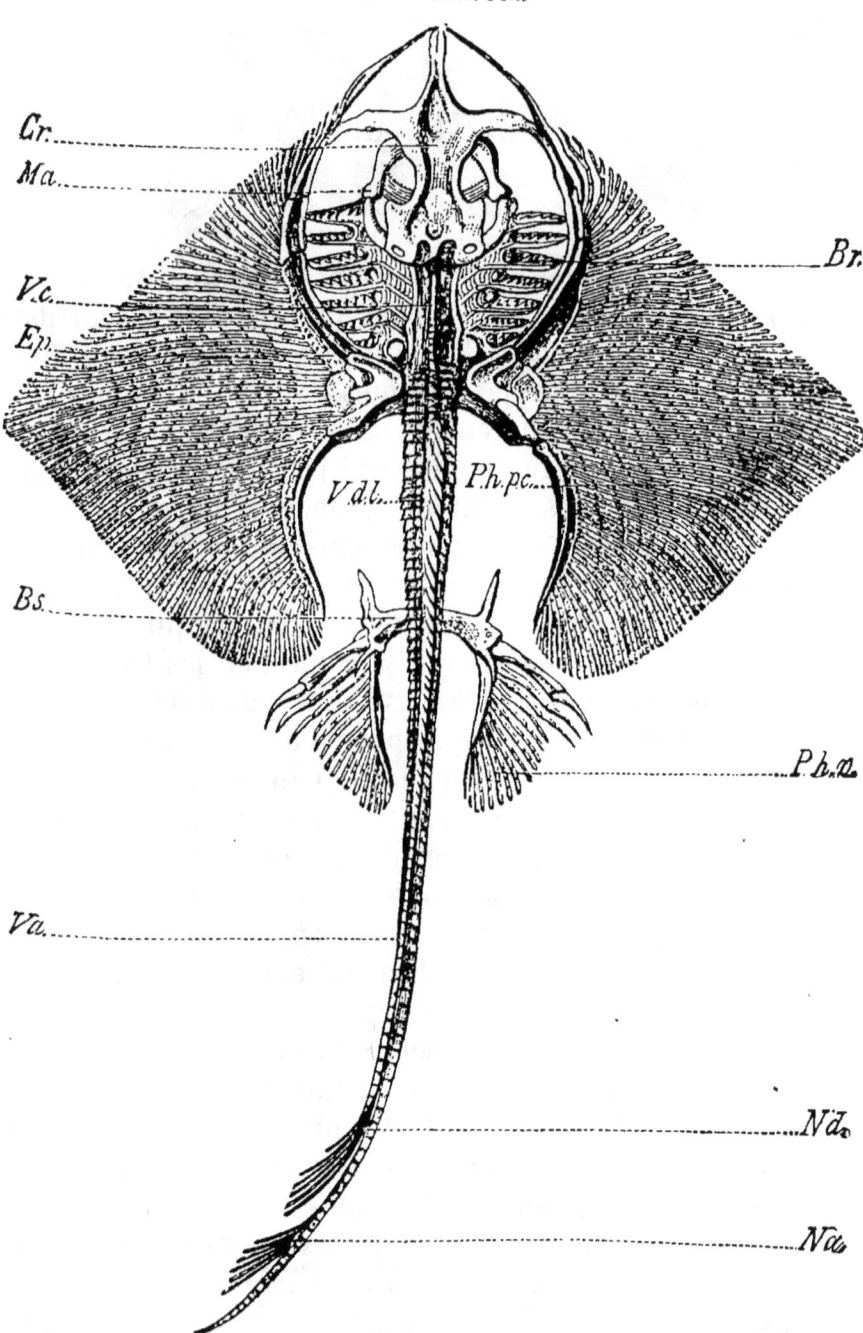

Fig. 155. — Squelette de Raie. — *Cr*, crâne ; — *Ma*, mâchoire inférieure ; — *Br*, cloisons qui portent les branchies et entre lesquelles sont les fentes respiratoires ; — *Vc*, *Vdl*, *Va*, colonne vertébrale ; — *Ep*, nageoire pectorale ; — *Bs*, nageoire abdominale et ses rayons, *Phu.*; — *Nd.*, *Na*, nageoires impaires du dos et de la queue.

mais il y aurait encore dans ces deux grands groupes des

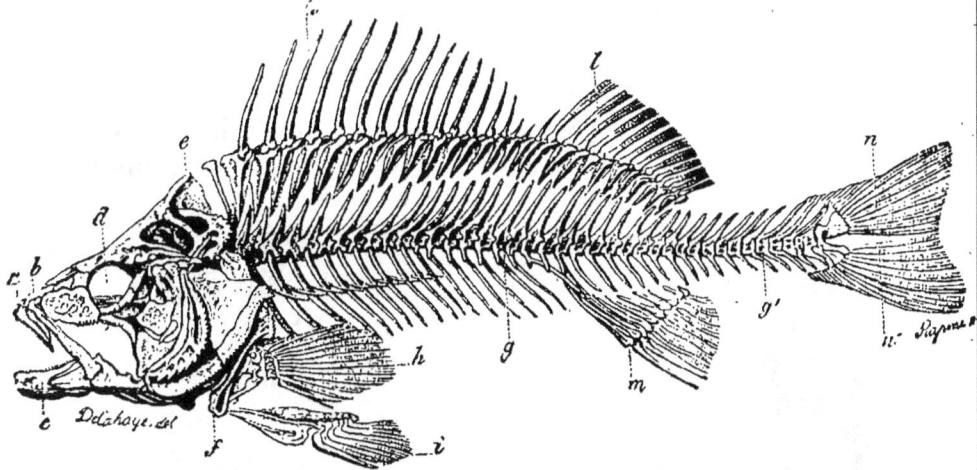

Fig. 156. — Squelette de la Perche.

formes trop différentes pour qu'on puisse les laisser ensemble.

§ 138. **Les trois formes de branchies des Poissons**

Fig. 157. — Lamproie présentant sept trous respiratoires de chaque côté de la tête.

cartilagineux. — La *lamproie* (fig. 157), la *raie* (fig. 155) et l'*esturgeon* (fig. 158) présentent une première différence importante dans leurs organes de respiration. Tout le monde connaît les ouïes de la carpe, du brochet et des poissons analogues de nos rivières. Seul l'esturgeon en possède. La raie, à la place des ouïes, présente, de chaque côté de la tête, cinq fentes transversales successives ; la lamproie, sept trous ar-

Fig. 158. — L'Esturgeon, poisson ganoïde quittant la mer et remontant les grands fleuves pour pondre ; atteint plusieurs mètres de long.

rondis, espacés les uns par rapport aux autres comme les trous d'une flûte. Chacune des fentes du cou de la raie conduit séparément dans la bouche, et des cloisons portant les branchies sont étendues, dans l'intervalle des fentes, entre la bouche et la peau. Chacun des trous du cou de la lamproie est l'ouverture d'un tube conduisant dans une poche particulière qu'un nouveau tube fait communiquer avec une cavité dépendant de la bouche.

Il y a donc trois sortes de branchies chez les Poissons cartilagineux.

Les poissons cartilagineux dont les branchies sont semblables à celles de la lamproie forment l'ordre des *Cyclostomes*; ceux dont les branchies sont analogues aux branchies de la raie appartiennent à l'ordre des *Plagiostomes*. Les autres, dont le squelette est quelquefois ossifié, sont des *Ganoïdes*, reconnaissables à leurs écailles souvent émaillées et en forme de losange.

§ 159. **Les trois formes de vessie natatoire des Poissons osseux. — Poissons sans vessie natatoire.** — Chez les Poissons osseux, les branchies sont toujours à très peu près construites comme celles des Ganoïdes; mais quelques-uns de ces animaux peuvent, en outre, respirer l'air libre à l'aide de poumons (fig. 159). Ces poissons forment l'ordre des Poissons à double respiration ou *Dipnés*. On n'en connaît que trois genres : les *Lépidosirens* d'Amérique, les *Protoptères* d'Afrique et les *Ceratodus* des rivières d'Australie. Ces derniers n'ont qu'un seul poumon.

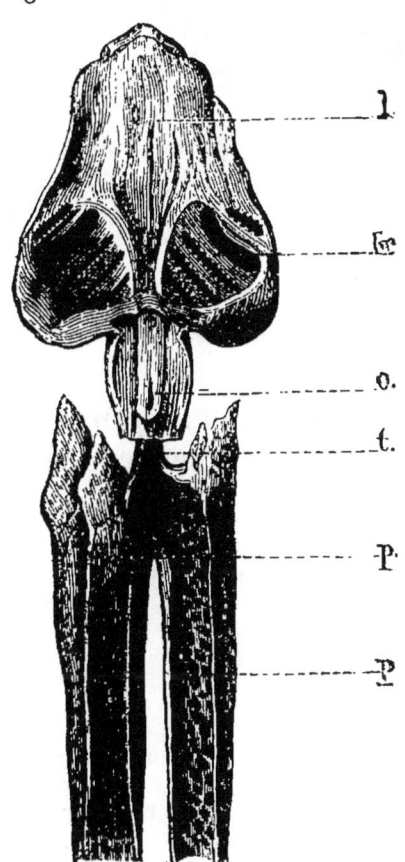

Fig. 159. — Branchies et poumons d'un poisson dipné, le Lépidosiren.— *l*, tête; — *br*, branchies; — *o*, orifice des poumons dans l'œsophage; — *t*, trachée-artère conduisant l'air dans les poumons, *p*.

Ce poumon se simplifie beaucoup chez les autres poissons (fig. 160 et 161); ce n'est plus qu'une poche membraneuse, transparente, à parois lisses. Cette poche cesse de servir à la respiration; mais, en se gonflant ou se dégonflant, elle permet à l'animal de se tenir en équilibre dans l'eau, sans effort, à un niveau plus ou moins élevé ; c'est alors ce qu'on nomme simplement la *vessie natatoire*. Chez les *anguilles*, les *harengs*, les *saumons*, les *brochets*, les *carpes* et les poissons voisins, la vessie natatoire s'ouvre par un canal particulier à la partie antérieure du tube digestif. Ce canal manque et la vessie natatoire est complètement fermée chez les *morues*,

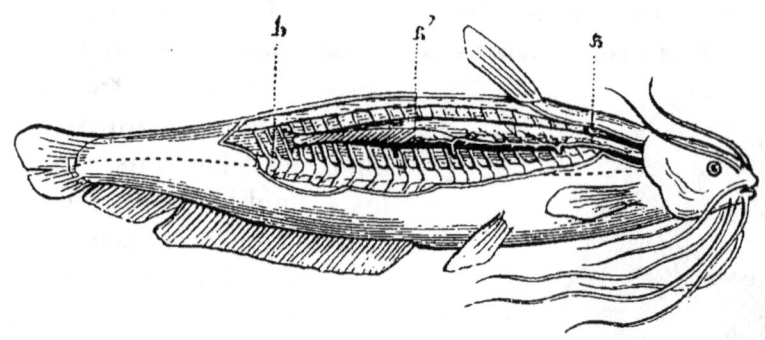

Fig. 160. — A, Saccobranche ouvert ; — *b*, colonne vertébrale ; — *a*, *a'*, vessie natatoire.

les *lotes*, les *soles*, les *perches*, les *chabots*, les *maquereaux* et autres. On peut donc diviser les poissons osseux en trois

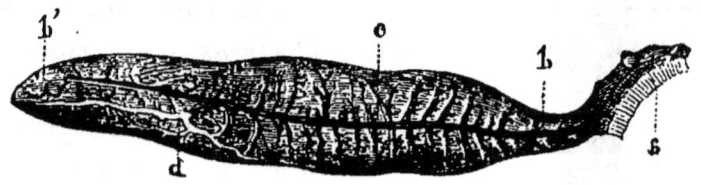

Fig. 161. — Poumon incomplet et vessie natatoire riche en vaisseaux du Saccobranche. — *a*, une branchie ; — *b*, *b'*, vaisseaux conduisant le sang dans la vessie natatoire ; — *d*, vaisseaux ramenant le sang dans la circulation du corps.

groupes : 1° *Poissons à poumons*[1] ; 2° *Poissons à vessie natatoire ouverte*[2] ; 3° *Poissons à vessie natatoire fermée*[3].

Quelques poissons manquant de vessie natatoire se rattachent naturellement à ce dernier ordre.

1. *Dipnés.*
2. *Physostomes.*
3. *Physoclystes.*

§ 140. Les Vertébrés aquatiques possèdent les mêmes organes que les Vertébrés aériens. — Tout ceci est intéressant, car nous apprenons par là que les organes qui servent à la respiration aérienne ne manquent pas aux Vertébrés aquatiques; seulement, ils ont chez eux une forme un peu différente et d'autres usages. De même, les Mammifères, les Oiseaux, les Reptiles, les Batraciens, les Poissons, en un mot tous les Vertébrés, présentent presque toujours quatre membres construits de même, qu'ils soient destinés

Fig. 162. — La Carpe, poisson osseux, à vessie natatoire ouverte, à rayons de la nageoire dorsale flexibles et divisés en articles, sauf le premier.

à se mouvoir sur terre, dans l'air ou dans l'eau ; seulement, dans ces diverses circonstances, deux de ces membres tout au moins se modifient, et les membres antérieurs servent tantôt à saisir, tantôt à marcher, tantôt à nager, tantôt à voler. Comme cela est vrai de tous les organes, on peut exprimer les ressemblances et les différences des Vertébrés en les comparant à des édifices contenant tous le même nombre d'étages et, à chaque étage, le même nombre de pièces semblablement disposées; seulement l'aménagement des pièces et des étages diffère : ce qui est salon ici, est là cabinet de travail, là encore salle à manger ou chambre à coucher. C'est ce qui fait dire que *les Vertébrés sont tous construits sur un même plan.* Un des plus illustres savants français, Cuvier, a démontré qu'il en était ainsi de tous les animaux qui composent respectivement chacun des embranchements supérieurs du règne animal. Un de ses plus brillants contradicteurs, Étienne Geoffroy Saint-Hilaire, allait plus loin et pensait, à tort, que *tous les animaux étaient construits sur le même plan.*

§ 141. **Caractères extérieurs des principaux groupes de Poissons osseux.** — Tout le monde connait, pour s'être

Fig. 163. — Le Chabot, poisson osseux, à vessie natatoire fermée, à rayons de la nageoire dorsale tout d'une pièce et transformés en épines (gr. nat.).

amusé à la faire éclater sous le pied, la vessie natatoire des carpes; mais cette vessie est cachée : il faut, quand on veut la trouver, éventrer l'animal, et il ne serait guère commode d'aller la chercher pour reconnaître les divers Poissons; heureusement les caractères qu'elle fournit correspondent presque exactement à des caractères que présentent les nageoires et qu'il est facile de constater.

Si vous regardez les rayons de la nageoire dorsale d'une carpe (fig. 162), vous voyez qu'ils sont formés, sauf le premier, d'une foule de petits articles placés bout à bout, comme les phalanges de nos doigts, et mobiles les uns sur les autres, de sorte que la nageoire est molle, flexible. Si vous examinez, au contraire, la première nageoire dorsale

Fig. 164. — Épinoches, poissons de rivière, à nageoire dorsale épineuse; ils fabriquent des nids avec les herbes aquatiques; l'un d'eux est dans son nid (taille d'une ablette).

d'un chabot (fig. 163) ou d'une épinoche (fig. 164), vous verrez que ses rayons sont tout d'une pièce et se dressent au moindre danger, comme autant d'épines pointues, prêtes à piquer cruellement la main qui voudrait saisir l'animal. On peut donc, à ce point de vue, distinguer des *Poissons à nageoires molles* et des *Poissons à nageoire dorsale épineuse*.

§ 142. **Poissons à nageoire dorsale épineuse et à vessie natatoire fermée.** — Les Poissons à nageoire dorsale épineuse sont évidemment mieux armés, plus parfaits que les autres; des quatre nageoires qui correspondent chez eux aux quatre membres des Vertébrés marcheurs, les deux

Fig. 165. — Scorpène, poisson de mer à nageoire dorsale épineuse (taille d'une tanche).

postérieures sont très rapprochées des antérieures, souvent placées au-dessous d'elles et comme suspendues à la tête; elles sont, au contraire, chez les *carpes*, les *goujons*, les *poissons rouges*, les *truites*, franchement situées en avant de l'abdomen, comme les pattes postérieures des Vertébrés terrestres. Les Poissons à nageoire dorsale épineuse sont donc ceux qui s'éloignent le plus des Vertébrés aériens; ce sont, pour ainsi dire, les plus poissons des Poissons. Leur vessie natatoire est aussi celle qui diffère le plus d'un poumon; elle est complètement fermée. Tous ces poissons se ressemblant à la fois par la structure de leur nageoire dorsale, la disposition de leurs nageoires abdominales et l'absence d'ouverture de leur vessie natatoire, forment un groupe naturel dont les principaux représentants, parmi les poissons de nos rivières, sont les *perches*, les *aprons*, les *chabots* (fig. 165) et les *épinoches* (fig. 164), qui se construisent des nids d'herbes aquatiques. Nombre de poissons marins font partie de ce groupe, et parmi eux les *bars*, voisins des perches, les *scorpènes* ou *rascasses* (fig. 165), voisines des chabots, les *grondins*, les *rougets*, les *poissons volants*, les *maquereaux*, les *thons*, les *baudroies*, etc.

§ 143. **Poissons à nageoires dorsales flexibles, à**

Fig. 166. — La Lotte, poisson de rivière, atteignant une assez grande taille; à nageoires abdominales situées au-dessous et en avant des pectorales.

nageoires abdominales situées sous les pectorales, à vessie natatoire fermée. — Parmi les poissons qui ont les nageoires dorsales soutenues par des rayons articulés, le premier excepté, il y en a dont les nageoires postérieures sont disposées comme celles des précédents; ceux-là ont aussi la vessie natatoire fermée. Tels sont les *lottes* (fig. 166) de nos rivières, les *morues*, les *merlans* (fig. 167) et tous les poissons plats qui se tiennent habituellement couchés sur le côté et à demi enterrés dans le sable, comme la *limande*, la *plie* (fig. 168), la *sole*, le *turbot*.

Fig. 167. — Merlan, poisson de mer de la taille d'une truite, à nageoires abdominales et pectorales rapprochées.

Fig. 168. — Plie, poisson plat demeurant couché sur le côté ; certaines espèces se trouvent dans les fleuves.

Fig. 169. — La Truite, poisson de rivière à nageoires abdominales éloignées des nageoires pectorales.

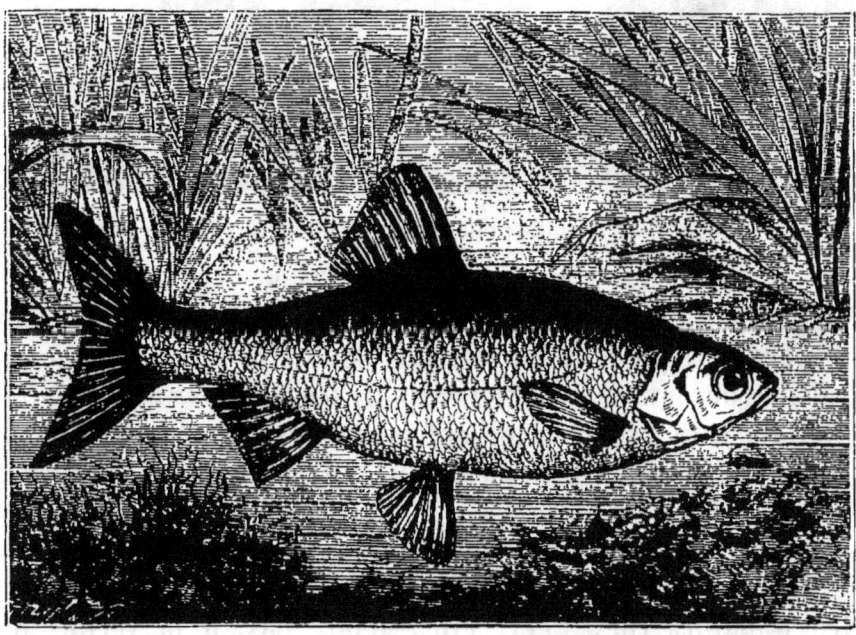

Fig. 170. — Le Gardon, poisson de rivière, à nageoires abdominales éloignées des pectorales.

Plusieurs des poissons de ce groupe manquent de nageoires abdominales ou n'en ont que de très petites. Les uns ont alors des formes tout à fait étranges, comme l'*hippocampe*, les *coffres*, les *diodons*; d'autres ont un aspect qui rappelle celui des serpents.

§ 144. **Poissons à nageoires dorsales flexibles, à nageoires abdominales éloignées des pectorales et situées en arrière, à vessie natatoire ouverte.** — Les poissons qui présentent les caractères résumés dans le titre

Fig. 171. — L'Anguille; elle n'a que des nageoires pectorales.

de ce paragraphe sont extrêmement nombreux. Ce sont d'abord presque tous les poissons de nos rivières : les *aloses*, voisines des *harengs* et des *sardines;* les *saumons* et les *truites* (fig. 169), qui se ressemblent beaucoup; les *brochets* et ce genre si nombreux des *cyprins* qui comprend la *carpe*, le *poisson rouge*, la *tanche*, le *barbeau*, le *goujon*, le *gardon* (fig. 170), le *vairon* ou *garlèche*, la *brème*, etc.

C'est auprès des poissons à nageoires qu'il faut rapporter les *anguilles* (fig. 171); elles n'ont pas, à la vérité, de nageoires abdominales, mais leur vessie natatoire est ouverte.

§ 145. **Rapports des Poissons entre eux**. — Si nous récapitulons tout ce que nous venons de dire, nous voyons que certains poissons ressemblent beaucoup aux Batraciens, et possèdent, outre des branchies, de véritables poumons, en même temps que leurs nageoires, de forme toute particulière, ne sont pas sans ressemblance avec des pattes ; ce sont les *Dipnés*. Après eux viennent des poissons dont les poumons sont remplacés par une *vessie natatoire*, dont l'usage n'est plus que de maintenir l'animal à un certain niveau

Fig. 172. — La Roussette, sorte de requin ; elle présente en arrière de la tête cinq fentes respiratoires.

dans l'eau, en augmentant son volume sans faire varier sensiblement son poids. Ceux de ces poissons dont l'organisation reste voisine de celle des Dipnés forment l'ordre des Ganoïdes ; leur squelette peut être *cartilagineux* ; ils conduisent ainsi à des poissons dont le squelette est toujours cartilagineux et dont les branchies sont situées non plus dans une cavité unique, mais dans une série de cavités distinctes s'ouvrant par autant de fentes à l'extérieur d'une part, et d'autre part dans une dépendance de la bouche.

Ces cavités peuvent n'être séparées les unes des autres que par des cloisons communes à deux cavités consécutives, comme les cloisons de deux chambres contiguës d'un appartement, ou appartenir à des bourses complètement distinctes placées côte à côte. Les *Poissons plagiostomes* (requins, raies) sont dans le premier cas (fig. 172); les *Poissons cyclostomes* (lamproies), dans le second. Chez les lamproies les membres font défaut; le squelette cartilagineux est lui-même très peu développé, et les cuisinières savent bien qu'il n'est guère représenté que par une sorte de corde, que les naturalistes appellent effectivement la *corde dorsale*.

Il n'y a au-dessous des lamproies qu'un petit poisson marin, qui n'a ni cerveau, ni cœur, ni sang rouge, ni membres et qui, semblable à un ver, vit couché sur le côté et enfoui dans le sable : c'est *l'amphioxus*, qui fut pris d'abord pour une limace marine.

Si les Ganoïdes passent d'une part aux Poissons cartilagineux, ils se relient aussi aux Poissons osseux. Ces poissons ont d'abord comme eux quatre nageoires distantes, des nageoires dorsales à rayons flexibles et une vessie natatoire ouverte; puis la vessie natatoire se ferme et les nageoires latérales se rapprochent; enfin la première nageoire dorsale prend des rayons épineux. Les plus étranges de ces deux poissons ont le corps protégé par des épines ou de grandes plaques osseuses formant sur leur corps une sorte de mosaïque.

Les différences entre les Poissons et les Batraciens s'accusent donc peu à peu, comme celles entre les Batraciens et les Reptiles, entre les Reptiles et les Mammifères.

Il s'ensuit que les groupes de Vertébrés ne sont pas séparés nettement les uns des autres. On peut disposer leurs espèces de manière à passer insensiblement de la plus inférieure à la plus élevée d'entre elles. Aussi un grand naturaliste, Linné, disait-il autrefois, après un grand philosophe, Leibniz : « La nature ne fait point de sauts. »

DIX-SEPTIÈME LEÇON

L'EMBRANCHEMENT DES MOLLUSQUES. — LES MOLLUSQUES RAMPANTS OU GASTÉROPODES.

§ 146. **Les trois principales sortes de Mollusques.** — Les Mollusques n'ont ni squelette intérieur, formé de pièces mobiles les unes sur les autres, ni segments, ni membres. Leur corps, mou, gonflé de liquide, ordinairement protégé par une coquille calcaire, semble essentiellement fait pour un milieu aquatique. La plupart des animaux du type qui nous occupe vivent, en effet, dans l'eau, et c'est seulement en raison de modifications toutes particulières de leur appareil respiratoire que quelques-uns d'entre eux, tels que les Escargots et les Limaces, peuvent mener une existence aérienne. Bien qu'ils soient extrêmement nombreux en espèces, ces Mollusques terrestres, tous construits à peu près de la même façon, n'ont qu'une faible importance relativement à la variété des Mollusques aquatiques et surtout des Mollusques marins. On a actuellement décrit près de 200 000 espèces de Mollusques vivants ou fossiles, et les formes de ces animaux sont si variées qu'elles paraissent au premier abord n'avoir rien de commun ; toutes se rattachent étroitement cependant à trois types faciles à observer : l'*Escargot*, l'*Anodonte* ou *Moule des étangs*, la *Seiche*. Ces trois types sont eux-mêmes en rapport avec trois conditions d'existence spéciales : l'Escargot rampe, l'Anodonte fouit dans la vase et mène une existence souterraine ; la Seiche nage. De là des différences qui cependant n'effacent pas complètement les ressemblances fondamentales que nous pourrons bientôt faire ressortir.

§ 147. **L'Escargot et les Mollusques rampants ou Gastéropodes.** — Considérons d'abord un Escargot, épanoui, en train de ramper (fig. 173). Son corps se divise nettement en trois parties : la première, le *tronc*, est contenue dans la *coquille*, sorte de tube calcaire enroulé en spirale; la seconde, la *tête*, antérieure à la coquille, se termine par une surface tronquée qui porte quatre *cornes* ou *tentacules*, et présente, immédiatement au-dessous de ces appendices, un orifice, la *bouche*; la troisième partie, que nous appellerons le *pied*, est postérieure à la coquille, mais elle se continue sans démarcation nette avec la seconde et se termine en pointe. Lorsque l'animal marche, la face inférieure de ces

Fig. 173. — Escargot des vignes.

deux parties, aplatie en une sorte de large sole, s'applique tout entière sur la surface qu'il parcourt et y laisse cette mucosité bien connue qui marque le trajet suivi. L'Escargot paraît ainsi ramper sur sa face ventrale tout entière, et l'on a composé un ordre des **Gastéropodes** avec tous les Mollusques qui offrent le même mode de locomotion que lui.

§ 148. **Le pied et l'opercule des Gastéropodes.** — Toutefois, si nous comparons l'Escargot à d'autres Gastéropodes presque aussi communs que lui, mais qu'on remarque généralement moins, tels que les *Cyclostomes* qui vivent sous les pierres et dans les trous des murailles, ou encore les *Paludines*, très abondantes dans les eaux stagnantes, on reconnaît aussitôt que chez ces animaux le pied est beaucoup mieux délimité. Il est constitué presque uniquement par la partie du corps postérieure à la coquille, et cette partie est nettement séparée de la tête qui est antérieure. C'est aussi la disposition que nous offre la *Troncatelle* figurée ci-contre (fig. 174), et c'est celle qui est la plus générale chez les Gastéropodes. Le pied de la plupart de ces animaux porte, en outre, une pièce tantôt cornée, tantôt calcaire, un *opercule*, qui vient, lorsque l'animal rentre dans sa coquille, se rabattre sur l'orifice de celle-ci et la fermer hermétiquement. Les Escargots manquent d'opercule; en hiver, durant leur engourdissement ou durant les trop grandes sécheresses, ils bouchent l'entrée de leur coquille à l'aide d'une mucosité riche en calcaire, qui se consolide au contact de l'air, et constitue ce qu'on appelle l'*épiphragme*.

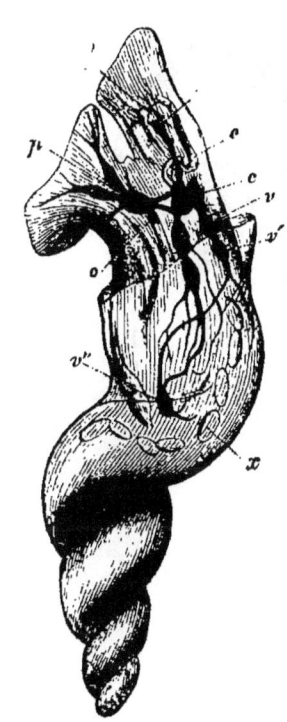

Fig. 174. — Troncatelle. — t, langue; — c, cerveau; — p, ganglions du pied; — v, v', v'', ganglions viscéraux; — o, vésicules auditives; — x, intestin.

§ 149. **Manteau, branchie et prétendu poumon des Mollusques rampants.** — Toute la partie du corps contenue dans la coquille est enveloppée par un sac cutané nommé le *manteau*, qui forme une sorte de doublure à la coquille, qu'elle déborde presque toujours. Entre le manteau et le tégument de l'abdomen se trouve une cavité largement ouverte sur le pourtour de la coquille. Dans cette cavité on aperçoit facilement, chez la Paludine qui vit dans nos eaux douces, une série de replis figurant une sorte de plume : c'est la *branchie*, l'organe respiratoire. Cette branchie manque chez les Cyclostomes, où les parois de la chambre branchiale sont parcourues par de nombreux vaisseaux; elle manque aussi chez l'Escargot, dont la chambre branchiale, parcourue par des vaisseaux plus nombreux encore (fig. 175), est, en outre, close sur le pourtour de la coquille et ne présente qu'un orifice que l'animal peut ouvrir ou fermer à volonté.

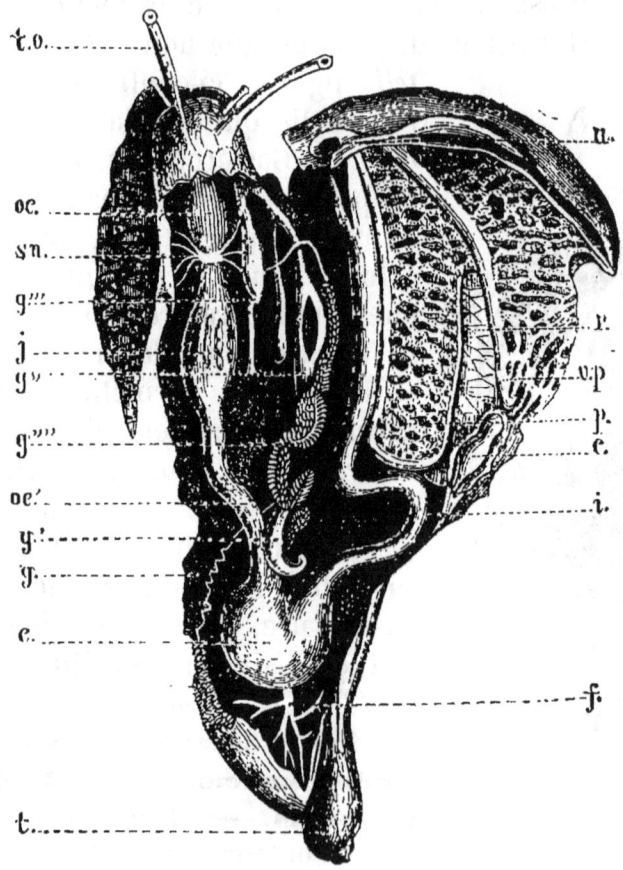

Fig. 175. — Organisation d'un Mollusque voisin de l'Escargot (Agathine). — *to*, tentacules portant les yeux ; — *œ, œ'*, œsophage ; — *sn*, système nerveux ; — *j*, jabot ; — *e*, estomac ; — *f*, foie ; — *i*, intestin ; — *a*, anus ; — *p, vp*, poumon ; — *r*, rein ; — *c*, cœur ; — *g, g', g'', g''', g''''*, appareil reproducteur ; — *t*, tortillon.

C'est la chambre branchiale ainsi métamorphosée qui devient l'organe respiratoire, le *poumon* de l'Escargot. Tous les Gastéropodes terrestres et un grand nombre de Gastéropodes d'eau douce (*Limnées*, *Physes*, etc.) ont un poumon construit de la sorte, et ont été réunis, pour cette raison, dans l'ordre des **Pulmonés**.

Les Paludines se rapprochent, au contraire, du type commun à un très grand nombre de Gastéropodes marins qui forment l'ordre des **Pectinibranches**.

§ 150. — **Le système nerveux des Mollusques est formé d'un double collier de ganglions séparés.** — Chacune des trois parties du corps d'un Gastéropode possède des nerfs qui prennent naissance dans des ganglions spéciaux : la tête contient deux *glanglions cérébroïdes*, situés au-dessus du tube digestif (fig. 175, *c*); le pied contient également deux *ganglions pédieux* (*p*) ; l'abdomen, une chaîne de cinq *ganglions viscéraux* (*v*). Les ganglions pédieux et viscéraux sont situés au-dessous du tube digestif. Les ganglions pédieux, unis entre eux par un cordon transversal, unis aux ganglions cérébroïdes par des cordons latéraux, forment avec ces derniers ganglions un *premier collier œsophagien* : l'ensemble des ganglions viscéraux et des ganglions cérébroïdes, unis entre eux en chaîne continue forme un *second collier œsophagien*. Ces deux colliers, déjà unis par les ganglions cérébroïdes, sont encore reliés par des cordons qui vont de la première paire de ganglions viscéraux aux ganglions pédieux. Des ganglions cérébroïdes partent les nerfs qui aboutissent aux yeux, situés sur les grands tentacules chez l'Escargot, et aux vésicules auditives (fig. 174, *o*), qui sont presque toujours situées néanmoins sur les ganglions pédieux. Cette disposition du système nerveux est absolument caractéristique des Mollusques gastéropodes; mais elle peut présenter quelques modifications de détail. Ainsi les divers ganglions sont très rapprochés et presque confondus chez les Escargots.

§ 151. **Organisation intérieure des Gastéropodes.** — Le tube digestif de l'Escargot (fig. 175), commençant à la bouche, remonte jusque près de l'extrémité de l'abdomen, dont il suit le contour spiral, revient ensuite sur lui-même et se termine finalement à un anus situé près de l'orifice du poumon (fig. 175, *a*). Dans la bouche s'ouvrent les conduits de deux glandes salivaires; un foie volumineux se trouve en arrière de l'estomac. La lèvre supérieure est armée d'une mâchoire lisse; on trouve encore dans la cavité buccale une sorte de langue couverte de dents cornées. Cette langue, commune à tous les Gastéropodes, est la *radula*; elle présente chez les Escargots plusieurs milliers de dents disposées avec une admirable régularité.

Le cœur, situé en arrière des poumons, donne naissance à des artères dont les parois disparaissent après un certain trajet. Le sang tombe alors dans la cavité du corps, et s'engage dans des espaces ou *lacunes*, qui le ramènent aux vaisseaux pulmonaires, d'où il passe dans le cœur. Une semblable *circulation lacunaire* se retrouve chez tous les Mollusques; souvent même la cavité du corps communique avec l'extérieur par divers orifices, de sorte que le Mollusque peut, à volonté, expulser de son corps une certaine quantité de sang, ou absorber de l'eau, de manière à diminuer ou à augmenter son volume.

Le rein, souvent désigné sous le nom de *corps de Bojanus* (fig. 175, *r*), est une vaste poche dont l'orifice est situé près de celui du poumon; il présente fréquemment un second orifice, en forme de pavillon couvert de cils vibratiles, qui s'ouvre dans un sac membraneux entourant le cœur et rappelant, de fort loin il est vrai, notre *péricarde*.

§ 152. **Métamorphoses des Gastéropodes.** — A peu d'exceptions près, les Gastéropodes sont ovipares. Les Escargots et les autres Gastéropodes pulmonés naissent avec leur forme définitive, mais les Gastéropodes marins éprouvent presque tous des métamorphoses remarquables. Leur larve est un petit être toujours muni d'une coquille, et dont le pied sert uniquement alors à porter l'opercule qui ferme la coquille; l'animal nage à l'aide de deux larges expansions membraneuses, couvertes de cils vibratiles, que présente sa tête.

§ 153. **Disparition de la coquille chez les Gastéropodes, Limaces, etc.** — Des trois parties qui constituent le corps d'un Gastéropode la moins constante est, contre toute attente, celle qui est occupée par les viscères, *le tronc*. La tête et le pied contenant une vaste cavité à peu près vide, les viscères paraissent tendre à s'y rassembler. On peut trouver, chez les Pulmonés par exemple, toute une série de formes dans lesquelles la coquille diminue de plus en plus, en même temps que le manteau tend à la recouvrir, jusqu'au moment où, enfermée dans le manteau, elle ne forme plus, comme chez la *Limace*, qu'un petit bouclier situé en arrière de la tête. Chez l'*Arion* (fig. 176) ou Limace rouge, la coquille

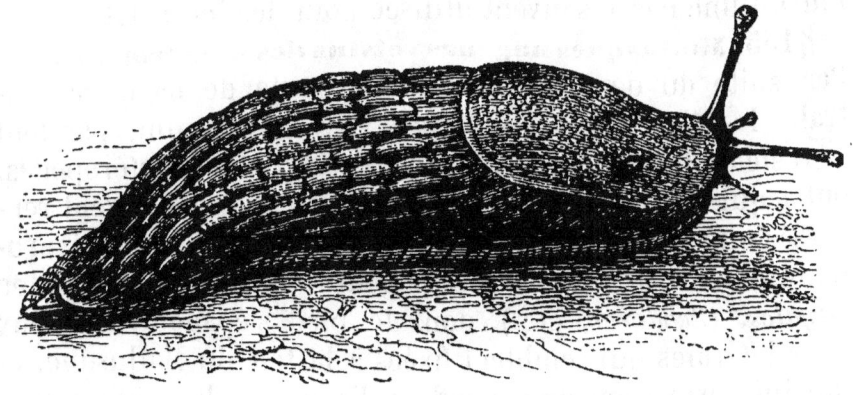

Fig. 176. — Limace rouge.

n'est même plus représentée que par des grains de calcaire. Réduite à un onglet, elle se transporte tout à fait à l'arrière du corps chez les *Testacelles* (fig. 177), qui dévorent les Vers de terre de nos jardins.

La disparition de la coquille est totale chez un grand

Fig. 177. — Testacelle.

nombre de Mollusques marins, qu'on appelle pour cette raison *Mollusques nus* ou *Nudibranches*.

§ 154. **Gastéropodes utiles ou nuisibles**. — Tout le monde connaît les dégâts que causent à nos cultures les Escargots et les Limaces. Le goût que manifestent certaines personnes pour la chair de l'Escargot des vignes n'est pas une compensation suffisante à ces dégâts. On mange, sur nos côtes, un certain nombre de Gastéropodes marins, tels que les *Littorines* ou *Vignots*, les *Haliotides*, aussi connues sous le nom d'*Ormeaux*, et même les *Patelles*. Les *Murex*, les *Pourpres* et quelques autres espèces possèdent, dans leur chambre branchiale, une glande dont le produit, soumis à l'action de la lumière, donnait la magnifique couleur pourpre si appréciée des anciens. La coquille de beaucoup d'espèces fournit une nacre souvent utilisée pour les incrustations.

§ 155. **Mollusques nageurs voisins des Gastéropodes.** — Par suite du développement d'une sorte de nageoire ventrale, les *Carinaires*, les *Firoles*, les *Atlantes* qui, par tout le reste de leur organisation, sont de véritables Gastéropodes, ont acquis la faculté de nager en haute mer; ils nagent renversés sur le dos. On les a réunis dans l'ordre des **Hétéropodes**; mais les meilleurs nageurs sont les **Ptéropodes** (*Hyales*, *Cléodores*, etc.), dont le pied s'épanouit en deux ailes latérales qui semblent fixées à la tête du Mollusque, et qui lui permettent de voler dans l'eau avec la même allure que celle des Papillons dans l'air.

RÉSUMÉ

Les Mollusques, extrêmement nombreux en espèces, se rattachent à trois formes principales : l'Escargot, type des *Mollusques rampants*, la Moule des étangs ou Anodonte, type des *Mollusques fouisseurs*, la Seiche, type des *Mollusques nageurs*.

Le corps des Mollusques rampants ou Gastéropodes se décompose en trois parties : le *tronc*, enroulé en spirale et enfermé dans la coquille; la *tête*, et le *pied*. Ce dernier porte ordinairement un *opercule* qui ferme la coquille. Le tronc est enfermé dans le *manteau* qui double et produit la coquille. Entre le corps et le manteau se trouve la branchie ou le poumon. La substance de la coquille est la *nacre*.

Le premier collier nerveux des Gastéropodes comprend deux *ganglions cérébroïdes* et deux *ganglions pédieux*; le deuxième se rattache aux ganglions cérébroïdes et aux ganglions pédieux et comprend ordinairement *cinq ganglions viscéraux*.

Les Gastéropodes possèdent un tube digestif recourbé en U, des glandes salivaires et un foie. Leur circulation est *lacunaire*; leur rein porte le nom d'*organe de Bojanus*.

Quelques-uns de ces animaux sont comestibles; la nacre de certains autres est recherchée; les Murex et les Pourpres fournissaient la pourpre des anciens.

DIX-HUITIÈME LEÇON

LES MOLLUSQUES FOUISSEURS OU LAMELLIBRANCHES. — CULTURE DES HUITRES ET DES MOULES.

§ 156. **Symétrie parfaite et coquille bivalve de l'Anodonte et des Mollusques fouisseurs.** — Chez l'*Anodonte* ou *Moule des étangs*, l'abdomen, seule partie du corps des Gastéropodes qui ne soit pas symétrique, se fusionne avec le reste du corps, comme elle le fait chez les Limaces et les Gastéropodes nus; le corps de l'animal devient à peu près aussi exactement symétrique que celui d'un Vertébré ou d'un Ver; on n'aperçoit aucune trace d'enroulement en spirale. La coquille elle-même est divisée en deux *valves*, l'une droite, l'autre gauche, mobiles l'une sur l'autre, pouvant s'ouvrir ou se fermer, et comprenant entre elles l'animal comme la couverture d'un livre en comprend les feuillets.

Les deux valves de la coquille sont réunies par une sorte de *charnière*, renforcée d'un *ligament* élastique, qui maintient béante la coquille, comme le dos d'un livre en maintient ouverte la couverture lorsqu'il est trop étroit. Deux muscles allant d'une valve à l'autre peuvent, au contraire, rapprocher ces valves en se contractant. Mais, pour contracter ses muscles, il faut que l'animal soit vivant. Une Anodonte morte laisse donc toujours *bâiller* sa coquille.

§ 157. **Organisation de l'Anodonte.** — On retrouve chez l'Anodonte toutes les parties que nous avons reconnues chez l'Escargot : la coquille est doublée par un vaste manteau, divisé, comme elle, en deux moitiés, en deux lobes, qui suivent tous ses mouvements. Entre ces deux lobes et le corps de l'animal se trouvent, de chaque côté, deux doubles lamelles superposées, élégamment striées, qui ne sont autres que les *branchies*. Il existe une bouche comprise entre deux replis membraneux, les *palpes labiaux*, et un pied musculaire très développé qui permet à l'animal de progresser dans la vase. Les organes de la vue manquent complètement, mais l'Anodonte vit dans l'obscurité, et nous savons que, chez les animaux soustraits à l'action de la lumière, les organes de la vision s'atrophient et disparaissent presque toujours. Le pied ne présente plus la large sole des Gastéropodes, mais cela serait bien inutile à notre Anodonte, dont le pied, en forme de langue comprimée, est au contraire parfaitement construit pour écarter la vase et frayer un passage à l'animal. Supposons un Escargot s'enfonçant dans la vase, sa coquille en forme d'entonnoir serait bientôt obstruée par le limon qui pénétrerait entre le manteau et l'animal ; la coquille en forme de coin de l'Anodonte glisse, au contraire, facilement dans la vase, préalablement écartée par le pied, et contribue, en s'ouvrant et se fermant, à maintenir un espace libre autour du Mollusque.

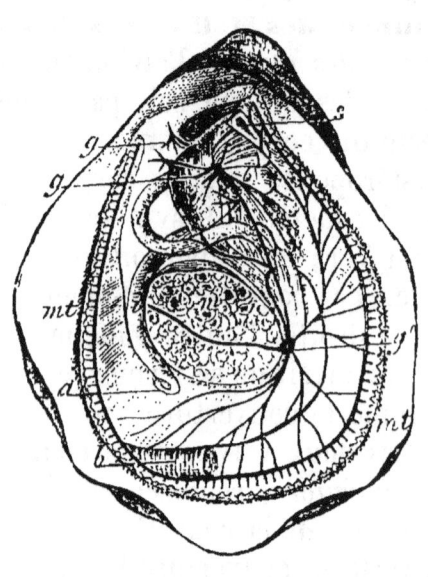

Fig. 178. — Organisation de l'Huître. — s, bouche ; — ge, estomac ; — i, intestin ; — a, anus ; — b, branchies ; — mt, manteau ; — m, muscle unique de la coquille ; — g, g', ganglions.

Il existe chez les Lamellibranches, comme chez les Gastéropodes, une paire de ganglions cérébroïdes (fig. 178, g), une paire de ganglions pédieux et des ganglions viscéraux (g) ; ces ganglions sont disposés de la même façon que chez les Gastéropodes et contribuent à former deux colliers œsophagiens. Aux ganglions cérébroïdes sont suspendues deux vésicules auditives qui sont également en rapport avec les ganglions pédieux ; mais, en raison de la réduction de l'abdomen, il n'y a plus que deux ganglions viscéraux, et ces ganglions ne sont plus reliés aux ganglions pédieux.

§ 158. **Genre de vie des Lamellibranches.** — Les

Lamellibranches ne cherchent pas leur nourriture, comme les Gastéropodes. Leurs branchies puissantes, couvertes de cils vibratiles, appellent constamment vers eux un courant d'eau chargée d'air et de particules alimentaires très ténues. Leurs palpes, également ciliés, détournent vers la bouche une partie de ce courant, et l'animal avale tout ce qui vient à lui; il n'a besoin ni de mâchoires, ni de *radula*; ces organes manquent à tous les Lamellibranches. Les différences entre l'Anodonte et les Gastéropodes sont donc liées au genre de vie de l'animal; on pourrait considérer l'Anodonte et les Mollusques voisins comme des Gastéropodes devenus fouisseurs.

En raison de leur coquille divisée en deux valves, les Mollusques semblables à l'Anodonte sont désignés sous le nom de *Bivalves*. Comme ils n'ont pas d'organe des sens permettant de distinguer une tête, on les appelle aussi des *Acéphales*; enfin la structure de leurs branchies leur a valu la dénomination plus exacte de *Lamellibranches*.

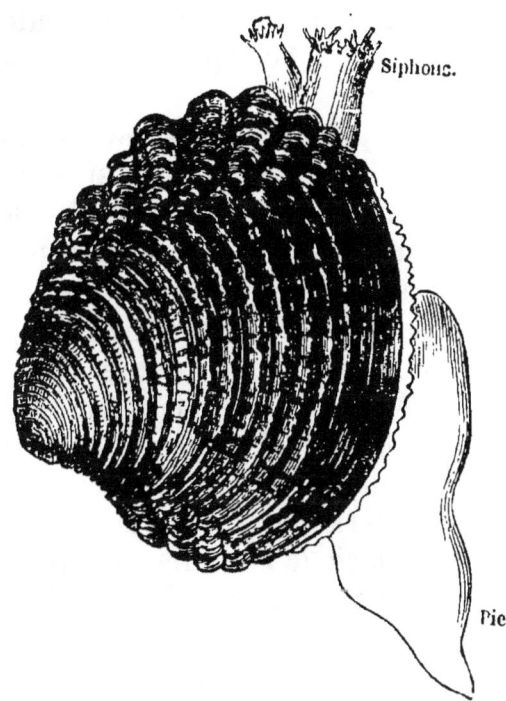

Fig. 179. — Vénus dans sa position ordinaire avec le pied et les siphons étalés.

§ 159. Les Lamellibranches vivant dans des trous et pourvus de siphons. — Un assez grand nombre de ces animaux, les *Vénus* ou *Palourdes* (fig. 179), les *Tellines*, les *Panopées*, les *Solens* ou *Couteaux*, et autres Bivalves qu'on mange souvent sur nos côtes, mènent une vie plus sédentaire encore que les Anodontes. Ils s'enfoncent dans des trous d'où ils ne sortent pas. Le courant d'eau qui est amené vers eux est alors régularisé d'une façon particulière. La moitié droite et la moitié gauche du manteau, soudées dans une grande partie de leur étendue, laissent entre elles une fente pour le passage du pied et se prolongent en arrière de manière à former deux tubes, les *siphons*, capables de s'allonger et de se rétracter. Dans certaines espèces les siphons, lorsqu'ils sont étendus, dépassent la longueur de l'animal. Le Mollusque, pour creuser son trou, s'est enfoncé la bouche en bas; il demeure dans cette position; les siphons sont, par conséquent, tournés du côté de l'orifice de son habitation, au-dessus de laquelle on les voit souvent s'élever. Le courant d'eau déterminé par les branchies entre par l'un des siphons, toujours le même, et sort par l'autre, entraînant avec lui non seulement les excréments, mais encore, à l'époque de la reproduction, les œufs ou les embryons.

§ 160. **Les Lamellibranches perforants : Pholades et Tarets.** — Il est des Mollusques lamellibranches qui ne se contentent pas de creuser leur trou dans la vase ou dans le sable, mais qui peuvent, à l'aide de leur coquille rugueuse, percer des pierres assez dures, dans lesquelles ils s'établissent à demeure. Telles sont les *Pholades* (fig. 180), abondantes sur nos côtes calcaires.

Les *Tarets* ne diffèrent guère des Pholades que par l'allongement de leurs siphons et par la petitesse de leur coquille, qui n'a plus d'autre rôle que celui d'organe perforant enveloppant la partie antérieure de l'animal. Les Tarets percent non plus la pierre, mais le bois; ils y creusent des galeries profondes, qu'ils revêtent d'un tube calcaire, et se multiplient tellement qu'on est obligé de protéger la carène des navires à l'aide de plaques métalliques pour les mettre à l'abri de leurs ravages. Ils attaquent les pilotis et tous les bois submergés; au commencement du dix-huitième siècle, la Hollande dut dépenser des millions pour refaire en toute hâte les pilotis, à moitié détruits par les Tarets, des digues qui protègent ses basses terres contre l'invasion de la mer.

Chez quelques Lamellibranches qui sécrètent un tube

calcaire, comme les Tarets, ce tube ne s'accole pas aux parois du trou qu'habite l'animal; il demeure libre, et la coquille du Mollusque peut, au contraire, se confondre plus ou moins complètement avec lui. C'est ce qu'on observe chez les *Gastrochènes*, les *Clavagelles* et surtout les *Asper-*

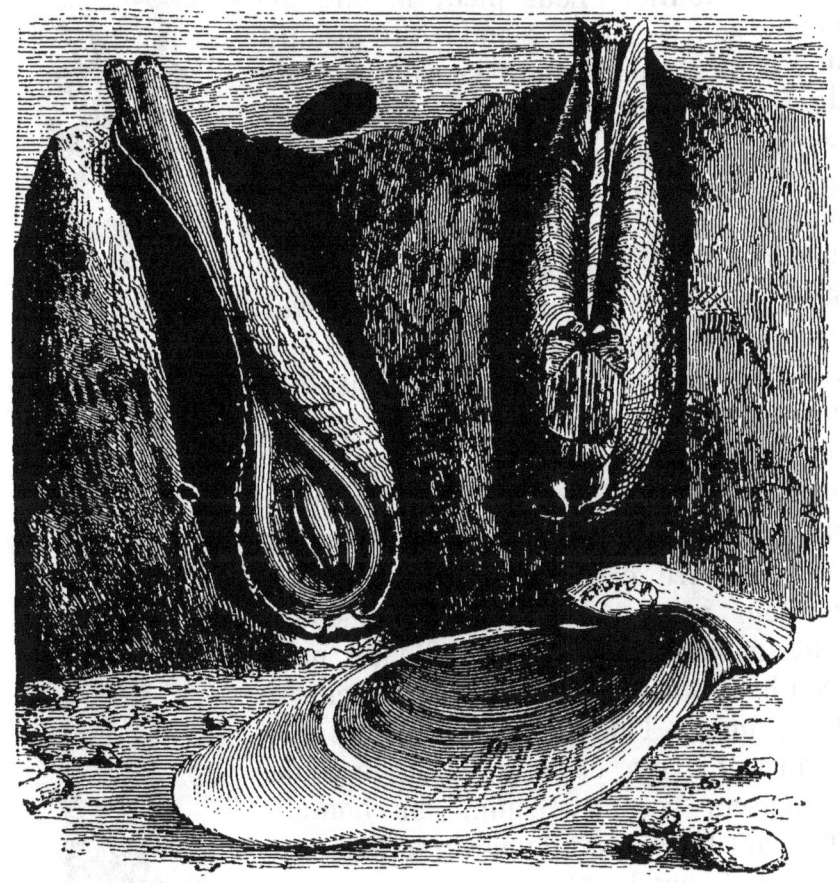

Fig. 180. — Pholades.

gillum ou *Arrosoirs* (fig. 181), qui semblent, au premier abord, avoir pour abri un tube conique au lieu d'une coquille bivalve.

§ 161. **Les Lamellibranches à byssus.** — Par une dérogation aux conditions d'existence communes à la plupart des animaux de leur classe, les Moules, les Dreyssènes qui les représentent dans nos eaux douces et quelques autres

LES MOLLUSQUES FOUISSEURS OU LAMELLIBRANCHES.

Lamellibranches, bien qu'affectionnant les fonds vaseux, ne vivent pas dans la vase, ne se creusent pas de trous. Ces Mollusques se fixent temporairement aux corps solides submergés et peuvent aussi se mouvoir à leur surface par un procédé tout particulier. Leur pied, mobile, allongé, contient une glande qui produit une matière analogue à la soie, capable de se solidifier dès qu'elle arrive au contact de l'eau. La Moule, pour se fixer, allonge son pied, dépose un peu de sa matière soyeuse sur le point qu'elle a choisi, rétracte son pied et se trouve alors suspendue à l'extrémité d'un filament brun assez grossier. Elle ne se contente généralement pas d'un seul filament, elle en produit tout un paquet, qu'on appelle son *byssus*. De grandes Moules de la Méditerranée, les *Pinnes* ou *Jambonneaux*, ont un byssus formé de fils si fins qu'on peut en faire des étoffes remarquables par leur reflet doré. Lorsqu'une Moule veut changer de place, elle file un nouveau byssus au-dessus de l'ancien, coupe une à une, à l'aide de son pied, ses anciennes amarres, et se hisse sur le câble suspenseur restant, comme un homme grimpant le long d'une corde se hisserait à l'aide de ses bras.

§ 162. **Culture des Moules.** — Les Moules sont assez recherchées comme aliments pour que leur élevage soit devenu l'objet d'une véritable industrie. C'est principalement aux environs de la Rochelle, à Esnandes, à l'Aiguillon, etc., que se fait la culture des Moules. Sur des plages vaseuses où la mer se retire à plusieurs kilomètres, on enfonce de longs pieux disposés en allées régulières. Ces allées sont

Fig. 181. — Arrosoir dans sa position normale.

ce qu'on nomme des *bouchots* (fig. 182). Les pieux les plus avancés dans la mer sont isolés les uns des autres; c'est sur eux que viennent se fixer les jeunes Moules. Les pieux les plus rapprochés du rivage sont unis entre eux par un lacis de branchages formant une sorte de claie. A certaines époques on va détacher les jeunes Moules fixées sur les pieux libres, et on les transporte sur le clayonnage, où elles grossissent et où on va les cueillir quand elles sont arrivées à maturité.

Il faut, pour arriver aux bouchots, traverser une sorte de

Fig. 182.   Portion d'un bouchot chargé de Moules.

lac de vase dans lequel un homme chargé enfoncerait sans pouvoir se dégager; aussi la culture des Moules a-t-elle donné lieu à une navigation des plus singulières. Chaque pêcheur possède un *accon*, petite pirogue à fond plat, dans laquelle il se tient à genou sur une seule jambe, l'autre jambe est hors de l'accon; le pêcheur s'en sert comme d'une rame pour pousser sa pirogue. Le vent est-il favorable, on hisse une voile, et l'accon glisse sur la vase comme un autre bateau le ferait sur la mer. C'est dans l'accon qu'on rapporte au rivage les Moules prêtes pour la vente.

§ 163. **L'Huître.** — Enfin certains Lamellibranches, dont

l'*Huître* est le type le plus remarquable, ont entièrement perdu la faculté de se déplacer. Ils collent aux rochers une des valves de leur coquille et demeurent ainsi toute leur vie immobiles et couchés sur le côté. En raison de cette position anormale, l'une des valves de la coquille étant fixée, l'autre libre, l'animal cesse d'être symétrique. Le manteau, plus largement ouvert encore que celui des Anodontes et des Moules, qui n'ont pas de véritables siphons, laisse à l'eau un libre accès vers la bouche et les branchies. Le pied, tout à fait inutile à un animal fixé, a complètement disparu, et avec lui les ganglions nerveux chargés de l'animer (fig. 178).

Des deux muscles qui ferment la coquille, un seul, le postérieur, situé entre la bouche et l'anus, se développe complètement.

§ 164. **Lamellibranches à un seul muscle coquillier.** — On ne trouve également qu'un seul muscle chez les *Peignes*, qui vivent, comme les Huîtres, couchés sur le côté, mais sans se fixer; chez les *Limes*, qui se font un nid, et se servent des deux valves de leur coquille comme de deux ailes pour voler dans l'eau. Ces Mollusques et quelques autres constituent, avec les Huîtres, un ordre spécial de Lamellibranches, celui des *Monomyaires*. Les Lamellibranches pourvus de deux muscles forment l'ordre des *Dimyaires*; mais il y a entre les deux ordres plusieurs formes de passages.

§ 165. **Ostréiculture**. — Le commerce des Huîtres est plus important encore que celui des Moules; aussi l'élevage de ces Mollusques tend-il à prendre une importance plus grande, à mesure que l'on connaît mieux leurs mœurs.

Au moment de leur naissance, les Huîtres, comme tous les autres Lamellibranches, sont des animaux essentiellement nageurs et vagabonds. Les embryons (fig. 183), qui présentent les mêmes caractères dans toute l'étendue de la classe, ont une coquille bivalve dont les deux moitiés sont parfaitement symétriques; ils manquent de pied, mais portent au-dess s de la bouche un disque circulaire, muni de cils vibratiles, remplaçant les deux lobes ciliés des Gastéropodes et servant comme eux d'organe de natation. Ces embryons mobiles sont exposés à toutes sortes de dangers, tant qu'ils n'ont pas trouvé un lieu convenable pour se fixer. Ils meurent même de mort naturelle s'ils ne peuvent se fixer à temps. On a donc pensé à favoriser la multiplication des Huîtres en fournissant à leurs embryons des abris artificiels ; cela a été le point de départ de l'*Ostréiculture*, dont M. Coste a été l'un des plus habiles promoteurs. Les jeunes Huîtres, constituant le *naissain*, sont recueillies tantôt sur des fagots de branchages, ou *fascines*, convenablement disposés, tantôt sur des tuiles creuses, placées sans ordre à la surface d'une sorte de plancher, tantôt sur de simples pavés. Lorsque les Huîtres ont atteint une certaine taille, elles sont trans-

Fig. 185. — Embryons d'Huîtres.

portées dans des parcs où elles s'engraissent, et où les Huîtres nées en dehors de toute cultures sont aussi déposées avant d'être vendues ; elles y perdent le goût désagréable que leur communiquent la vase et les détritus au milieu desquels elles ont vécu.

C'est dans des parcs où l'eau est seulement renouvelée à l'époque des grandes marées, que les Huîtres de Marennes prennent leur couleur verte. Dans ces eaux se développent des végétaux microscopiques produisant un liquide bleuâtre ; les Huîtres avalent ces végétaux par millions, les digèrent et en absorbent la matière colorante, qui se répand dans leurs tissus, auxquels elle donne sa teinte.

A Arcachon et dans la baie de Saint-Brieuc, l'ostréiculture a donné les meilleurs résultats.

§ 166. Pintadines ou prétendues Huitres perlières: perles fines.

— Un Lamellibranche intermédiaire entre les Huitres et les Moules, mais de grande taille et habitant les régions chaudes de l'océan Pacifique, a acquis une célébrité considérable : c'est la *Pintadine* ou *Huitre perlière* (fig. 184). La coquille extrêmement épaisse de ce Mollusque est formée d'une nacre très fine, très brillante, et très recherchée comme objet d'ornement.

Fig. 184. — Pintadine.

Assez souvent, des globules de cette nacre se déposent dans quelque organe de l'animal : ce sont ces globules vivement irisés qu'on emploie dans la bijouterie sous le nom de *perles d'Orient* ou *perles fines*. Leur prix est très élevé.

La nacre est sécrétée chez les Pintadines, comme chez les autres Lamellibranches, par le manteau. Il suffit d'introduire un corps étranger entre le manteau et la coquille pour que ce corps soit bientôt recouvert de nacre. Les Chinois s'amusent ainsi à placer toutes sortes de figures sous le manteau d'une espèce d'Anodonte, et obtiennent des co-

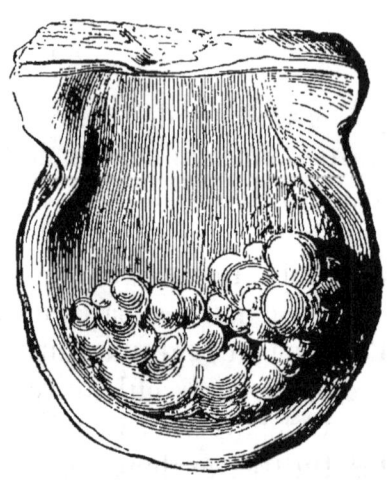

Fig. 185. — Pintadine.

quilles sur lesquelles sont sculptés en relief les magots les plus grotesques. De petits grains de sable, des œufs d'animaux, sont très souvent les noyaux autour desquels se forment des perles libres ou adhérentes à la coquille.

La pêche des perles est pratiquée dans beaucoup d'îles du Pacifique par d'habiles plongeurs. On peut aussi la faire à l'aide de dragues. On a essayé récemment d'établir à Tahiti des parcs de Pintadines semblables à nos parcs à Huîtres.

Beaucoup de Mollusques lamellibranches peuvent produire des perles. Les Anodontes et surtout les *Mulettes* de nos rivières en produisent parfois d'assez belles.

RÉSUMÉ

L'*Anodonte* des étangs peut être prise comme type des Mollusques fouisseurs. Elle a un corps symétrique et une *coquille bivalve* dont les deux moitiés peuvent s'ouvrir ou se fermer, comme la couverture d'un livre, en tournant sur une charnière. Un *ligament* tend à maintenir la coquille toujours ouverte ; *deux muscles* la ferment.

Le *manteau* est divisé en deux lobes exactement appliqués sur la coquille ; les *branchies*, formées de deux paires de lamelles superposées, sont situées de chaque côté entre le manteau et le corps. La bouche est comprise entre deux *palpes*. Le pied est en forme de langue comprimée. Les cinq ganglions viscéraux des Gastéropodes sont remplacés par une seule paire de ganglions sans lien avec les ganglions pédieux.

Les lobes du manteau s'allongent en deux siphons chez les Lamellibranches qui vivent dans des trous creusés par eux dans le sable ou la vase. Quelques-uns de ces Mollusques perforent la pierre ou le bois. Parmi ces derniers les *Tarets* sont particulièrement nuisibles aux constructions navales.

Beaucoup de Lamellibranches se fixent temporairement à l'aide d'un *byssus* et peuvent utiliser ce byssus pour se déplacer. A ce groupe appartiennent les *Moules*, objet d'une importante culture sur nos côtes vaseuses, et les *Pintadines* ou *Huîtres perlières*.

D'autres, tels que les *Huîtres*, se fixent aux rochers ; leur pied peut disparaître, ainsi que l'un des muscles de la coquille.

DIX-NEUVIÈME LEÇON

LES MOLLUSQUES NAGEURS OU CÉPHALOPODES.

§ 167. **Le pied, organe de locomotion des autres Mollusques, est remplacé chez la Seiche par dix tentacules préhenseurs.** — Par leurs habitudes vagabondes les Mollusques céphalopodes, qui se rattachent au type de la Seiche (fig. 186), contrastent singulièrement avec les Lamellibranches et même avec les Gastéropodes. Nous avons vu chez les Ptéropodes, Mollusques voisins de ces derniers, le pied produire deux lobes latéraux qui servent d'organes de natation, et que l'on pourrait prendre pour de simples appendices de la tête. Ces nageoires sont remplacées chez la Seiche par dix bras coniques, allongés, disposés en couronne autour de la tête de l'animal. De ces tentacules, huit sont assez courts, pointus, et portent sur toute leur étendue une quadruple rangée de petites coupes, au fond desquelles est un bouton mobile, leur permettant de fonctionner comme des *ventouses*. A l'aide de ses ventouses l'animal peut s'accrocher aux objets situés dans son voisinage, se hisser jusqu'à eux ou les amener jusqu'à lui. Les deux autres tentacules sont très longs, terminés par un renflement en massue et ne portent de ventouses que sur ce renflement (fig. 187); la Seiche s'en sert comme de harpons au moyen desquels elle saisit les animaux qui passent à sa portée et les amène à sa bouche. Les parties qui servent à la locomotion chez les Mollusques étudiés jusqu'ici ne sont donc plus, chez la Seiche, que des organes de préhension.

§ 168. **Le bec et la langue de la Seiche.** — Pour voir la bouche, il faut écarter les dix bras; au centre de la couronne qu'ils forment, on aperçoit un orifice armé de deux pièces cornées, opposées l'une à l'autre et formant un bec recourbé tout à fait semblable à celui d'un Perroquet; seu-

232   ÉLÉMENTS DE ZOOLOGIE.

lement, chez la Seiche, la plus grande des deux mandibules est la mandibule inférieure. Dans la bouche se trouve une langue couverte de nombreux crochets aigus, comme celle

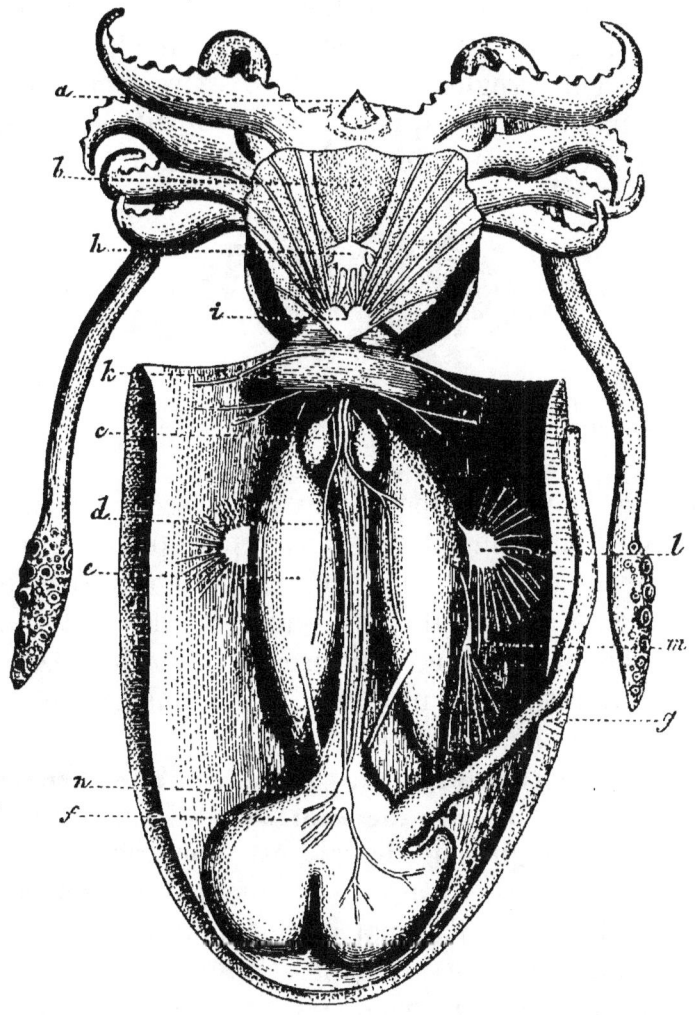

Fig. 186. — Organisation de la Seiche. — *a*, bec; — *b*, pharynx; — *c*, glandes salivaires; — *d*, œsophage; — *e*, *f*, estomac; — *g*, intestin; — *h*, *i*, *k*, *l*, *m*, *n*, système nerveux.

des Gastéropodes. La Seiche est donc remarquablement armée pour déchirer sa proie. Derrière les tentacules se voient deux gros yeux dont l'organisation est, pour le moins, aussi compliquée que celle des yeux des Vertébrés; la bouche, les tentacules et les yeux sont portés par une tête globuleuse séparée du reste du corps par une sorte de cou.

§ 169. **Le manteau et la coquille ou os de Seiche.** — Le corps est large, ovale, aplati, bordé sur tout son pourtour par une membrane épaisse qui sert de nageoire. Du côté dorsal il est dur et résistant; si, en effet, on fend la peau dans cette région, on peut en extraire un épais bouclier, de même forme que le corps, constitué par une substance calcaire, compacte et chagrinée en dessus, friable et

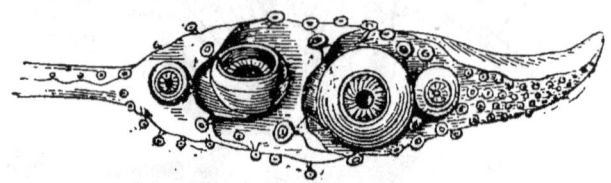

Fig. 187. — Extrémité d'un bras de Seiche avec les ventouses qu'il supporte.

formée de lamelles superposées en dessous; c'est l'*os de Seiche* que l'on donne aux oiseaux captifs pour aiguiser leur bec. Cet os est une véritable coquille enfoncée dans le manteau, comme l'est celle des Limaces; il est terminé en arrière par une pointe, qui prenait chez les Bélemnites, aujourd'hui disparues, un grand développement et affectait la forme d'un cigare.

§ 170. **La cavité branchiale ; combinée avec l'entonnoir, elle est utilisée pour la locomotion.** — Le manteau, soudé en dessus au tégument dorsal, est libre en dessous. Une vaste cavité, ouverte en avant seulement, est comprise entre la face ventrale de l'animal et son manteau; cette cavité contient une paire de branchies en forme de plume; c'est dans son intérieur que viennent s'ouvrir le rectum et les conduits de diverses glandes.

A l'ouverture du sac branchial se trouve un remarquable appareil : c'est un entonnoir dont la partie évasée s'adapte exactement à cette ouverture, à laquelle l'attachent d'ailleurs des organes spéciaux, tandis que son tube est libre et tourné en avant. Lorsque l'animal est inquiété, fixé au sol par les ventouses de ses tentacules, il dirige le tube de son entonnoir vers l'objet qui l'irrite, et lance tout à coup sur lui un violent jet d'eau. Si la Seiche est libre, et chasse de même l'eau contenue dans sa poche branchiale, cette eau, brusquement comprimée, réagit sur le fond de la poche, et la Seiche se trouve tout à coup projetée en arrière. C'est ainsi que l'animal s'éloigne vivement à reculons lorsqu'il fuit.

§ 171. **L'encre de la Seiche; changements de couleur de l'animal.** — La Seiche possède d'ailleurs un autre moyen de défense, admirablement propre à protéger sa fuite. Après avoir fait quelques reculs, on la voit expulser par son entonnoir un liquide d'un noir foncé qui trouble l'eau tout autour d'elle, déconcerte ses ennemis et déroute toute poursuite. Ce liquide, produit par une glande spéciale qui débouche près de l'anus, est ce qu'on nomme l'*encre* de la Seiche. Cette encre est employée par les aquarellistes, sous le nom de *sépia;* elle entre aussi dans la fabrication de la véritable *encre de Chine*.

Un liquide analogue à l'encre est contenu dans de nombreuses cellules enfouies dans la peau, et que peuvent dilater ou comprimer des muscles spéciaux. Grâce au jeu de ces muscles, la Seiche peut changer de couleur plus brusquement encore que les Caméléons; il semble, lorsqu'elle est irritée, qu'une sorte de brouillard ne cesse de passer sur elle, et, dans les eaux un peu agitées, c'est pour notre Mollusque un moyen d'échapper à l'attention, plus efficace qu'on ne saurait croire.

§ 172. **Organisation intérieure de la Seiche.** — L'*appareil digestif* de la Seiche (fig. 186) a la forme d'un tube recourbé en U, présentant, dans sa courbure inférieure, un estomac assez complexe; il a pour annexes un foie et des glandes salivaires.

L'*appareil circulatoire* (fig. 188), quoique muni d'un cœur comprenant six oreillettes et trois ventricules contractiles, n'en présente pas moins une portion lacunaire, comme chez les autres Mollusques. Le système nerveux central est rassemblé dans la tête, où un cartilage spécial le protège; mais, sur les nerfs qui en partent, on peut encore observer de volumineux ganglions sans analogues chez les Gastéropodes.

Les Seiches subissent toutes leurs métamorphoses dans l'œuf; elles naissent avec leur forme définitive. Les œufs, attachés aux plantes marines et revêtus d'une coque élas-

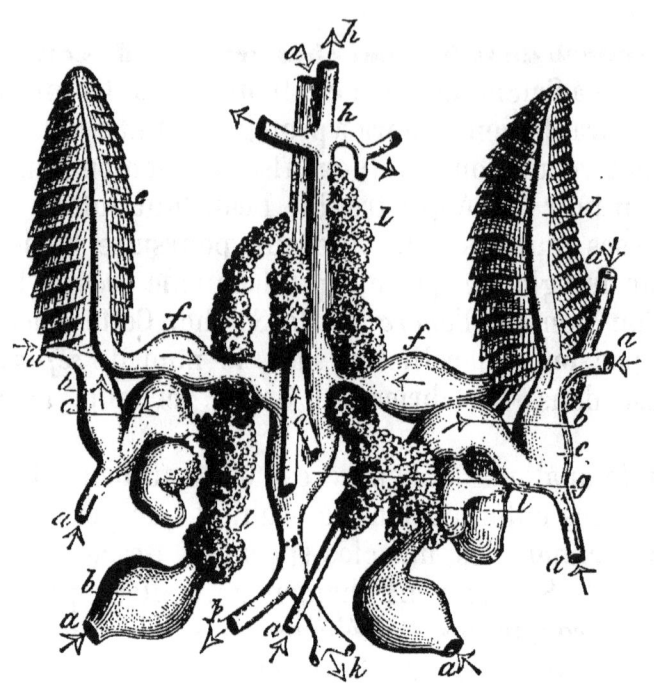

Fig. 188. — Cœur et branchies d'une Seiche. — *a*, veines caves; — *b*, oreillettes, et *c*, ventricules du cœur poussant le sang dans les branchies; — *d*, artère branchiale; — *e*, veine branchiale; — *f*, oreillettes du cœur chassant le sang dans le ventricule *g*, qui le pousse dans l'aorte *h* et *k*; — *l*, reins.

tique, sont connus des pêcheurs sous le nom de *raisins de mer*, qui rappelle leur forme et leur grosseur.

§ 173. **Les Calmars.** — Les Seiches, Mollusques lourds et peu actifs, vivent très près des côtes. Au contraire, les *Calmars* (fig. 189) sont des animaux de haute mer, comme l'indiquent leur corps élancé, en forme de cornet, et les vigoureuses nageoires en losange qui le terminent. Quelques-uns ont leurs tentacules armés de griffes acérées, recourbées comme celles des Chats. Il y en a qui atteignent près de 10 mètres de long, y compris les bras, et sont vraiment de redoutables créatures.

§ 174. **Les Poulpes ou Pieuvres**. — Chez les Calmars l'os dorsal des Seiches est remplacé par un cartilage mou et transparent (fig. 189), affectant la forme générale d'une

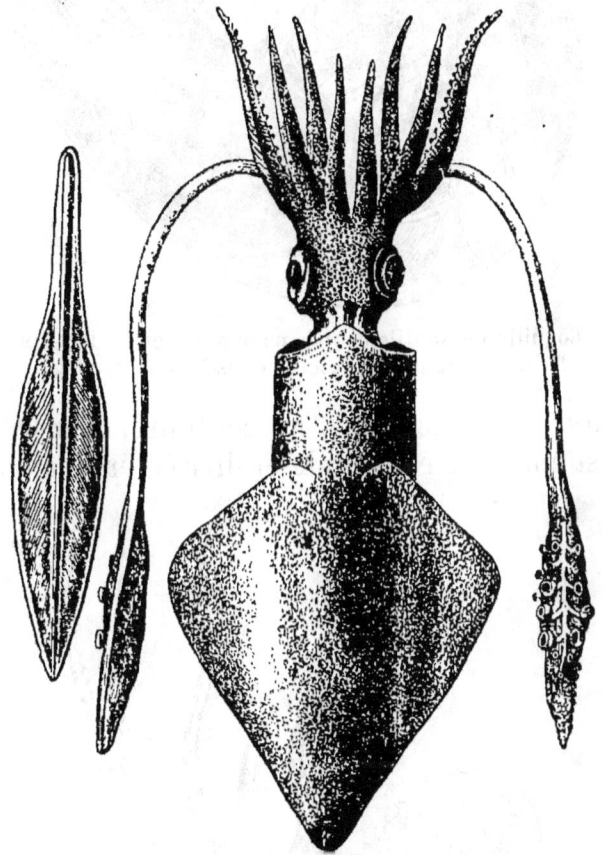

Fig. 189. — Calmar et sa plume (1/2 gr. nat.).

plume à écrire. Ce cartilage disparait entièrement chez les *Poulpes* ou *Pieuvres*, mauvais nageurs, au corps arrondi, en forme de bourse, qui se cachent dans des trous, près du rivage, et dévorent surtout les Crabes. Les Poulpes n'ont que huit bras au lieu de dix : les deux grands tentacules des Seiches et des Calmars leur font défaut. Seiches, Calmars et Poulpes présentent d'ailleurs la plus grande analogie de constitution.

§ 175. **Coquille cloisonnée des Spirules et des Nautiles.** — La coquille des Seiches, en voie de disparition chez

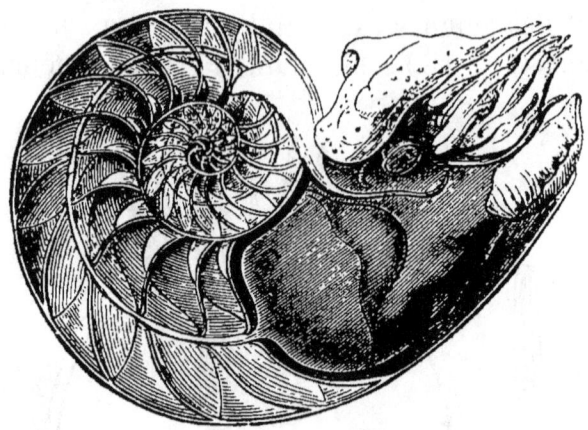

Fig. 190. — Coquille de Nautile coupée pour montrer ses loges et son siphon ; le Mollusque est représenté dans la dernière loge.

les Calmars, se perfectionne, au contraire, chez les *Spirules*, où elle est enroulée en spirale et divisée en chambres nom-

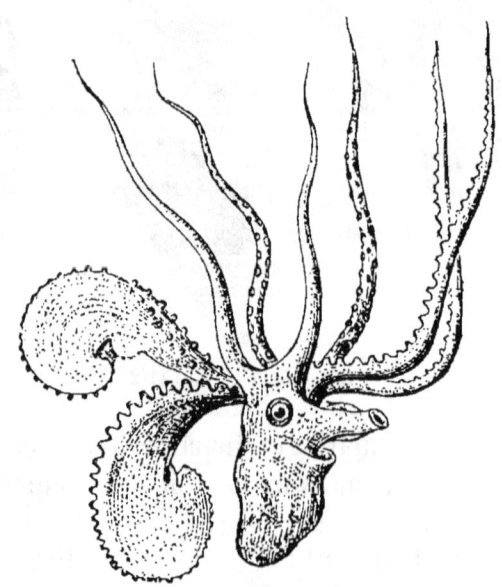

Fig. 191. — Argonaute extrait de sa coquille; l'entonnoir est à droite, au-dessous des bras (1/3 gr. nat.).

breuses par des cloisons parallèles que traverse un long tube placé excentriquement, le *siphon*. Les *Ammonites*, dont on trouve les coquilles enfouies en grande abondance dans le sol et qui ont disparu depuis longtemps, n'étaient autre chose que de gigantesques Spirules.

La coquille des Spirules est petite et interne; celle des *Nautiles* (fig. 190), cloisonnée comme celle des Spirules, est externe et assez grande pour contenir l'animal tout entier. Le Nautile est d'ailleurs très différent des autres Céphalopodes. Ses bras nombreux, portés sur de grandes expansions membraneuses, sont dépourvus de ventouses; son entonnoir est fendu en dessous dans toute sa longueur, et l'animal possède quatre branchies au lieu de deux. Les plus anciens des Céphalopodes connus étaient des animaux voisins des Nautiles; ils pouvaient atteindre une taille gigantesque.

La femelle d'un singulier petit Poulpe de la Méditerranée,

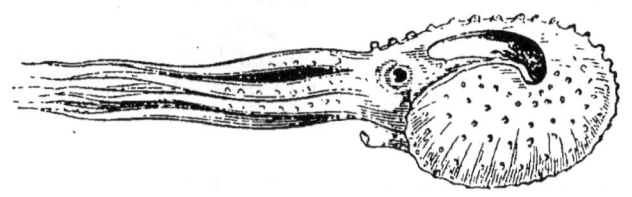

Fig. 192. — Argonaute nageant (1/4 gr. nat.).

l'*Argonaute* (fig. 192), construit, pour abriter ses œufs, une coquille qui n'a rien de commun avec celles dont nous venons de parler. C'est une élégante nacelle (fig. 193), légèrement enroulée en spirale et marquée de côtes et d'épines. Le Poulpe, placé dans sa nacelle (fig. 192), la maintient au moyen de deux de ses bras, munis, à cet effet, de larges expansions membraneuses, qu'on a autrefois prises à tort pour les voiles de ce petit navire. Ces expansions sont, au contraire, les outils qui ont façonné le navire et qui permettent au Mollusque de le transporter avec lui. Les Argonautes mâles ressemblent aux autres Poulpes.

Fig. 193. — Argonaute au repos.

RÉSUMÉ

Chez les Seiches et les autres Mollusques céphalopodes, le *pied* disparaît en tant qu'organe de locomotion. Il est ordinairement remplacé par dix tentacules garnis de ventouses, formant une couronne autour de la bouche.

La *bouche* est armée d'un bec crochu et d'une râpe linguale.

Le *manteau*, soudé au corps du côté dorsal, contient souvent une coquille calcaire, ou cornée, l'*os de Seiche*, la *plume de Calmar*, etc.

Du côté ventral, entre le corps et le manteau, se trouve une vaste cavité, fermée en arrière, contenant les *branchies*. A l'orifice antérieur de cette cavité s'ajuste l'*entonnoir*, par lequel l'animal peut chasser brusquement l'eau contenue dans sa cavité branchiale et se projeter en arrière. Cette sorte de *recul* est son principal moyen de locomotion.

Par l'*encre* qu'ils peuvent répandre à travers leur entonnoir, et par les changements de couleur de leur peau, les Mollusques céphalopodes parviennent à se dissimuler à leurs ennemis.

Les *Calmars* diffèrent des Seiches par leur forme en cornet et par la *plume cartilagineuse* qui chez eux remplace l'os.

Les *Poulpes* n'ont que huit bras.

Les *Spirules*, voisines des Seiches, et les *Nautiles*, qui forment un groupe spécial et très ancien de Céphalopodes, ont une *coquille cloisonnée*.

De petits Poulpes, les Argonautes, produisent une nacelle calcaire pour transporter leurs œufs.

Tableau des caractères distinctifs des classes et des principaux ordres de Mollusques.

Mollusques se servant de leur pied comme d'un organe de locomotion.
- Coquille univalve.
  - Pied servant à ramper, en forme de sole aplatie...... *Gastéropodes.*
  - Pied servant à nager.
    - Portant un appendice vertical........... *Hétéropodes.*
    - Divisé en deux lobes latéraux voisins de la tête.......... *Ptéropodes.*
- Coquille bivalve. Pied servant à fouir, en forme de langue comprimée..... *Lamellibranches.*

Mollusques présentant, au lieu de pied, des tentacules entourant la tête et servant à la préhension............... *Céphalopodes*

VINGTIEME LEÇON

EMBRANCHEMENT DES VERS.

§ 176. **Principales formes des Vers**. — A ce type se rattachent des animaux plus différents encore les uns des autres que tous ceux dont nous avons fait l'étude; les uns présentent des liens de parenté avec les Mollusques, d'autres avec les Vertébrés, d'autres encore ont quelques traits importants de structure communs avec les Articulés. Laissant de côté les *Brachiopodes*, enfermés dans une coquille bivalve rappelant celle des Lamellibranches, les *Bryozoaires*, qui sont fixés et recouvrent d'une sorte de mousse vivante les corps sous-marins, les *Rotifères*, presque microscopiques, les *Turbellariés*, dont les téguments sont couverts de cils vibratiles, et une foule d'autres formes dont l'intérêt est cependant considérable pour les naturalistes, nous nous attacherons surtout à faire connaître cinq types, auxquels se rattachent étroitement la plupart des classes importantes de Vers : ce sont le *Lombric* ou *Ver de terre*, la *Sangsue*, l'*Ascaride des enfants*, la *Douve du foie du Mouton* et le *Ténia* ou *Ver solitaire*. Ces trois derniers animaux vivent en parasites dans les organes de l'Homme ; bien que fort différents, on les réunissait autrefois dans une même classe, celle des *Helminthes*.

§ 177. **Le Lombric**. — Ce qui frappe aussitôt, dès qu'on examine un *Lombric*, c'est la division de son corps en anneaux semblables entre eux. Le corps est d'ailleurs mou et dépourvu de membres. Seulement chaque anneau porte *huit* soies contenues dans des sacs spéciaux, rapprochées par paire et formant de chaque côté du corps deux doubles rangées. Ces soies peuvent, à la volonté de l'animal, faire saillie au dehors ou rentrer complètement dans les téguments. Ce sont autant de crochets dont le Lombric se sert pour cheminer dans ses galeries ou à la surface du sol. En examinant les anneaux, on aperçoit de chaque côté, au-devant des soies, un petit orifice : c'est l'orifice extérieur d'un tube qui se termine dans la cavité du corps par une sorte d'entonnoir, largement ouvert, et qui fonctionne comme un *rein;* on appelle ces tubes, qui se répètent par paires dans chaque segment, des *organes segmentaires.*

Le tube digestif offre de volumineuses glandes salivaires, un œsophage, des glandes spéciales produisant une émulsion calcaire, un gésier, enfin un intestin qui semble formé de poches successives correspondant chacune à un anneau. Il s'étend en ligne droite d'un bout à l'autre du corps.

L'appareil circulatoire est formé de nombreux vaisseaux contenant du sang de couleur rouge ; ces vaisseaux ne s'ouvrent jamais, comme ceux des Mollusques, dans la cavité du corps, où le sang qu'ils contiennent ne pénètre pas. Un *vaisseau dorsal*, médian et contractile, joue le rôle de cœur ; des vaisseaux latéraux, également contractiles, viennent, à la partie antérieure du corps, ajouter leur action à celle du vaisseau dorsal. Ils envoient le sang dans un vaisseau ventral qui sert d'aorte.

Les Lombrics *n'ont pas de branchies*, ils respirent par la peau, et, celle-ci n'étant pas protégée contre l'évaporation, ils ne peuvent vivre que dans les lieux humides ; abandonnés à l'air libre, ils se dessèchent en une nuit, au point de devenir durs comme des brindilles de bois.

Le système nerveux est composé d'une chaîne ventrale et d'un collier œsophagien.

Les Lombrics naissent sous leur forme définitive ; les œufs sont pondus plusieurs ensemble dans une même capsule de la grosseur de l'animal.

Tels sont, à peu de chose près, les Vers de terre de tous les pays. Il y en a presque partout, jusque dans les plus petites îles. Leur nombre est immense ; on a calculé que dans nos champs cultivés il doit y en avoir 133 000 par hectare. Tous ces animaux, sans cesse occupés à dévorer des feuilles, des débris de végétaux, ou même à manger de la terre, paraissent jouer un rôle important dans la formation de la terre végétale et dans l'ameublissement du sol qu'ils sillonnent de leurs galeries. A un autre point de vue, M. Pasteur a montré qu'il fallait tenir compte de leur présence quand on enfouit des bêtes mortes de maladies contagieuses, telles que le charbon, car ils ramènent à la surface du sol les germes de ces maladies.

§ 178. **La classe des Annélides.** — Les Vers de terre, demeurant toujours enfouis dans le sol, privés de toute

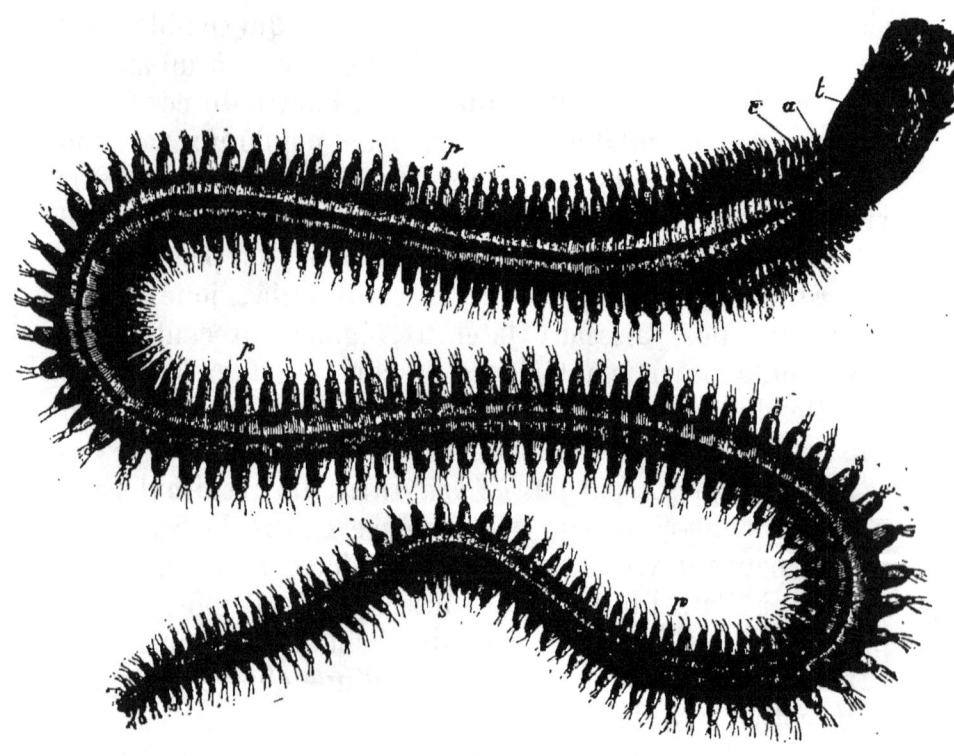

Fig. 194. — Annélide errante (*Nephthys*), gr. nat., — *t*, trompe tirée hors du corps ; — *e*, tête ; — *a*, antennes ; — *p*, pieds armés de soies, *s*.

lumière, sont aveugles, et leurs membres sont réduits à de simples crochets. Mais la mer nourrit une foule d'animaux, annelés comme eux, et qui mènent en pleine lumière une existence errante. Ceux-là ont des yeux, des prolongements de la peau de la tête qui servent à toucher et qu'on nomme des *antennes*, des mamelons spéciaux servant de pieds et portant des soies de forme variée (fig. 194). Ils ont aussi des branchies et une armature buccale compliquée; ils constituent la grande classe des **Annélides**.

Chez les Annélides errantes, tous les anneaux du corps se ressemblent; mais certaines Annélides vivent dans des tubes en forme d'U qu'elles creusent dans le sable; elles n'ont de branchies que dans la région moyenne du corps. Tel est l'*Arénicole des pêcheurs* (fig. 195). D'autres habitent des tubes calcaires qu'elles sécrètent elles-mêmes et qui n'ont qu'un seul orifice. Chez celles-là, les branchies forment sur la tête un vaste panache; souvent un appendice, rappelant le pied de certains Gastéropodes, porte un opercule qui ferme leur

Fig. 195. — Arénicole des pêcheurs (1/5 gr. nat.).

tube. Ainsi, chez tous ces animaux, des conditions d'existence diverses amènent des modifications de l'organisation frappantes au premier coup d'œil.

§ 179. **Les Sangsues.** — Par les traits les plus importants de leur organisation les *Sangsues* ressemblent aux Lombrics (fig. 196); seulement elles manquent de soies locomotrices, et leur corps se termine en avant et en arrière par des ventouses qui leur permettent de progresser en rapprochant et en écartant alternativement les deux extrémités de leur corps (fig. 196), comme si elles mesuraient le sol sur lequel elles marchent. Vivant à la lumière, elles possèdent des yeux dont le nombre et la disposition varient avec les espèces. Leur bouche est armée de trois séries de pièces cornées, dentelées (fig. 197), à l'aide desquelles elles peuvent entamer la peau des animaux pour sucer leur sang. Les parties de leur tube digestif sont très développées (fig. 198).

L'avidité de certaines Sangsues pour le sang les a fait

utiliser en médecine pour pratiquer des saignées peu abondantes; aussi ces animaux sont-ils l'objet d'un certain commerce. On les élève dans des marais naturels ou artificiels, où l'on introduit de temps en temps un Ane ou un Mouton dont elles viennent sucer le sang.

Comme les Lombrics, les Sangsues enferment leurs œufs, plusieurs ensemble, dans une sorte de coque (fig. 196).

Fig. 196. — Sangsue médicinale et ses cocons à œufs (1/2 gr. nat.).

A Ceylan, en Cochinchine et dans divers autres pays, il existe des Sangsues terrestres qui s'accrochent aux buissons et deviennent par leurs piqûres très incommodes pour les voyageurs.

§ 180. **Les Douves**. — Les sangsues sont presque des animaux parasites; les *Douves* le sont tout à fait. On les trouve en abondance dans le foie du Mouton. De nombreuses espèces analogues, formant la classe des **Trématodes**, habitent les divers organes d'une foule d'animaux.

Le corps de la Douve du Mouton (fig. 199) est aplati comme une feuille et présente deux ventouses, l'une à la bouche, l'autre quelques millimètres plus bas. Ces ventouses,

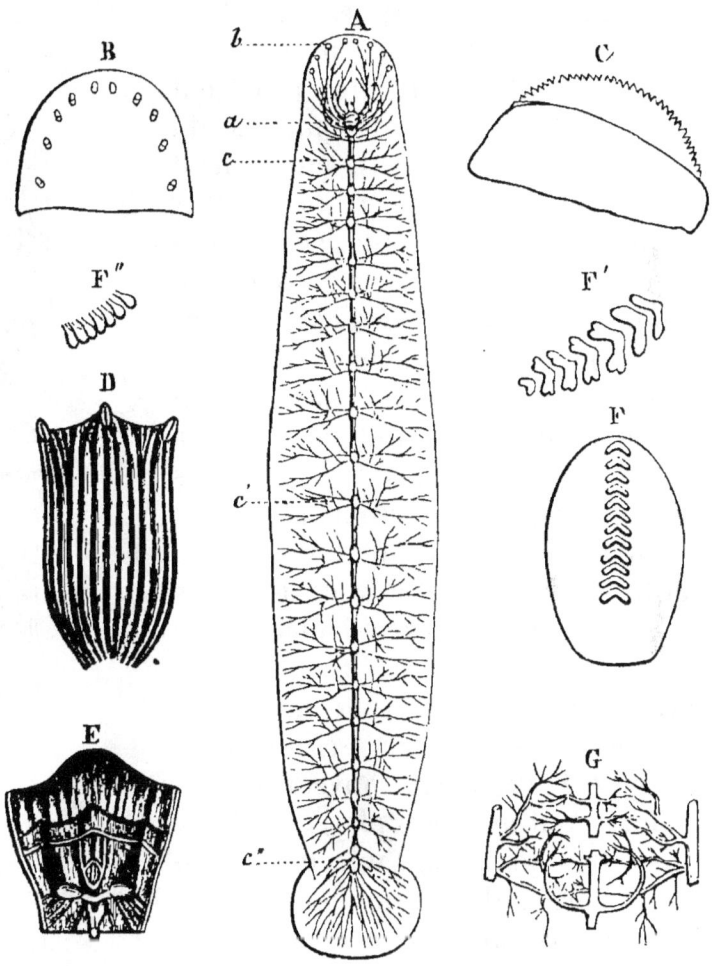

Fig. 197. — Organisation des Sangsues. — A, système nerveux : a, cerveau ; b, yeux ; c, c', c'', chaîne nerveuse. — B, yeux. — C, une des mâchoires. — D, ouverture buccale. — F, F', une des séries de mâchoires. — F'', glandes. — E, partie antérieure du corps ouverte. — G, vaisseaux de l'un des anneaux.

que l'on retrouve chez tous les Trématodes, avaient fait penser autrefois que ces animaux avaient avec les Sangsues une étroite parenté ; mais leur organisation s'éloigne beaucoup de celle de ces Vers.

C'est par centaines de mille qu'on a compté, dans certaines années, les Moutons tués par les Douves dans quelques-uns de nos départements. Pour arriver dans le foie du Mouton, les Douves suivent un chemin fort compliqué. Les œufs qu'elles pondent sont entraînés au dehors avec les excréments ; il en sort des embryons nageurs (fig. 200), qui pénètrent dans de petits Gastéropodes amphibies, du genre Limnée, y grandissent, en prenant une forme nouvelle nommée *Rédie*, et y produisent une foule de petits, semblables à de microscopiques têtards de grenouilles, qu'on nomme des *Cercaires*. Les Cercaires quittent la Limnée, s'attachent au gazon des prés marécageux, en s'enveloppant d'une membrane qui les protège contre la dessiccation. Bientôt elles sont mangées avec l'herbe par quelque Mouton, et passent de son estomac dans son foie.

Les autres Trématodes suivent des voies analogues, plus ou moins accidentées, pour arriver à leur hôte définitif.

§ 181. **Le Ver solitaire et la classe des Cestoïdes**. — Les *Vers solitaires* ou Ténias (fig. 201, *a*), longs souvent de plusieurs mètres, ont un corps plat, semblable à un ruban très aminci à l'une de ses extrémités et formé d'anneaux placés bout à bout. L'organisation de chacun de ces anneaux est presque identique à celle d'une Douve, de sorte qu'on doit considérer un Ténia comme un chapelet, une chaîne de Douves.

Fig. 198. — Tube digestif de la Sangsue. — *œ*, œsophage ; — *b*, rectum ; — *a'*, poches intestinales.

A l'extrémité amincie du ruban se trouve un anneau pourvu d'une couronne de crochets et de quatre ventouses (fig. 201, *b*) ; nous l'appellerons le *scolex*. C'est lui qui produit, à son extrémité opposée à la couronne de crochets, tous les autres anneaux ; lui aussi qui, enfonçant ses crochets dans l'intestin de son hôte, maintient en place la chaîne tout entière. Lorsque des animaux vivent unis les uns aux autres comme les anneaux des Ténias, on dit qu'ils forment une *colonie*. Chaque Ténia est une colonie de Douves.

Il y a peu d'animaux vertébrés qui ne soient pas sujets à être infestés par des Ténias. Tout Vertébré a ses Ténias d'espèce particulière; le nombre de ces parasites est donc considérable; ils forment une classe spéciale, celle des *Cestoïdes*.

Comme les Trématodes, les Cestoïdes n'arrivent à leur hôte que par un chemin très détourné. L'œuf du *Tænia solium* ou Ver solitaire de l'Homme pénètre dans l'estomac des Porcs lorsque ceux-ci mangent des excréments humains. Il en sort un

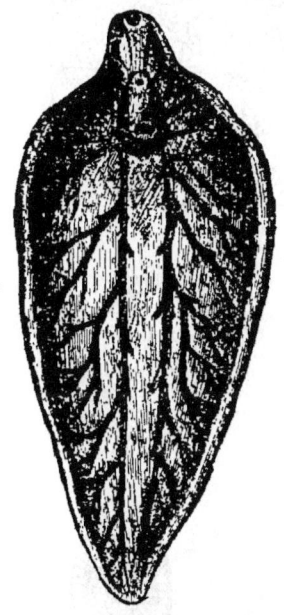

Fig. 199. — Douve du Mouton (grossie deux fois).

Fig. 200. — Embryon de Douve (très grossi).

embryon muni de six crochets (fig. 201, *f*). A l'aide de ses crochets, l'embryon chemine dans les tissus, s'arrête dans les muscles, et s'y transforme en une vésicule de la grosseur d'un pois, qui produit à son intérieur un scolex. Cette vésicule munie de son scolex est ce qu'on nomme un *cysticerque*. Quand un Porc contient beaucoup de cysticerques, on dit qu'il est *ladre*. En mangeant du Porc ladre insuffisamment cuit, on avale des cysticerques. Chacun de ces cysticerques devient, dans l'intestin, un Ténia. C'est donc improprement qu'on a appelé cet animal incommode « Ver solitaire »

Les embryons à six crochets d'un autre Cestoïde de l'Homme, le *Bothriocéphale* (fig. 201, *g*), sont enfermés dans une enveloppe couverte de longs cils vibratiles (fig. 201, *i*), et nagent librement dans l'eau. C'est probablement par l'intermédiaire de certains Poissons qu'ils arrivent à l'Homme.

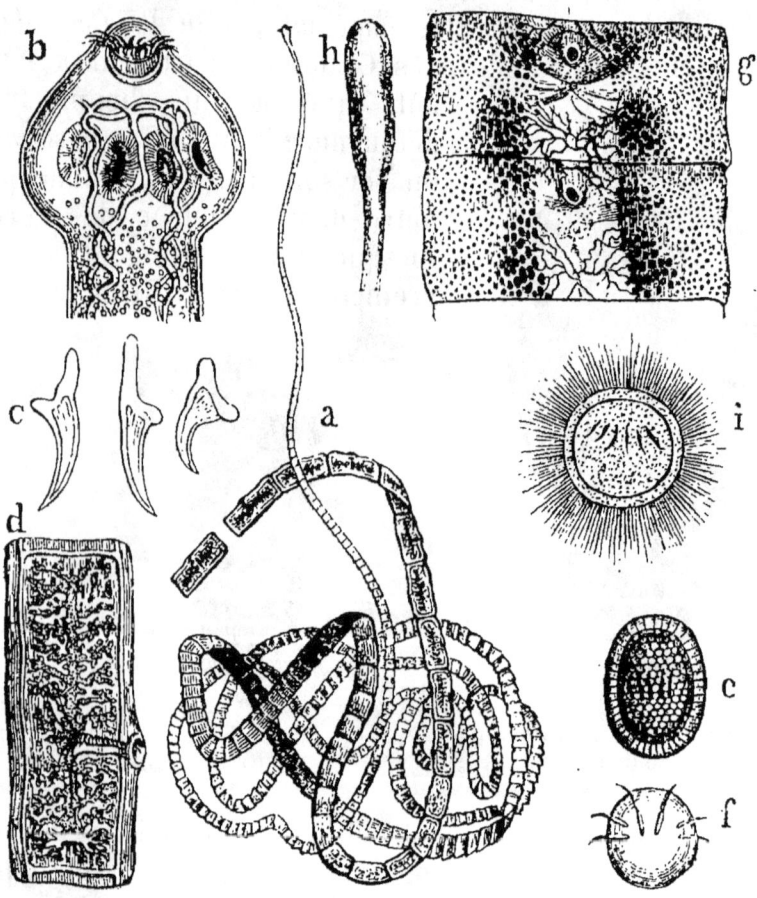

Fig. 201. — Vers solitaires. — *a*, Ténia de l'Homme; — *b*, son scolex; — *c*, crochets du scolex; — *d*, l'un des anneaux; — *e*, l'œuf; — *f*, embryon; — *g*, deux anneaux de Bothriocéphale; — *h*, tête du même; — *i*, embryon.

§ 182. L'Ascaride lombricoïde, la Trichine et la classe des Nématoïdes. — Les Vers blancs, longs et à corps arrondi, que rendent souvent les enfants, sont des *Ascarides*. Malgré leur ressemblance extérieure avec les Vers de terre, ressemblance qui leur a valu le nom d'*Ascarides lombri* *coïdes,* ils en sont fort différents. Ils ne présentent ni anneaux ni soies locomotrices, et leur organisation est tout autre. Presque tous les animaux ont des parasites analogues à l'Ascaride lombricoïde; ce ver est donc le type d'une classe numériquement très importante, celle des **Nématoïdes.**

Tous les Nématoïdes ne sont pas parasites; il y en a qui vivent en liberté dans les eaux douces, dans la mer et même dans la terre humide. Les *Anguillules* de la colle, celles du vinaigre, sont des Nématoïdes.

Quelques espèces ne deviennent adultes qu'après avoir traversé plusieurs hôtes successifs : c'est le cas de la *Trichine* (fig. 202), qui a parfois produit chez l'Homme des maladies mortelles. Jeune, elle habite indifféremment les muscles de divers animaux. Qu'un autre animal dévore ces muscles, les Trichines deviennent adultes dans son estomac et s'y reproduisent. Leurs petits, innombrables, traversent, pour gagner les muscles, les parois de l'intestin et peuvent alors déterminer des désordres tout aussi graves que ceux qui caractérisent la fièvre typhoïde. C'est généralement en mangeant de la chair de porc insuffisamment cuite que l'Homme s'infeste de Trichines.

Fig. 202. — Trichine (très grossie, remplie de jeunes et en état de ponte).

L'œuf des Ascarides est sans doute amené dans l'intestin des enfants par l'eau non filtrée qui, à la campagne, est souvent leur seule boisson. Cet Ascaride, de même que la plupart des Nématoïdes, n'éprouve pas de métamorphoses.

RÉSUMÉ

Il y a dans l'embranchement des Vers, outre un certain nombre de formes secondaires, cinq classes d'animaux particulièrement intéressants à étudier, et dont les formes les plus remarquables sont : 1° le *Lombric* ou *Ver de terre;* 2° la *Sangsue* ; 3° la *Douve,* parasite du foie du Mouton ; 4° le *Ténia* ou *Ver solitaire,* parasite de l'intestin de l'Homme ; 5° l'*Ascaride lombricoïde,* ver parasite des enfants.

Le Lombric a un corps mou, divisé en segments, portant chacun deux paires de soies locomotrices près desquelles s'ouvrent à l'extérieur, dans chaque anneau, les orifices des reins ou *organes segmentaires.*

Le tube digestif s'étend en ligne droite de l'extrémité antérieure à l'extrémité postérieure du corps. Les vaisseaux, nombreux, contiennent un liquide rouge, mis en mouvement par les contractions d'un, *vaisseau dorsal* médian et d'un certain nombre de paires de vaisseaux latéraux. Les branchies manquent.

Il y a un grand nombre d'espèces de Lombrics, et ces animaux jouent un rôle important dans la formation de la terre végétale.

Les Vers aquatiques marins, voisins des Lombrics, se nomment les *Annélides.*

Ils ont des branchies, des yeux et des antennes.

Les *Sangsues* se distinguent surtout des Lombrics en ce qu'elles manquent de soies locomotrices, et se meuvent à l'aide des ventouses qui terminent leur corps. Elles se nourrissent de matières animales ; beaucoup sucent le sang des Vertébrés.

Les Douves, parasites du foie du Mouton, également munies de ventouses, sont le type de la classe des *Trématodes ;* elles n'arrivent au foie des Moutons qu'après avoir vécu en parasite sous une tout autre forme dans le corps de certains Mollusques.

Les Vers solitaires, types de la classe des *Cestoïdes,* ont le corps aplati en ruban, divisé en anneaux ; ils pondent des œufs qui éclosent dans l'estomac du Porc ; les jeunes deviennent des *cysticerques* dans les muscles de l'animal ; les cysticerques passent, avec la viande de porc mal cuite, dans l'intestin de l'Homme et y deviennent Ténias.

Les *Ascaris* et les autres *Nématoïdes* ont le corps cylindrique, sans trace d'anneaux. Quelques-uns, tels que les *Trichines,* effectuent des *migrations.*

VINGT ET UNIÈME LEÇON

L'EMBRANCHEMENT DES ARTICULÉS ET SA DIVISION EN CLASSES.

§ 185. **Le corps du Mille-Pieds est formé par la répétition d'anneaux semblables entre eux.** — Il existe chez les animaux vertébrés certaines parties, telles que les vertèbres, qui se répètent régulièrement d'avant en arrière, presque sans changer de structure ; mais rien ne trahit à l'extérieur cette *répétition des parties*, dont les Vers annelés et les Ténias nous ont offert un frappant exemple. Nous allons la retrouver non moins nettement exprimée chez les *animaux articulés*.

Que l'on considère un de ces *Mille-Pieds* (fig. 203), si communs sous les pierres, dans les endroits humides : on verra qu'en arrière de la tête, qui présente une forme et des appendices particuliers, le corps se compose d'un nombre de *segments* ou d'*anneaux*, variable suivant les espèces, tous semblables entre eux, et portant chacun une paire de pattes articulées ou *appendices*. On peut donc dire qu'un Mille-Pieds est, la tête mise à part, formé par la répétition de ces seg-

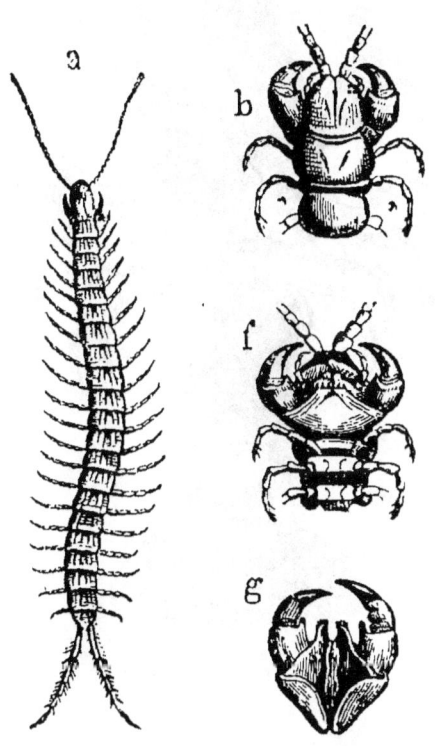

Fig. 203. — *a*, Mille-Pieds (Scolopendre) ; — *b*, sa tête vue en dessus ; — *f*, sa tête vue en dessous ; — *g*, ses crochets venimeux.

ments, et l'on voit effectivement, à l'intérieur du corps, les organes les plus importants se répéter comme les segments eux-mêmes.

§ 184. **Les segments du corps de l'Écrevisse; ils se répartissent en trois régions : tête, thorax, abdomen.** — Examinons maintenant une Écrevisse (fig. 204). Il est manifeste que la partie postérieure de son corps est aussi formée de sept segments qui se ressemblent entre eux pour le moins autant que les anneaux des Mille-Pieds, et portent chacun une paire de toutes petites pattes, dont l'animal se sert quelquefois lorsqu'il nage tranquillement. La partie antérieure du corps, vue du côté dorsal, paraît, au premier abord, ne former qu'une seule masse, à peine divisée en deux parties par un sillon transversal; mais, que l'on retourne l'animal, les choses changent. On est aussitôt frappé de l'existence, à sa face inférieure, de *cinq paires de pattes* (fig. 204) dont la forme varie quelque peu depuis les grandes *pinces* jusqu'à la cinquième paire; mais ces pattes n'en sont pas moins évidemment composées des mêmes parties, diversement développées, et présentent la plus grande ressemblance avec celles de la région postérieure du corps. Il est également facile de constater que chacune d'elles correspond à un segment bien distinct, que le tégument calcaire ou *carapace*

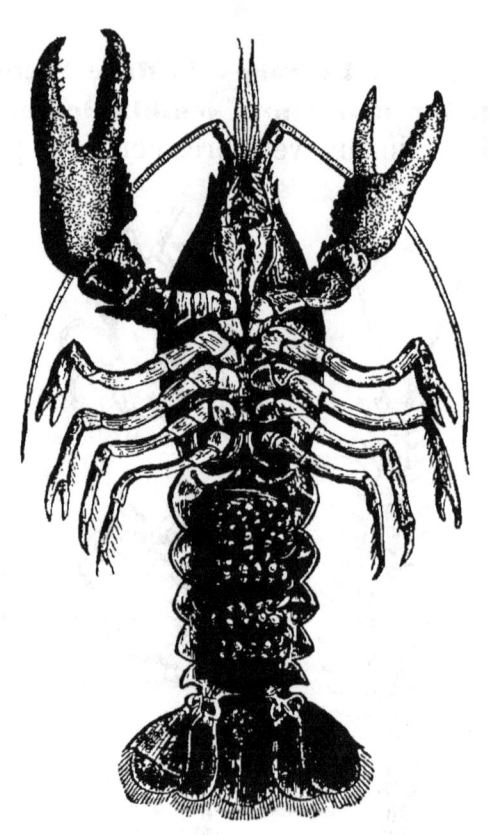

Fig. 204. — Écrevisse femelle vue en dessous.

dissimule du côté dorsal, mais qui redevient très net là où la carapace n'existe pas. Le nombre des anneaux est donc le même que celui des paires d'appendices dans les régions que nous venons d'examiner, et nous devons penser qu'il en est ainsi dans toute l'étendue du corps.

Or, en avant des grandes pinces, nous observons encore *six paires d'appendices* (fig. 286, p. 331), qui passent graduellement de la forme de pattes à une forme en apparence toute différente, et qui servent tous à broyer les aliments; en avant de ces appendices on en observe encore deux autres paires, servant au toucher, et désignées sous le nom d'*antennes*, sans compter les pédoncules mobiles qui portent les yeux. Cela fait, *en avant des pinces*, un total de *huit paires d'appendices*. Dans toutes les régions du corps chaque paire d'appendices correspondant à un segment distinct, nous devons donc conclure, ce qu'un examen attentif confirme pleinement, que la région antérieure du corps de l'Ecrevisse est formée de huit segments. Mais cette région est celle qui porte les organes des sens, la bouche, les organes de mastication, celle, par conséquent, que nous appellerions la *tête* chez un animal vertébré; nous pouvons lui donner le même nom chez l'Écrevisse, dont *la tête est par conséquent formée de huit anneaux.*

La région suivante du corps porte les membres locomoteurs; on lui donne le nom de *thorax*, et l'on appelle *abdomen* la troisième région, celle qui ne porte que des appendices de petite taille, et que l'on désigne vulgairement sous le nom de queue.

§ 185. **La tête du Mille-Pieds est formée d'anneaux soudés entre eux.** — Revenons à notre Mille-Pieds. De quelque façon que nous examinions sa tête, nous n'y verrons pas trace de segments; mais cette tête porte cependant une paire d'antennes et deux paires d'appendices masticateurs; chaque segment du Mille-Pieds, comme chaque segment de l'Écrevisse, ne porte qu'une paire d'appendices; nous avons donc le droit de dire que la tête du Mille-Pieds est formée d'au moins trois segments, complètement soudés entre eux, confondus comme paraîtraient l'être les segments de l'Écrevisse si l'on ne regardait l'animal que par le dos.

§ 186. **Le corps de l'Araignée est formé d'anneaux soudés entre eux.** — La réalité de pareilles soudures est facile à démontrer. Rapprochons l'une de l'autre une *Araignée domestique* et l'une de ces Araignées des bois aux pattes longues et grêles, bien connues sous le nom de *Faucheurs*. La ressemblance des deux animaux est extrême, personne ne s'y trompe; pour tout le monde, le Faucheur est une Araignée. Comptons les appendices, le résultat est le même dans les deux cas : l'Araignée, comme le Faucheur (fig. 205), présente deux paires d'appendices masticateurs, quatre paires de pattes ambulatoires, et le reste du corps est dépourvu d'appendices.

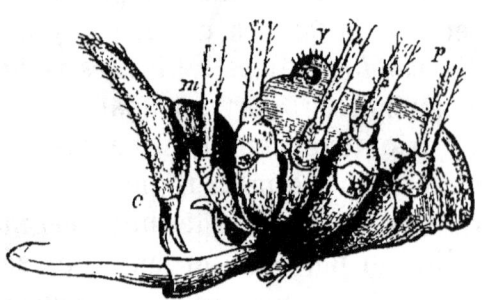

Fig. 205. — Partie antérieure (céphalo-thorax) du corps d'un Faucheur ; — *c*, première paire d'appendices (chélicères); — *m*, deuxième paire d'appendices (palpes ou pattes-mâchoires); — *p*, les quatre paires de pattes; — *y*, yeux.

Examinons de plus près le Faucheur : à chaque paire de pattes locomotrices correspond un anneau distinct; la région du corps dépourvue d'appendices se divise elle-même en six anneaux bien caractérisés. Par comparaison avec l'Écrevisse, nous avons donc le droit de dire que le Faucheur a une *tête* formée de deux articles, un *thorax* formé de quatre et un *abdomen* formé de six. Or, chez l'Araignée, malgré l'identité presque complète de cet animal avec le Faucheur, il n'est possible d'apercevoir aucune trace de segments; la tête et le thorax ne forment qu'une seule masse, et il en est de même de l'abdomen.

Il faut donc admettre que, dans ces régions du corps, les segments, distincts chez le Faucheur, se sont complètement soudés chez l'Araignée. Effectivement, les segments très accusés chez les toutes jeunes Araignées encore incomplètement formées, se soudent peu à peu avant l'éclosion des œufs.

Chez les Mille-Pieds il existe une tête bien distincte, mais on ne saurait distinguer ni thorax ni abdomen; au contraire, chez les Écrevisses et les Araignées la tête est peu distincte du thorax; on la considère comme ne formant avec lui qu'une seule région du corps, le *céphalo-thorax*, habituellement nettement séparé de l'abdomen.

§ 187. **Les trois régions du corps du Hanneton et de la Sauterelle.** — Chez le *Hanneton*, la *Sauterelle*

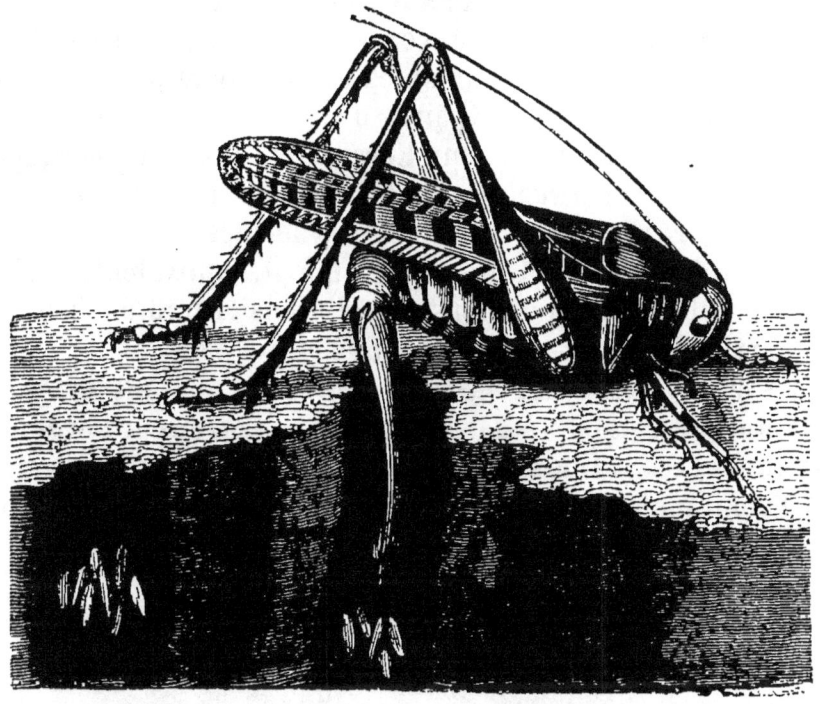

Fig. 206. — Sauterelle (enterrant ses œufs).

(fig. 206), nous allons trouver trois régions du corps bien évidentes.

La *tête* porte une paire d'antennes et trois paires d'appendices masticateurs; on peut donc la considérer comme formée d'au moins quatre segments; mais, de même que chez les Mille-Pieds, ses segments ne sont jamais distincts.

Après la tête vient le *thorax*, formé de trois anneaux portant chacun une paire de pattes, et dont les deux derniers sont, en outre, munis d'*ailes*.

L'*abdomen* est dépourvu d'appendices, mais présente neuf anneaux distincts.

Le corps d'un Hanneton ou d'une Sauterelle est donc formé d'au moins seize anneaux, il en est de même pour l'Araignée ; ce nombre est de vingt chez l'Écrevisse ; il peut être bien plus considérable encore chez les Mille-Pieds.

§ 188. **Le Mille-Pieds, l'Écrevisse, l'Araignée, le Hanneton appartiennent à l'embranchement des Articulés.** — Le caractère d'avoir le corps entièrement formé d'anneaux plus ou moins semblables entre eux et portant ordinairement chacun une paire d'appendices articulés est commun aux Mille-Pieds, aux Écrevisses, aux Araignées, aux Hannetons, et permet de considérer ces animaux et ceux qui leur ressemblent comme des formes diverses d'un même embranchement du règne animal, équivalent à celui des Vertébrés, et que nous appellerons l'embranchement des **Articulés** ou des **Arthropodes**.

§ 189. **Système nerveux. — Articulés aériens et Articulés aquatiques. — Les premiers respirent à l'aide de trachées, les seconds à l'aide de branchies.** — Nous avons vu l'embranchement des Vertébrés se diviser en deux grands

Fig. 207. — Trachées du Hanneton. — *a, b, c*, trachées du thorax ; — *d, d'*, parois de l'abdomen relevées pour montrer les trachées *g, g'* ; — *e*, base de la première patte droite ; — *f*, muscles ; — *m*, anus ; — *x*, un stigmate.

groupes, comprenant, l'un, des animaux respirant l'air en nature et menant une existence terrestre, l'autre, des animaux respirant l'air dissous dans l'eau et menant une existence aquatique. Les téguments durs et résistants des animaux articulés leur permettent de mener ces deux genres de vie, auxquels correspondent, chez les Articulés comme chez les Vertébrés, deux grandes divisions naturelles. Bien entendu, ce sera aussi l'appareil respiratoire qui nous fournira les caractères de ces divisions.

Tous les *Articulés terrestres* respirent au moyen de *trachées* (fig. 207), sortes de tubes indéfiniment ramifiés à l'intérieur du corps et dont la lumière est maintenue béante au moyen d'un épaississement de leur paroi, formant un ruban corné et enroulé en spirale.

Tous les *Articulés aquatiques* respirent au moyen de *branchies*, généralement en forme de panaches, fixées sur les appendices ou dans leur voisinage.

On a donc distingué des *Articulés trachéens* et des *Arti-*

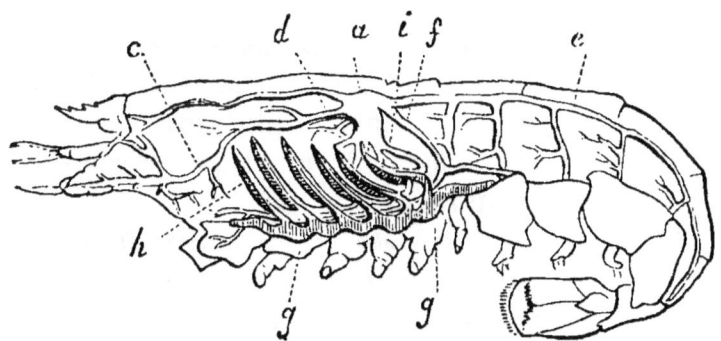

Fig. 208. — Branchies et appareil circulatoire de l'Écrevisse. — *a*, cœur; — *c, d, e*, artères de la région dorsale; — *f*, artère sternale fournissant toutes les artères de la région ventrale du corps; — *h*, branchies; — *g*, région (sinus) où se rassemble le sang avant de se rendre aux branchies; — *i*, veines branchiales apportant le sang au cœur.

culés branchiés (fig. 208); nous conserverons comme équivalents les noms plus simples d'*Articulés terrestres* et d'*Articulés aquatiques*.

§ 190. **Les trois classes d'Articulés aériens ou terrestres.** — Les Hannetons, les Sauterelles, les Mille-Pieds, les Araignées, les Faucheurs sont des Articulés terrestres, respirant, par conséquent, à l'aide de trachées; mais nous avons vu que ces animaux n'en présentent pas moins, dans le nombre de leurs anneaux et dans la division de leur corps en régions, des différences importantes. Les caractères que nous avons signalés chez eux se retrouvent respectivement chez un grand nombre de formes, qu'on réunit dans autant de *classes* particulières.

On range dans la classe des **Insectes** tous les Articulés qui ont, comme le Hanneton et la Sauterelle, le corps divisé en trois régions, et dont le thorax porte trois paires de pattes.

Les Articulés terrestres, tels que les Mille-Pieds, dont le corps présente une tête suivie de nombreux segments semblables entre eux, forment la classe des **Myriapodes**.

Les Articulés terrestres, qui ont, comme l'Araignée et le Faucheur, un céphalo-thorax portant six paires d'appendices dont quatre paires de pattes locomotrices, constituent la classe des **Arachnides**.

§ 191. **Les Articulés aquatiques ou Crustacés.** — On considère les Articulés aquatiques, malgré l'extrême variabilité de leur forme, variabilité plus grande encore que celle des Poissons, comme ne formant qu'une seule et même classe, celle des **Crustacés**.

§ 192. **Articulés à trachées habitant dans l'eau.** — Il y a une foule d'Insectes qui, dans leur jeune âge, demeurent dans l'eau; tels sont les *Éphémères*, communs au bord des ruisseaux et des étangs, et qui ne vivent que quelques heures à l'état aérien; les *Libellules* (fig. 217), plus tard si agiles au vol; les *Moustiques* ou *Cousins* et bien d'autres encore. Mais, à cet âge, il est difficile de les reconnaître, tant ils changent de forme en changeant de genre de vie. D'autres Insectes passent dans l'eau toute leur existence : on trouve partout les *Nèpes*, vulgairement nommés *Scorpions d'eau* à cause de leur queue et de leurs pattes en crochet, capables de saisir de menus objets; les *Hydrophiles* (fig. 253) et les *Dytisques*, semblables à d'énormes hannetons. Les trachées de tous ces animaux contiennent de l'air, que la plupart d'entre eux sont obligés de venir périodiquement chercher à la surface des mares qu'ils habitent, comme les Baleines, les Dauphins, les

Phoques et les autres Vertébrés à poumons qui vivent dans l'eau sont forcés de venir puiser l'air respirable hors des eaux dans lesquelles ils se meuvent et se nourrissent.

Il existe aussi d'assez nombreuses araignées aquatiques. La plus étonnante est l'*Argyronète*, qui enferme sous une espèce de cloche de soie l'air dont elle a besoin pour respirer.

§ 195. **Articulés à branchies vivant dans l'eau.** — Pour que les branchies puissent fonctionner, il suffit parfois qu'elles trouvent à leur disposition de l'air très humide. Un animal possédant de telles branchies pourra donc vivre dans l'air si ses branchies sont protégées d'une façon quelconque contre la sécheresse. C'est ce qui arrive quand ces organes sont enfermés dans une chambre suffisamment close. Des animaux bien connus, communs sous les pierres, ainsi que dans tous les endroits humides et obscurs, les *Cloportes*, sont un exemple remarquable de ce genre d'organisation. Ils ne vont jamais à l'eau, bien qu'ils soient de véritables Crustacés, qu'ils ressemblent, même dans les détails de leur structure, à d'autres Crustacés qui n'abandonnent jamais cet élément, comme les *Aselles* (fig. 295).

Nous trouvons donc, dans chacune des deux grandes divisions de l'embranchement des Arthropodes, des êtres dont l'organisation, disposée dans son ensemble pour un certain genre de vie, peut, en raison de quelques modifications de détail, de quelques *adaptations*, se prêter à un genre de vie tout différent. Nous avons déjà rencontré des Mammifères et des Reptiles exclusivement nageurs, des Mammifères et des Reptiles volants; quelques Poissons peuvent inversement vivre hors de l'eau. Nous verrons de même un peu plus tard que les Escargots, les Limaces, les Vers de terre, sont encore de véritables animaux aquatiques, à qui de faibles modifications de leur organisation ont permis de mener une existence presque terrestre.

RÉSUMÉ

Le Mille-Pieds, l'Écrevisse, l'Araignée, le Hanneton peuvent être considérés comme représentant les diverses formes d'*Animaux articulés*.

L'EMBRANCHEMENT DES ARTICULÉS ET SES DIVISIONS.

Chez les *Articulés* le corps est formé d'*anneaux* ou *segments*, placés bout à bout, construits à très peu près de la même façon et portant eux-mêmes des *membres* ou *appendices* divisés en parties mobiles les unes sur les autres.

Dans certaines régions du corps, comme la tête du Mille-Pieds et du Hanneton, ou même dans le corps tout entier, comme chez les Araignées, ces anneaux peuvent se souder entre eux de manière à ne plus être reconnaissables.

Les Articulés se répartissent d'abord, comme les Vertébrés, en deux grandes divisions : les *Articulés terrestres* et les *Articulés aquatiques*.

Les Articulés terrestres respirent au moyen de *trachées*; les Articulés aquatiques au moyen de *branchies*.

On compte trois classes principales d'Articulés terrestres : 1° les *Insectes*; 2° les *Myriapodes*; 3° les *Arachnides*.

Les *Insectes* ont le corps divisé en trois régions : la *tête*, le *thorax* et l'*abdomen*.

Leur tête porte toujours une paire d'*antennes* et trois paires d'*appendices masticateurs*; leur thorax, *trois paires* de pattes et, en général, deux ou seulement une paire d'*ailes*; leur abdomen est presque toujours dépourvu de membres.

Dans le corps des Myriapodes, tous les anneaux se ressemblent et portent des membres; la tête seule est distincte; elle est munie, comme chez les Insectes, d'antennes et de deux ou trois paires d'appendices masticateurs.

Chez les Arachnides il n'y a pas de démarcation entre la tête, dont les antennes sont transformées en pinces ou en crochets, et le thorax, qui porte toujours *quatre paires* de pattes et manque toujours d'ailes.

Il n'y a qu'une seule classe d'Articulés aquatiques, celle des *Crustacés*, très variables, du reste, dans leur forme.

D'assez nombreux Articulés, appartenant aux classes des Insectes et des Arachnides, habitent les eaux, bien qu'ils soient organisés pour respirer l'air gazeux; inversement quelques Crustacés, munis d'organes de respiration aquatique, vivent sur le sol.

VINGT-DEUXIÈME LEÇON

LA CLASSE DES INSECTES.

§ 194. Caractères généraux des Insectes. — Régions du corps; membres. — Nous avons déjà vu les Animaux articulés se partager, comme les Vertébrés, la terre et l'eau. Parmi les Vertébrés terrestres, les uns sont demeurés attachés au sol sur lequel ils marchent ou rampent; d'autres, les Oiseaux, ont acquis la faculté de voler. Il en est encore de même pour les Articulés : les Arachnides et les Myriapodes demeurent terrestres dans toute l'acception du mot;

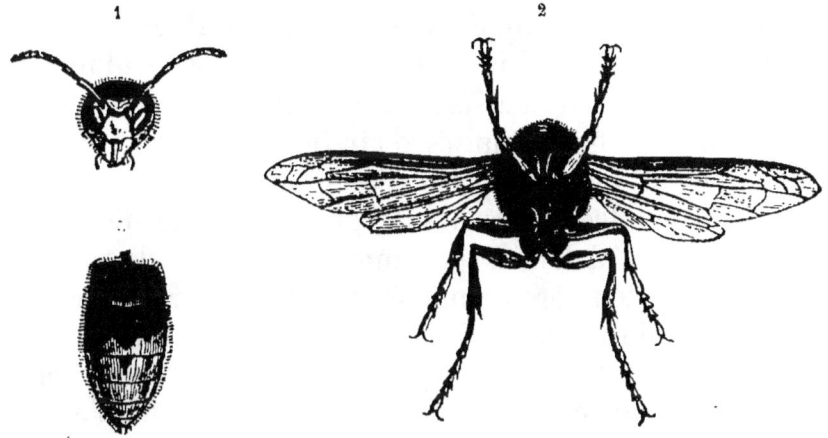

Fig. 209. — Régions du corps d'un Insecte (Guêpe). — 1, tête et ses appendices; — 2, thorax portant les ailes et les pattes; — 3, abdomen.

les Insectes, au contraire, deviennent aériens, mais les procédés mis en œuvre pour rendre l'Articulé apte au vol sont tout autres que ceux au moyen desquels l'Oiseau procède des Vertébrés terrestres.

Les ailes de l'Oiseau ne sont que ses pattes antérieures, affectées d'une modification spéciale; les ailes de l'Insecte, sont des membres nouveaux, qui apparaissent sur des anneaux portant les pattes ordinaires.

Tous les Insectes adultes, sans exception, présentent : une tête (fig. 209), dont les segments sont absolument confondus entre eux ; un thorax, formé de trois anneaux portant chacun une paire de pattes ; un abdomen ordinairement de neuf anneaux. Les pattes se divisent toujours en quatre parties : la *hanche*, la *cuisse*, la *jambe* et le *tarse*. Ce dernier, ordinairement terminé par des crochets, est lui-même divisé en articles, dont le nombre ne dépasse pas cinq. Chez presque tous les Insectes, le deuxième et le troisième anneau du thorax portent des *ailes*, lames membraneuses, sèches, capables d'exécuter des centaines de battements par seconde.

§ 195. **Organes internes.** — Une semblable activité nécessite, comme chez les Oiseaux, une respiration des plus énergiques ; aussi l'Insecte est-il, en quelque sorte, pénétré par l'air de toutes parts. Son système de trachées est extraordinairement développé ; non seulement il est formé de tubes ramifiés à l'infini, et partant de troncs volumineux, mais encore ces troncs présentent souvent sur leur trajet de grandes poches remplies d'air (fig. 207), qui tout à la fois allègent l'animal proportionnellement à son volume, et sont de vastes réservoirs de gaz respirable. Chacun des anneaux de l'abdomen présente une paire d'orifices en forme de boutonnière, nommés *stigmates*, par lesquels l'air peut s'introduire dans l'appareil trachéen ; de chacun de ces orifices part un tronc qui se ramifie, comme un arbre, dans l'épaisseur de tous les tissus contenus dans l'anneau ; en outre, des troncs longitudinaux mettent en communication les arbres respiratoires de chacun des anneaux.

L'intérieur du corps de l'Insecte étant ainsi complètement imprégné d'air, le sang n'a pas besoin de suivre un cours régulier pour venir faire périodiquement une provision d'oxygène. Ce gaz est partout à sa portée ; aussi l'appareil circulatoire est-il fort simple. Il est réduit à un tube longitudinal, occupant le côté dorsal de l'animal et dans lequel le sang pénètre par des orifices latéraux, en forme de boutonnières. Ce *vaisseau dorsal*, fermé en arrière, est contractile. A chaque contraction il chasse en avant le sang dont il est rempli; ce dernier s'engage dans une sorte d'aorte rudimentaire et s'échappe par jets dans la cavité même du corps, qui remplace le reste de l'appareil vasculaire. Ces jets successifs entretiennent dans le sang, qui baigne directement les viscères, une agitation suffisante pour renouveler autour d'eux le liquide nourricier.

Le tube digestif des Insectes est assez compliqué (fig. 210 et 211). Il comprend, en général : un œsophage (c); un

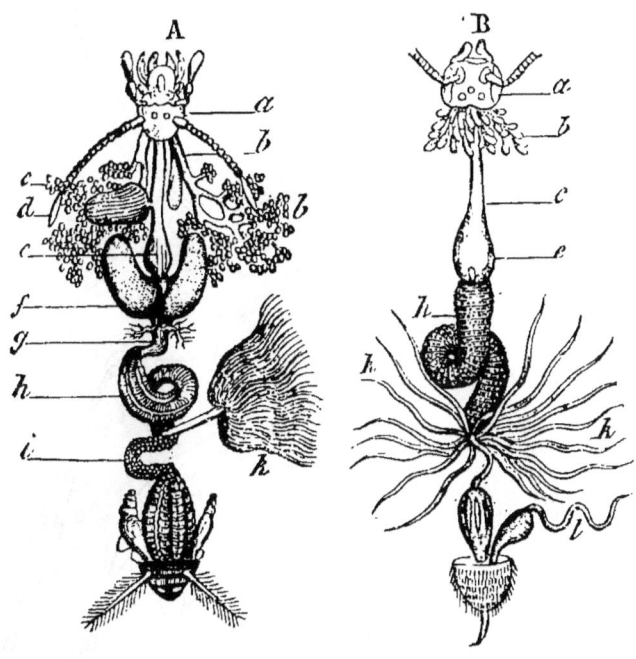

Fig. 210 et 211. — A, appareil digestif de la Courtilière. — B, appareil digestif de l'Abeille : *a*, tête; *b*, glandes salivaires; *c*, œsophage; *e, f, g, h*, région stomacale du tube digestif; *k*, tubes de Malpighi; *i*, intestin; *l*, glande anale.

jabot pouvant jouer, chez les Insectes suceurs, le rôle d'organe d'aspiration; un gésier armé de pièces cornées, dans lequel se complète, chez les Insectes broyeurs, la trituration des aliments; un estomac glandulaire, souvent divisé en plusieurs régions; enfin, un intestin et un rectum. Il existe souvent des glandes salivaires (*b*). En arrière de l'estomac, à la naissance de l'intestin, se trouvent des tubes glandulaires, en nombre variable, les *tubes de Malpighi* (*k*) : ce sont les organes urinaires. Dans le rectum, souvent dilaté en cloaque, ou tout auprès, viennent également s'ouvrir les canaux excréteurs de glandes variées (fig. 211, *l*), produisant

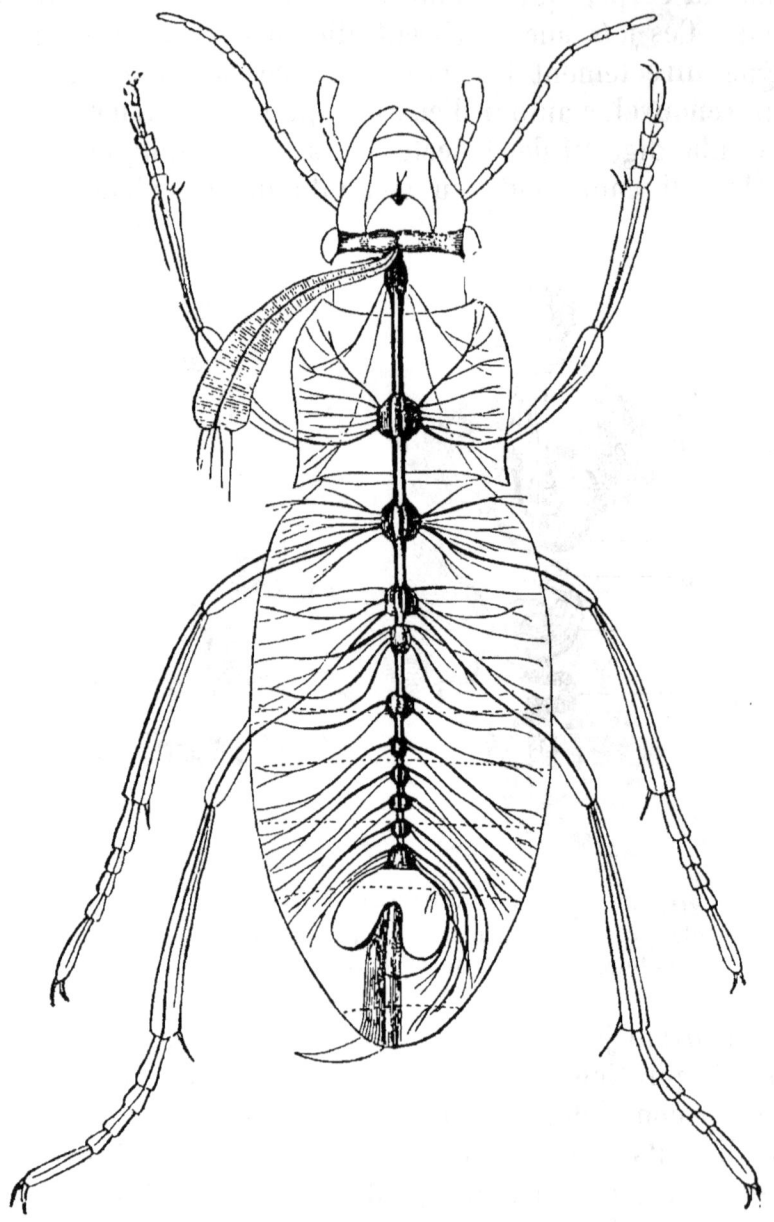

Fig. 212. — Système nerveux d'un Carabe.

tantôt des liquides odorants, explosifs même chez les *Brachinés*, que l'animal lance contre ses ennemis, pour les intimider ; tantôt des liquides venimeux qui viennent empoisonner un aiguillon tel que celui des Abeilles, etc.

Le système nerveux, construit sur le plan de celui des autres Articulés, comprend une paire de ganglions cérébroïdes, un collier œsophagien et une double chaîne nerveuse présentant autant de paires de ganglions, soudés entre eux dans chaque paire, qu'il existe d'anneaux (fig. 212).

§ 196. **Immensité du nombre des Insectes.** — Les Insectes sont, après les Vertébrés, les animaux que l'on rencontre le plus souvent. Ce sont, parmi les animaux articulés terrestres, ceux qui ont pris possession de l'air, ceux qui, possédant presque tous la faculté de voler, peuvent être, dans l'embranchement des Articulés, considérés comme correspondant aux Oiseaux.

On se rappelle que leur corps est divisé en trois tronçons ou *régions* : la *tête*, le *thorax* et l'*abdomen*. C'est sur le thorax que sont attachées les six pattes et les quatre ailes au moyen desquelles ces animaux peuvent soit marcher, soit voler, soit quelquefois nager.

Les Vertébrés sont généralement de grande taille ; ils sont capables de parcourir en peu de temps un vaste territoire, plus ou moins accidenté, qui leur offre tout à la fois une nourriture variée et les occasions d'utiliser leurs membres de manières très diverses. Chacun a sa façon de vivre, mais les rôles sont largement répartis, et s'il y a, parmi les Vertébrés, des carnassiers, des insectivores, des frugivores, des herbivores, les animaux appartenant à ces diverses catégories se nourrissent, en général, de n'importe quelle chair, de n'importe quels insectes, de n'importe quelles feuilles, de n'importe quels fruits.

La petitesse des Insectes, leurs faibles moyens de locomotion rendent tout autres les rapports de ces animaux avec ce qui les entoure. Pour une chenille, un chêne est tout un monde ; elle peut y passer toute son existence de chenille sans être exposée à manquer de nourriture ; le cadavre d'un mulot suffit à élever, comme il arrive souvent, de la naissance à l'âge adulte, toute une famille de scarabées. On comprend que, parvenus à l'âge où ils devront assurer l'existence de leur progéniture, ces Insectes qui n'ont connu pendant toute la première partie de leur vie qu'un seul chêne, un seul cadavre de mulot, recherchent, pour y établir leur famille, un arbre ou un mammifère aussi semblables que possible au chêne et au mulot. Il est donc tout naturel que les Insectes se spécialisent infiniment plus que les Vertébrés. Comme chaque spécialiste a une physionomie particulière, le nombre des formes différentes d'Insectes, le nombre d'*espèces* de ces animaux, est pour ainsi dire incalculable. Il n'y a pas de sorte de plante qui ne nourrisse plusieurs espèces d'Insectes, et d'une plante à l'autre ces animaux sont presque toujours différents; ajoutez à cela le nombre des Insectes qui vivent de proie, de ceux qui s'établissent en parasites sur les animaux et vivent de leur sang ou des débris de leur épiderme, de ceux qui vivent des cadavres des animaux, des détritus des végétaux; songez qu'il y en a sous terre et dans les eaux, tout aussi bien que parmi les herbes et dans l'air, et vous vous ferez une idée de l'effrayante quantité de ces petits êtres.

§ 197. **Facultés étonnantes des Insectes.** — L'histoire des Insectes est pleine de faits surprenants. Un observateur aussi patient qu'ingénieux, qui était à la fois naturaliste et physicien, Réaumur, a rempli six gros volumes du récit de leurs incroyables industries. Si tous ceux d'une même espèce ont, comme les Oiseaux, les mêmes habitudes invariables et savent, en naissant, sans avoir besoin de les apprendre, les métiers délicats qu'ils auront à exercer; si par conséquent leurs facultés, toutes merveilleuses qu'elles sont, ne sont d'ordinaire que ce que nous avons nommé de l'*instinct*, quelques-uns vivent en société et témoignent d'une *intelligence* au moins égale à celle des animaux les plus parfaits. Nous aurons occasion de voir éclater cette intelligence dans les œuvres des abeilles et des fourmis.

§ 198. **Les métamorphoses et les mues; larves, nymphes, Insectes parfaits.** — Mais ce qui étonne davantage encore chez les Insectes, ce sont les changements de forme presque miraculeux qu'ils subissent.

Bien que le plus grand nombre volent avec agilité quand

ils ont revêtu leur forme définitive, tous sont à leur naissance dépourvus d'ailes. On dit alors qu'ils sont à l'état de *larves*. Ces larves sont toutes petites et généralement très gourmandes; elles grandissent peu à peu, et bientôt la peau plus ou moins coriace qui les enveloppe devient trop étroite pour les contenir. Cette peau est une sorte de vernis privé de vie qui ne peut ni grandir ni s'étendre avec l'animal qu'elle protège; aussi finit elle par éclater sur le dos, et la larve

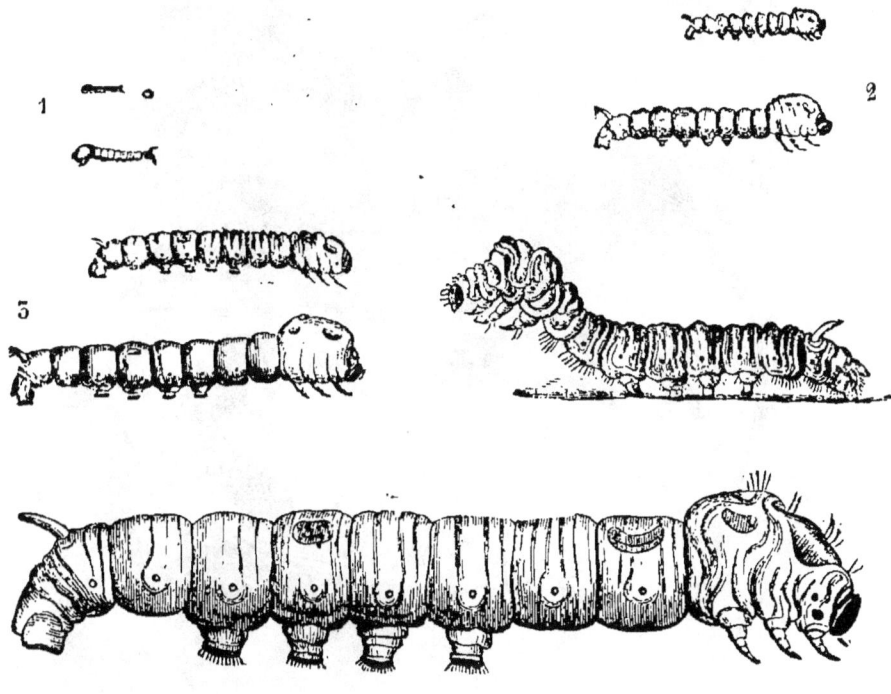

Fig. 213. — Taille du Ver à soie dans l'intervalle de deux mues successives, c'est-à-dire quand il vient de changer de peau et quand il va en changer.

s'en débarrasse comme d'un vieil habit. C'est en cela que consiste la *mue*.

L'état de larve dure parfois plusieurs années, par exemple chez le hanneton, le cerf-volant, les cigales, etc.

Après un certain nombre de mues diversement espacées (fig. 213), la peau, rejetée, laisse apparaître un être tout différent de la larve, enveloppé, comme un enfant dans son maillot, dans une peau résistante qui dessine cependant des antennes et des pattes plus longues que celles de la larve et laisse deviner les ailes. La larve est devenue une

Fig. 214. — Vers à soie filant leur cocon; un cocon achevé; une chrysalide ou nymphe; deux papillons venant d'éclore (grandeur naturelle).

nymphe (fig. 214). Très souvent les nymphes demeurent à

peu près immobiles; elles ne mangent pas, et d'ailleurs leur bouche est, comme les autres organes, recouverte par la peau.

Les nymphes, incapables de fuir et de se défendre, seraient vouées à une destruction presque certaine si elles n'avaient des moyens spéciaux de protection. Beaucoup de larves, au moment de la métamorphose en nymphe, s'enfoncent sous terre et se creusent une logette parfois soigneusement tapissée à l'intérieur; d'autres, comme le *ver à soie*, tissent, à l'aide de filaments qu'elles produisent elles-mêmes,

Fig. 215. — Hannetons sur une branche dont ils rongent les feuilles.

une sorte d'étui bien clos qu'elles fixent dans quelque endroit abrité ou qu'elles dissimulent de leur mieux parmi les feuilles et les branchages. Cet étui se nomme un *cocon* (fig. 214).

Enfin la peau de la nymphe se fend; l'Insecte brise les parois de sa prison et sort de sa cachette avec sa taille et sa forme définitives, pourvu de pattes et d'antennes, dont la perfection contraste souvent avec l'état rudimentaire des appendices de la larve, muni d'ailes qui vont lui assurer un nouveau domaine, l'air.

A l'*état parfait*, les Insectes ne grandissent plus; souvent ils conservent encore un robuste appétit, comme en témoignent les hannetons (fig. 215), qui ont si vite fait de dépouil-

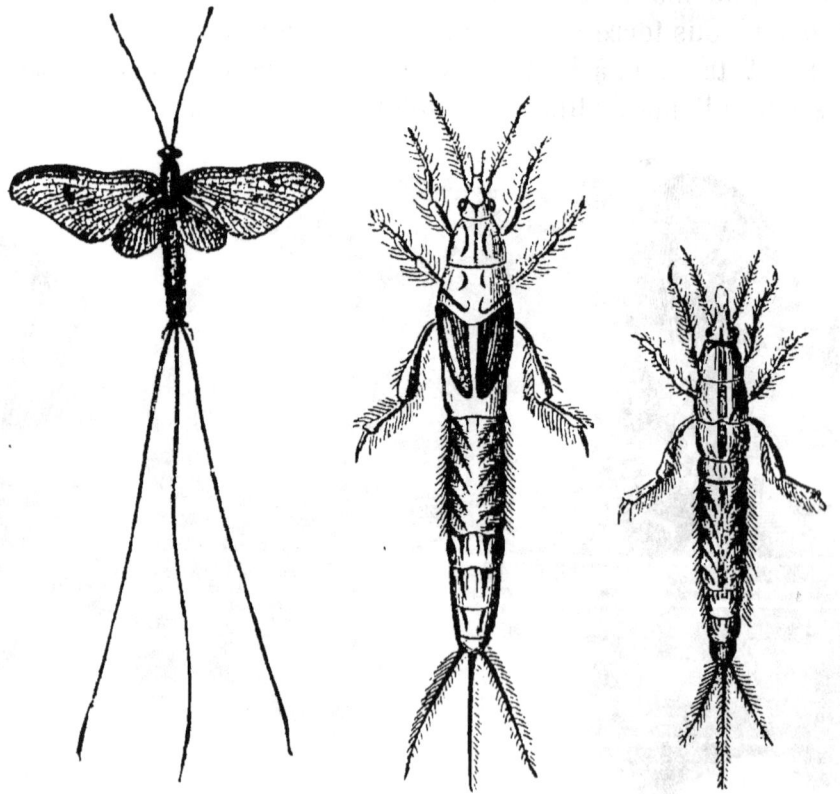

Fig. 216. — Éphémère sous les trois états; l'insecte parfait ne mange pas et ne vit que quelques heures; la larve et la nymphe sont aquatiques; leurs trachées se ramifient dans des appendices semblables à des branchies (un peu grossi).

ler nos arbres de leurs feuilles; quelquefois cependant ils ne mangent plus et ne vivent que quelques jours sous leur dernière forme; tels sont les *éphémères* (fig. 216). Très rarement la durée de l'état parfait dépasse une saison. Aussi, comme chaque sorte d'Insectes a une époque d'éclosion déterminée, voit-on leurs diverses espèces se remplacer successivement dans le cours de l'année : les papillons du printemps ne sont pas les mêmes que ceux de l'été ou de l'automne, et les naturalistes ont dressé une sorte de calendrier de leur ordre d'apparition.

Dans notre pays, presque tous les insectes parfaits meurent au commencement de l'hiver, ce qui force les animaux insectivores à émigrer comme les hirondelles, ou à s'endormir comme les chauves-souris et les hérissons.

§ 199. **Changements de mœurs qui accompagnent la métamorphose.** — Puisque les Insectes parfaits sont

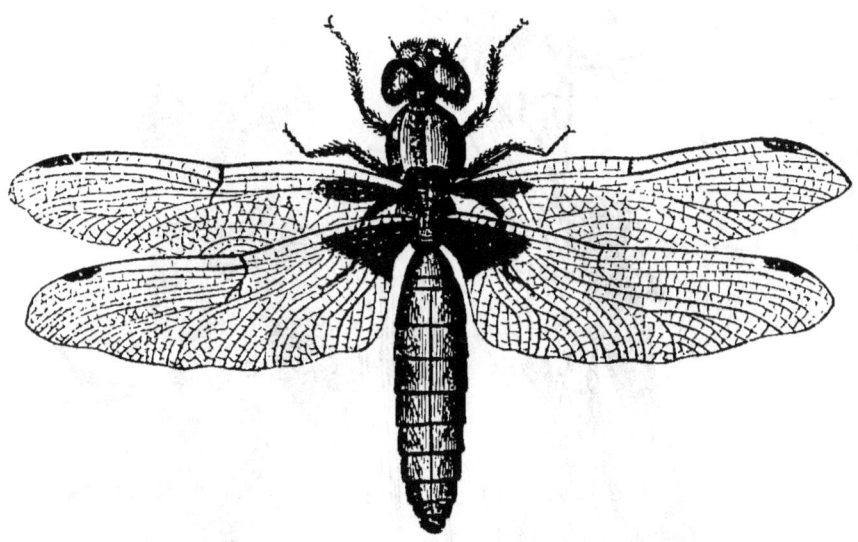

Fig. 217. — Libellule adulte (gr. nat.).

pourvus d'ailes, qui manquent aux larves, ils peuvent mener un tout autre genre de vie que ces dernières, et leurs deux existences sont aussi différentes que celles du Reptile et de l'Oiseau. Elles le sont quelquefois plus, car il y a des Insectes, même parmi les plus aériens, dont les larves naissent et se développent dans l'eau ; telles sont les *libellules* (fig. 217 à 219), plus connues sous le nom de *demoiselles*; les *phryganes*, dont la larve, habitant dans une sorte d'étui fait de grains de sable ou de brins d'herbes, est le *ver d'eau*, recherché comme appât par les pêcheurs à la ligne ; les *éphémères* (fig. 216), qui ne vivent que quelques heures à l'état parfait; les *cousins* ou *moustiques*, si désagréables en automne par leurs piqûres, et bien d'autres encore. Ceux-là vivent parmi les Poissons avant de se mêler aux Oiseaux.

Beaucoup d'Insectes, en s'élevant à un état supérieur, changent de nourriture : les *chenilles* (fig. 220), qui sont les larves des papillons, se nourrissent de feuilles, qu'elles broient entre de solides mâchoires; les papillons ne font plus que humer le nectar savoureux qui s'accumule au fond des corolles

Fig. 218. — Nymphe aquatique de Libellule saisissant une nymphe d'éphémère à l'aide de sa longue lèvre inférieure terminée par des crochets et qu'elle peut lancer brusquement en avant. — Fig. 219. — Libellule sortant de la peau de la nymphe, qui a préalablement grimpé hors de l'eau.

des fleurs (fig. 221); beaucoup de ces mouches à quatre ailes qu'on voit butiner sur les fleurs, comme les abeilles et les papillons, n'ont vécu pendant leur croissance que de la chair d'autres Insectes; inversement les cantharides, qui à l'état parfait mangent les feuilles des frênes et des lilas, ont vécu, sous forme de larves, dans le nid de certaines espèces d'abeilles dont elles ont dévoré les œufs et les provisions de miel.

Naturellement les organes internes doivent se modifier beaucoup pour suffire aux nouveaux besoins de l'Insecte, et l'on peut dire que, pendant les quelques jours que dure l'état de nymphe, l'animal est entièrement renouvelé, tant à l'extérieur qu'à l'intérieur.

Fig. 220. — Chenille du Sphinx du caille-lait, sur la plante dont elle mange les feuilles.

Fig. 221. — Sphinx du caille-lait humant le nectar d'une fleur (gr. nat.).

§ 200. Demi-métamorphoses des sauterelles et des punaises.

— Ce que nous venons de dire s'applique aux han-

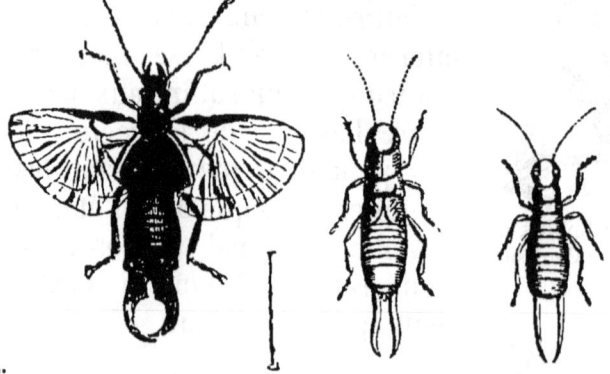
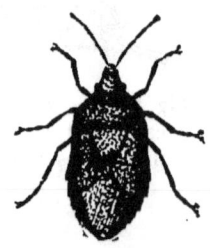

Fig. 222, 223, 224. — Un Insecte à métamorphoses incomplètes, la Forficule, sous ses trois états.

Fig. 225. — Pentatome grise ou punaise des bois.

netons, aux abeilles, aux papillons, aux mouches et à tous les Insectes qui leur ressemblent; mais il y a d'autres Insectes

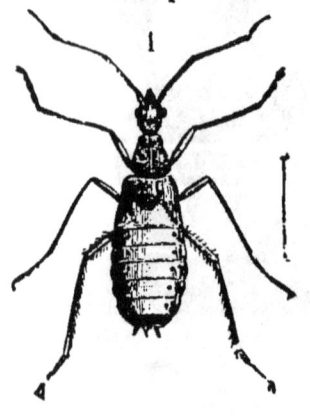
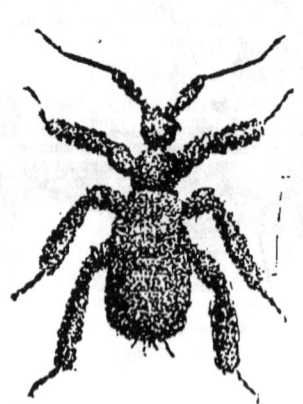
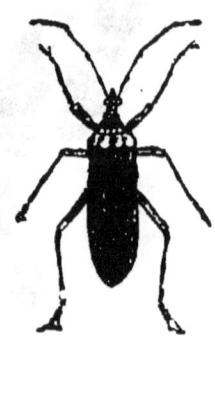

Fig. 226. — Larve du Réduve masqué, sorte de punaise qui dévore les punaises des lits. Elle est semblable au Réduve adulte, mais sans ailes.

Fig. 227. — La même larve couverte de poussière, de manière à déguiser son approche, quand elle chasse.

Fig. 228. — Réduve masqué, adulte. (Gr. nat.)

chez qui les choses se passent plus simplement. Les *sauterelles*, les *grillons*, les *blattes*, ou *cancrelats*, les *perce-oreilles* (fig. 222-224), les *punaises des bois* (fig. 225) et les autres punaises ailées (fig. 226 à 228) naissent avec une forme exac-

Fig. 229. — Chambres de l'intérieur d'une fourmillière contenant : les plus élevées, des œufs; celle du milieu, des larves adultes; celle du bas, des cocons.

tement pareille à leur forme définitive ; seulement leur taille est plus petite et l'on n'aperçoit sur leur thorax aucune trace d'ailes. Après quelques mues on voit apparaître quatre petites écailles, deux sur le second et deux sur le troisième anneau du thorax. Ces écailles sont la première indication des ailes ; la larve est ainsi devenue nymphe sans rien changer ni à ses mœurs, ni à son régime, ni à sa physionomie générale. La nymphe change une dernière fois de peau, ses ailes apparaissent avec tout leur développement, et l'Insecte, devenu capable de voler, continue à mener, sans autre changement que de faire usage de ses ailes, le même genre de vie que depuis sa naissance. Il n'a éprouvé qu'une *demi-métamorphose*.

§ 201. **Les Insectes sans ailes ne manquent pas nécessairement de métamorphose**. — Quelquefois, comme on le voit pour la *punaise des lits* (fig. 230), le *lépisme du*

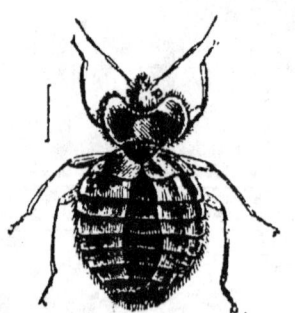 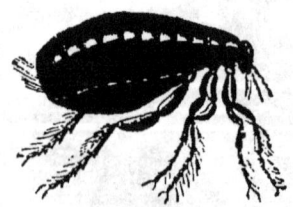

Fig. 230 — Punaise des lits grossie.   Fig. 231. — Puce très grossie.

sucre ou *poisson d'argent*, si commun dans les endroits humides et obscurs des vieilles maisons, les *poux* et les parasites analogues, l'insecte parfait ne doit pas acquérir d'ailes ; alors il n'y a pas de métamorphoses du tout. Cependant l'absence des ailes n'entraîne pas forcément l'absence des métamorphoses. Ainsi la *puce* (fig. 231, 232), si agile à l'état adulte, naît sous la forme d'un petit ver blanc qui se cache dans la poussière des fentes des planchers, et les *fourmis* sans ailes revêtent d'abord les mêmes formes que celles qui doivent en avoir (fig. 229).

§ 202. **Différentes formes des ailes des Insectes.**

— A l'état de larve, les Insectes dont les métamorphoses sont complètes ont tous, plus ou moins, l'apparence de Vers ordinairement allongés, pourvus d'une tête distincte, de six courtes pattes et assez souvent de pattes supplémentaires ayant une autre forme que les six premières. Les chenilles, les vers qu'on trouve dans les fruits, ceux qui se développent dans le fromage, dans la viande exposée à l'air pendant l'été, sont des larves d'insectes. Il faut bien se garder de les confondre avec les Vers proprement dits, tels que le ver de terre, le ver solitaire, l'ascaride des enfants, etc., chez qui la forme *ver* est la forme définitive et qui n'ont pas de pattes.

L'apparition des ailes établit entre les insectes parfaits des différences bien plus grandes que celles que présentent les larves. Les ailes sont le plus souvent de grandes lames transparentes, sèches, plus minces que le plus fin papier, résistantes cependant, et soutenues, comme le sont les feuilles des arbres, par un réseau saillant de *nervures* cornées. C'est ainsi qu'elles sont faites toutes quatre chez les libellules (fig. 217) et les abeilles. Mais chez les libellules le réseau des nervures est extrêmement serré et les nervures sont faibles et délicates, tandis que chez l'abeille elles sont fortes, peu

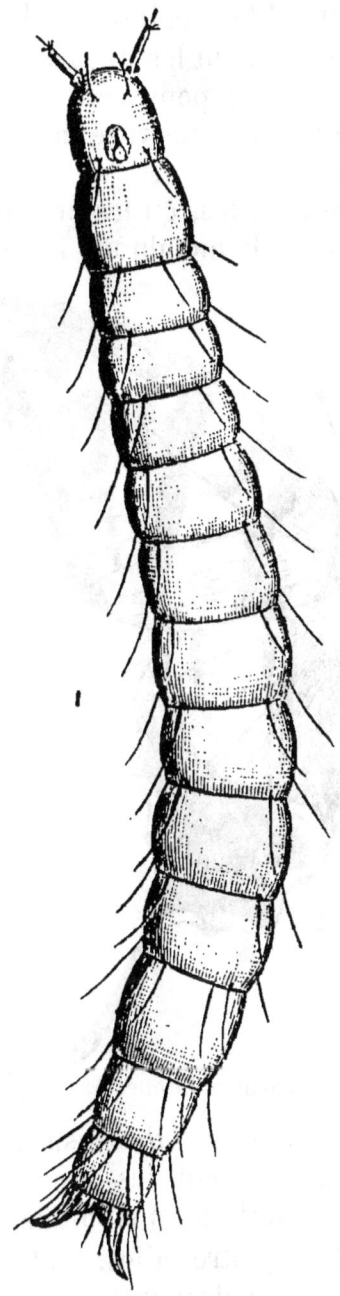

Fig. 232. — Larve de puce, très grossie.

nombreuses et ne forment qu'un réseau peu compliqué.

Les Insectes qui ont des ailes semblables à celles de la libellule sont, parmi tous les autres, ceux dont les ailes sont le plus riches en nervures ; on les appelle pour cette raison des *Névroptères*, le mot *nevron*, signifiant nervure en grec, et le mot *pteron* signifiant aile.

Des ailes semblables à celles des abeilles, où les nervures grosses et peu nombreuses découpent la membrane très dé-

Fig. 233. — Le papillon flambé, grandeur naturelle.

veloppée en un petit nombre d'espaces, ou *cellules*, disposées d'une façon presque constante, caractérisent les *Hyménoptères*, *hymen*, en grec, voulant dire voile ou membrane.

Chez les *papillons* (fig. 233), les quatre ailes, tout en demeurant presque semblables à celles des abeilles, sont comme saupoudrées d'une brillante poussière formée d'élégantes écailles (fig. 234), qui restent attachées aux doigts quand on saisit l'insecte sans précaution. Aussi les papillons

280 ÉLÉMENTS DE ZOOLOGIE.

sont-ils des *Lépidoptères* ou Insectes à *ailes écailleuses*.

La seconde paire d'ailes disparaît chez les *mouches*; elle est représentée par deux petits filaments terminés chacun par un bouton, qui sont les *balanciers*. Les mouches et les autres Insectes à deux ailes sont des *Diptères*, du grec *dis*, deux.

Au contraire, chez le *hanneton* et les autres *scarabées*, les *secondes* ailes servent seules à voler; elles demeurent membraneuses, tandis que les ailes de devant, dures, cor-

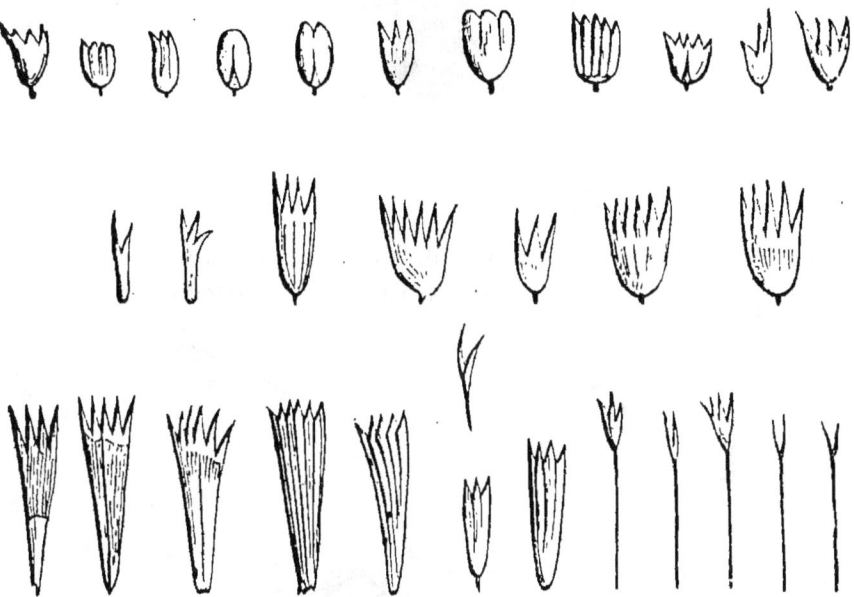

Fig. 234. — Formes diverses des écailles de l'aile des papillons.

nées, servent tout à la fois à protéger l'abdomen de l'insecte et ses secondes ailes, qui rentrent au-dessous des premières en se pliant en long et en travers. Ces ailes dures servent si peu au vol, que les gros scarabées dorés si communs dans les roses, et qu'on nomme des *cétoines*, ne les ouvrent même pas en volant (fig. 235). On les appelle des *élytres*, en traduisant en français un mot grec qui veut dire *étui*. Étui se dit aussi, en grec, *coleos*, d'où le nom de *Coléoptères* que l'on applique à tous les scarabées qui ont les ailes disposées comme les hannetons.

Seule la base des ailes est dure chez les punaises des

bois (fig. 225), qui sont des *Hémiptères* (de *hemis*, moitié, et *pteron*, aile).

Enfin, si vous regardez les ailes des *sauterelles*, des *grillons*,

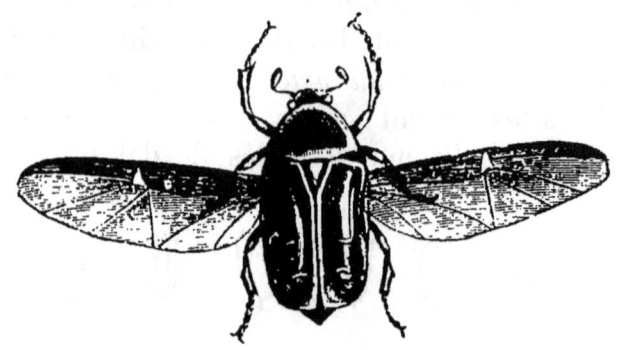

Fig. 255. — Cétoine dorée volant (gr. nat.).

des *cancrelats* (fig. 256), vous verrez que celles de dessus sont plus épaisses et autrement colorées que celles de dessous,

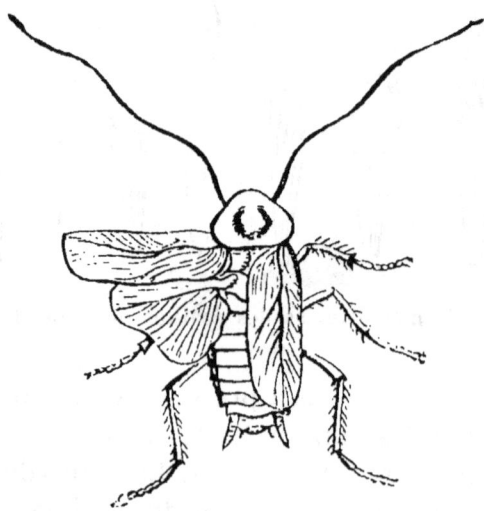

Fig. 256. — La Blatte des cuisines ou cancrelat : les ailes d'un côté sont ouvertes pour montrer les ailes supérieures plus, épaisses que les inférieures.

sans cesser cependant d'être membraneuses; on dirait de très faibles élytres sous lesquels de très grandes ailes inférieures viennent se replier comme un éventail. Comme ces secondes ailes ne se replient généralement pas en travers, on sépare des Coléoptères les sauterelles, les grillons, les cancrelats et les Insectes analogues, et on les réunit dans l'ordre des *Orthoptères*, dont le nom signifierait, en grec, *ailes droites*.

Les Insectes orthoptères et hémiptères n'ont jamais que des demi-métamorphoses; parmi les Névroptères, on trouve tous les passages entre les demi-métamorphoses et les métamorphoses complètes.

Tous les Coléoptères, Hyménoptères, Lépidoptères et Diptères ont des métamorphoses complètes.

§ 205. **Insectes broyeurs et Insectes suceurs. — Bouche des Insectes broyeurs.** — Au point de vue de l'alimentation, les Insectes peuvent être divisés en deux grandes catégories : 1° les *Insectes broyeurs*, qui se nour-

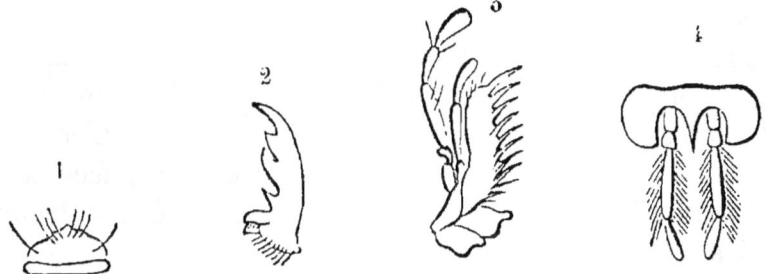

Fig. 257. — Pièces de la bouche d'un insecte broyeur, la Cicindèle champêtre. — 1. Labre. — 2. Mandibule. — 3. Mâchoire avec ses palpes. — 4. Lèvre inférieure et ses palpes.

rissent d'aliments solides; 2° les *Insectes suceurs*, qui ne prennent jamais que des aliments liquides.

Les Insectes broyeurs mâchent leurs aliments à l'aide d'appendices qui remplacent chez eux les mâchoires et les dents, et forment ce qu'on appelle leur *bouche*. Ces appendices (fig. 257) ne se meuvent pas, comme nos mâchoires, de haut en bas; ils s'ouvrent en s'écartant de chaque côté, comme il est facile de l'observer chez le *cerf-volant* (fig. 258), dont les prétendues cornes ne sont que des pièces de la bouche démesurément agrandies, ou chez tout autre gros insecte, la grande *sauterelle verte* par exemple.

Les pièces de la bouche sont au nombre de six. Il y en a deux qui sont placées comme nos lèvres : ce sont 1° le *labre*, situé au-dessus de la bouche et sous lequel se trouve une petite pièce impaire, l'*épipharynx* ; 2° la *lèvre inférieure*, située au-dessous de la bouche et sur laquelle reposent deux pièces impaires, la *langue* et la *languette*.

Entre ces deux pièces, à droite et à gauche, se trouvent les quatre autres, semblables deux à deux et situées l'une au-dessus de l'autre comme deux paires de pinces. La paire supérieure, la plus forte, constitue les *mandibules ;* la paire inférieure, les *mâchoires*. Les mâchoires et la lèvre inférieure portent, en outre, de petits filaments articulés, les *palpes*, qui paraissent être des organes de toucher.

Les Névroptères, les Orthoptères *et les* Coléoptères *sont tous des Insectes broyeurs, et ont tous la bouche construite de la même façon*.

Les Hyménoptères, *les* Lépidoptères *et les* Diptères *sont tous des Insectes suceurs*.

§ 204. **Trompe des Insectes suceurs**. — On appelle *trompe* l'organe allongé, en forme de tuyau, à l'aide duquel les Insectes suceurs prennent leur nourriture. C'est avec leur trompe que nous piquent les punaises, les puces et les cousins pour humer notre sang ; c'est aussi avec leur trompe que les abeilles viennent lécher les liquides sucrés qu'exsudent les végétaux ; les papillons déroulent, pour aspirer le nectar des fleurs, une longue trompe, qu'ils tiennent, pendant le repos, enroulée comme un ressort de montre sous leur tête ; enfin, tout le monde a vu mille fois la mouche domestique promener sa trompe molle et élargie vers le bout sur toutes les surfaces où elle croit trouver quelque suc nourricier. Au premier abord, toutes ces trompes paraissent fort différentes les unes des autres, et les pièces qui les constituent ne semblent pas davantage pouvoir être comparées aux pièces broyeuses de la bouche des Insectes à alimentation solide.

Cependant examinons la bouche d'une abeille. Tout de suite nous reconnaîtrons les mandibules, qui ont conservé leur forme habituelle. Au-dessous se trouvent les mâchoires ; mais elles sont ici longues et pointues comme des aiguilles (fig. 239). Entre elles, au-dessus de la lèvre inférieure, apparaît une pièce molle, extensible, la véritable trompe, qui n'est autre chose, comme le montre sa position, qu'une modification de la langue des Insectes broyeurs.

Dans la trompe des papillons (fig. 240), un peu d'attention

Fig. 258. — Le Cerf-volant; les mandibules du mâle sont allongées en forme de longues pinces épineuses; celles de la femelle restent petites; sur le côté gauche, la nymphe d'une femelle.

fait reconnaître exactement les mêmes pièces; seulement le labre, les mandibules, la lèvre inférieure, les palpes maxillaires sont très petits, à peine visibles, tandis que les mâchoires, très allongées, s'enroulent en spirale et viennent s'abriter entre d'énormes palpes labiaux.

Enfin, chez les Hémiptères et les Diptères (fig. 241), la lèvre inférieure, transformée en canal, enveloppe toutes les autres pièces, qui ont pris la forme de longs et minces stylets perforants, mais qui, lorsqu'elles n'avortent pas, occupent les unes par rapport aux autres exactement la même position que les pièces de la bouche des Insectes broyeurs.

Ainsi *la trompe des Insectes suceurs est construite exactement comme la bouche des Insectes broyeurs;* elle en diffère parce que quelques-unes de ses pièces demeurent très petites, tandis que d'autres prennent une forme très allongée, qui leur permet d'agir soit comme stylets perforants, soit comme tuyaux d'aspiration.

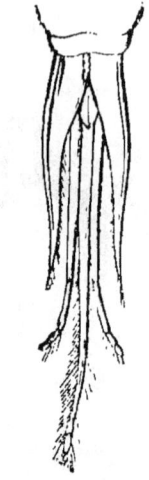

Fig. 259. — Trompe d'abeille montrant les paraglosses, les palpes labiaux et la langue de forme allongée; les mandibules et les mâchoires ont été enlevées.

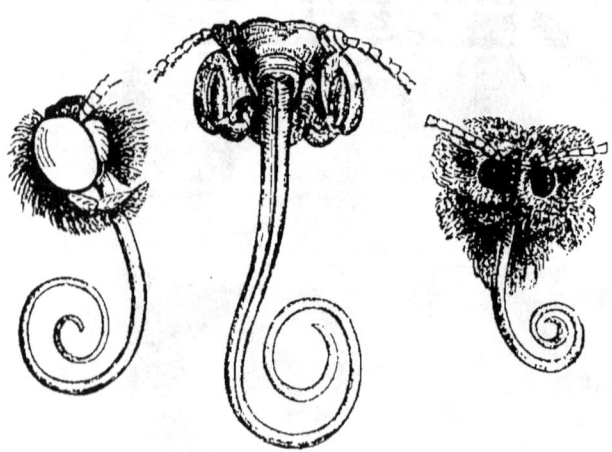

Fig. 240. — Trompes de papillons. Les mâchoires, très allongées, s'enroulent en spirale entre les palpes labiaux.

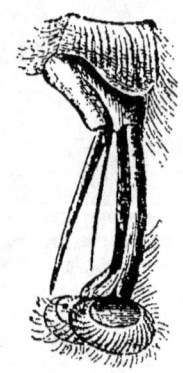

Fig. 241. — Trompe de mouche; les mandibules et les mâchoires ont avorté; deux stylets impairs sont enfermés dans la lèvre inférieure.

Dans un même ordre d'Insectes, les pièces de la bouche sont toujours conformées de la même manière, de sorte que la conformation de la bouche peut, tout aussi bien que la structure des ailes, servir à caractériser les ordres.

RÉSUMÉ

Le nombre des Insectes est immense : chaque végétal, chaque animal aérien en nourrit souvent plusieurs espèces ; il y en a, en outre, qui vivent de matières animales ou végétales en décomposition, d'autres qui habitent sous terre, d'autres qui vivent dans l'eau.

Tous les Insectes naissent sans ailes, et beaucoup subissent, avant d'en acquérir, d'importantes métamorphoses. Ils passent successivement par les trois états de *larve*, de *nymphe* et d'*insecte parfait*.

La *larve* est toujours dépourvue d'ailes ; la *nymphe* n'en a que des moignons, et l'*insecte parfait* a quatre ailes, dont deux peuvent demeurer très réduites ou avorter.

Les Insectes ne grandissent qu'à l'état de larve et changent alors fréquemment de peau : cela s'appelle *muer*. Une mue se produit toujours au moment de chaque métamorphose.

Quand l'animal naît avec sa forme définitive et se borne à acquérir des ailes, on dit qu'il ne subit qu'une *métamorphose incomplète*.

La forme des ailes permet de diviser les Insectes en huit ordres : *Névroptères*, *Orthoptères*, *Coléoptères*, *Hyménoptères*, *Lépidoptères*, *Hémiptères* et *Diptères*.

Les Insectes vivent les uns de matières dures qu'ils broient, les autres de sucs que leur fournissent les animaux et les végétaux. Tous ont néanmoins la bouche munie des mêmes pièces, mais ces pièces s'allongent, se modifient et s'atrophient chez les Insectes suceurs. Tous les Insectes d'un même ordre ont la bouche construite de la même façon et subissent soit des métamorphoses complètes, soit des métamorphoses incomplètes.

Tableau des caractères distinctifs des principaux ordres d'Insectes.

Insectes broyeurs, à bouche armée d'organes propres à saisir et à mâcher.
- Ailes supérieures (élytres) dures, résistantes, protégeant les inférieures, repliées au-dessous d'elles en long et en travers; métamorphose complète................ *Coléoptères*.
- Ailes supérieures (demi-élytres) à peine plus épaisses que les inférieures, qui se replient sous elles en éventail; demi-métamorphose................ *Orthoptères*.
- Les quatre ailes semblables, souvent non repliées et finement réticulées............ *Névroptères*.

Insectes suceurs, à bouche armée de pièces allongées, propres à sucer, à lécher ou à piquer et constituant une trompe.
- Quatre ailes.
  - Les quatre ailes membraneuses et transparentes; mandibules de forme ordinaire; mâchoires et langue allongées; métamorphose complète.................. *Hyménoptères*.
  - Les quatre ailes membraneuses, couvertes d'écailles colorées; lèvre supérieure, mandibules et langue très petites; mâchoires ordinairement allongées en une trompe spirale cachée entre les palpes labiaux; métamorphose complète.................. *Lépidoptères*.
  - Ailes supérieures ordinairement cornées à la base et constituant des demi-élytres; pièces de la bouche allongées en stylets, enfermées dans la lèvre inférieure transformée en tube; demi-métamorphose................ *Hémiptères*.
- Deux ailes; bouche analogue à celle des Hémiptères; métamorphose complète.... *Diptères*.

Remarque. — Les Insectes qui n'ont point d'ailes se rattachent aux groupes des Insectes ailés qui ont la même organisation.

VINGT-TROISIÈME LEÇON

LES FACULTÉS DES INSECTES.

§ 205. **Insectes lumineux**. — Quelques Insectes forcent en quelque sorte l'attention des plus indifférents par les facultés singulières dont ils jouissent ; en première ligne viennent les *Insectes lumineux* et les *Insectes chanteurs*.

Dans les pays chauds, les Insectes lumineux ne sont pas rares. On a longtemps considéré comme les plus brillants de tous de splendides hémiptères voisins des cigales, les *fulgores* (fig. 242), dont la tête aurait été une véritable lanterne. Depuis Mlle Sibille de Mérian, qui s'expatria, dans un élan d'enthousiasme, pour aller à Surinam étudier vivants les magnifiques Insectes des tropiques, la production de lumière par les fulgores n'a pas été constatée de nouveau. Mais en Amérique même vivent les *cucujos* (fig. 243) ou *taupins lumineux*, encore appelés *pyrophores*, qui portent sur le premier article de leur thorax deux yeux de feu. Ces Insectes sont au Mexique employés vivants comme objets de parure.

Il y a dans notre pays un grand nombre d'espèces de taupins ; aucune d'elles n'est lumineuse, et ces Insectes ne sont remarquables que par les brusques sauts qu'ils exécutent lorsqu'on vient à les mettre sur le dos (fig. 244).

En Italie, en Provence, par les belles nuits d'été, les vallées sont illuminées par d'innombrables *lucioles*, petits coléoptères du genre *lampyre*, de formes délicates, qui de loin donnent aux endroits où ils abondent l'apparence d'une grande ville éclairée. On les voit souvent voler capricieusement par bandes, à la façon des moucherons, et dessiner dans l'air comme une valse d'étincelles. Ce sont les derniers articles de l'abdomen qui sont lumineux chez les lucioles.

Le seul Insecte lumineux du centre et du nord de la France est le modeste *lampyre ver luisant* (fig. 245).

Si, attiré par la lumière qu'il produit, on ramasse un de

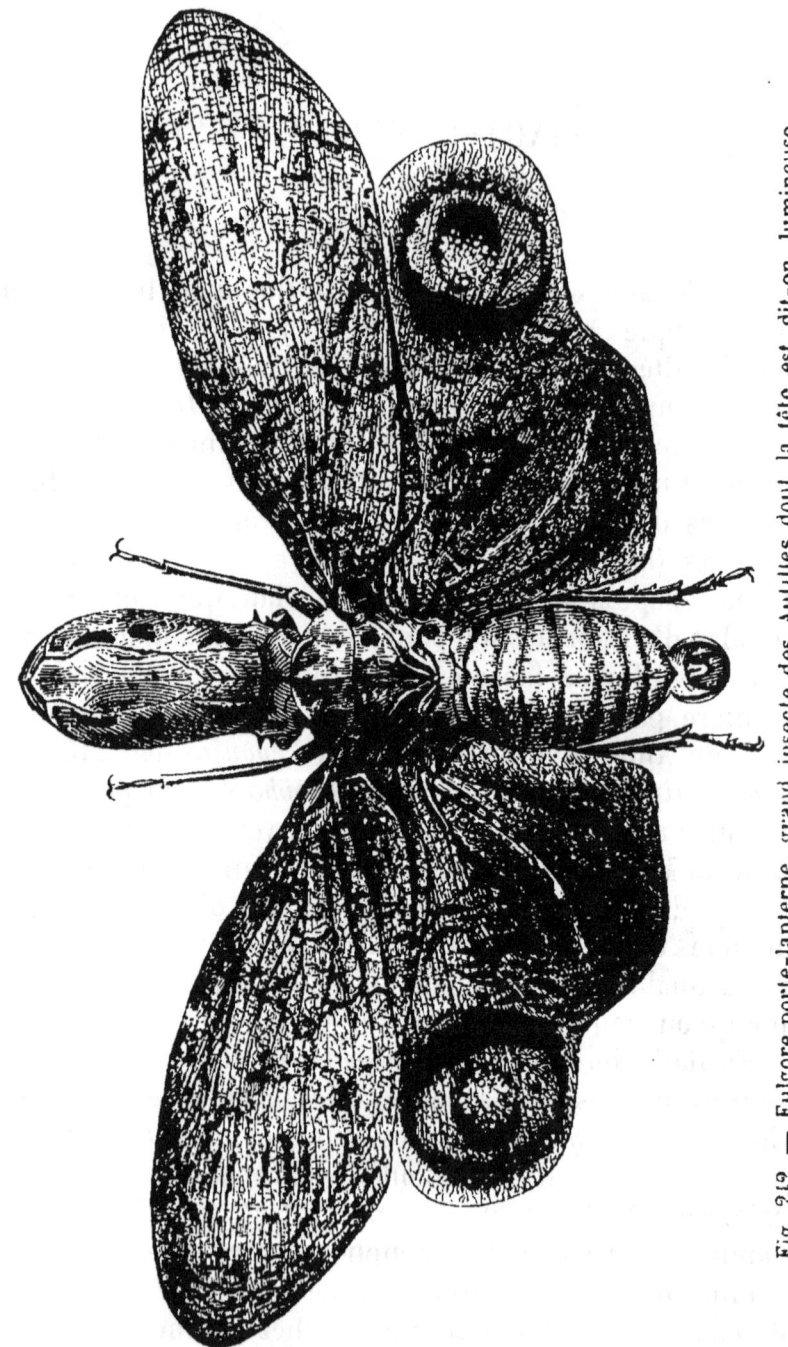

Fig. 212. — Fulgore porte-lanterne, grand insecte des Antilles dont la tête est, dit-on, lumineuse.

ces animaux pour l'examiner, on est embarrassé de savoir

à quel groupe il appartient ; il est mou, aplati, sans ailes ni élytres véritables, tout à fait semblable à une larve. C'est

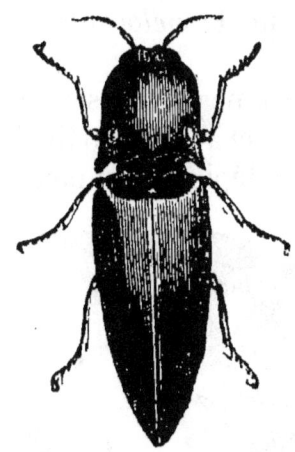

Fig. 243. — Cucujos ou taupin portant en arrière du premier article de son thorax des points lumineux.

cependant un insecte parfait, dont la véritable larve se trouve souvent dans les endroits couverts de mousse et se distingue à ses antennes et à ses pieds plus courts. On peut élever ces larves en les nourrissant avec des limaces ou des escargots, et l'on obtient ainsi des Insectes de deux sortes : les uns ailés, ressemblant tout à fait aux lucioles : ce sont les mâles ; les autres sans ailes et seuls lumineux : ce sont les femelles, les *vers luisants*.

§ 206. **Insectes sans ailes**. — Il y a ainsi dans presque tous les groupes d'Insectes des espèces dont le développement est arrêté tantôt dans un sexe, tantôt dans un autre, ou même dans tous les deux, et chez qui

Fig. 244. — Taupin de nos pays couché sur le dos et sur le point de sauter.

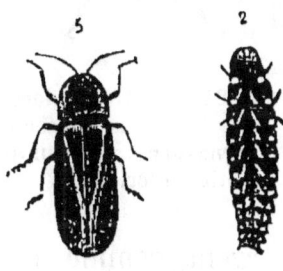

Fig. 245. — Vers luisants ; le mâle a des ailes ; la femelle n'en a pas et est seule lumineuse.

les ailes n'apparaissent pas ou sont réduites à des moignons. Les *carabes*, dont une espèce, toute dorée, est la *jardinière* (fig. 246) si commune dans nos allées sablées, les *blaps* ou *présage-mort*, n'ont jamais d'ailes inférieures, et leurs élytres sont soudés entre eux ; diverses sauterelles, les punaises des lits, les femelles de certains papillons, n'en ont que des moignons (fig. 247) ; les fourmis en manquent même tout à fait, bien que la fourmilière contienne toujours un certain nombre d'individus ailés, nécessaires à sa prospérité. Il en est de même de certaines mouches parasites, telles que le *mélophage* de la toison des moutons, par exemple.

C'est ce qui a conduit les naturalistes à ne pas conserver un ordre à part pour les Insectes sans ailes et à les répartir dans les autres ordres. On considère ainsi les lépismes ou poissons

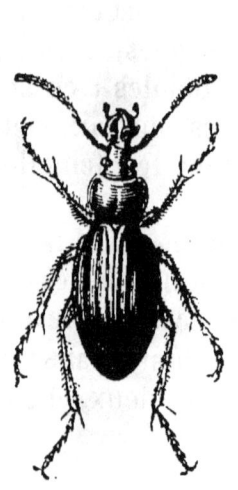

Fig. 246. — Carabe doré, ou Jardinière, insecte carnassier, dépourvu d'ailes inférieures.

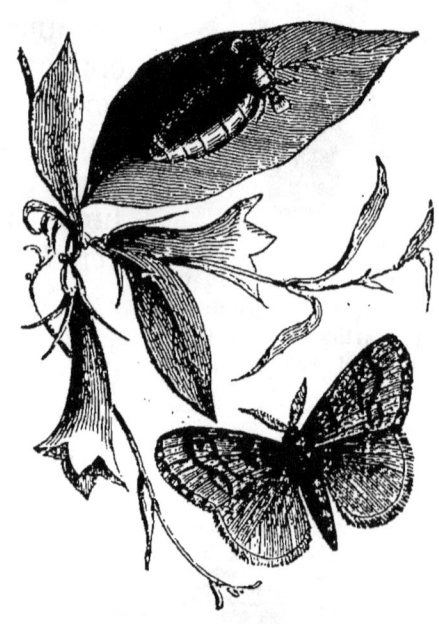

Fig. 247. — Orgyie antique, papillon de nuit dont la femelle n'a que des moignons d'ailes.

d'argent comme des Névroptères, les poux comme des Hémiptères et les puces comme des Diptères sans ailes.

§ 207. **Insectes chanteurs.** — Tout le monde connaît le chant du *grillon domestique*, du *grillon champêtre*, de la grande *sauterelle verte*, du *jeudi* ou *sauterelle des vignes*, des *criquets* ou petites sauterelles des champs, des *cigales*, dont plusieurs espèces habitent, en France, presque toutes les régions situées au sud de la Loire.

Tous les enfants se sont amusés à faire crier le *criocère du lis*, petit scarabée rouge qu'on trouve sur les feuilles du lis blanc, ou le grand *capricorne héros* (fig. 248), bien connu sous le nom de *chèvre* ou sous celui de *biche*.

Le « chant » de tous ces animaux est produit tout autre-

Fig. 248. — Capricorne héros et sa nymphe (un peu réduits).

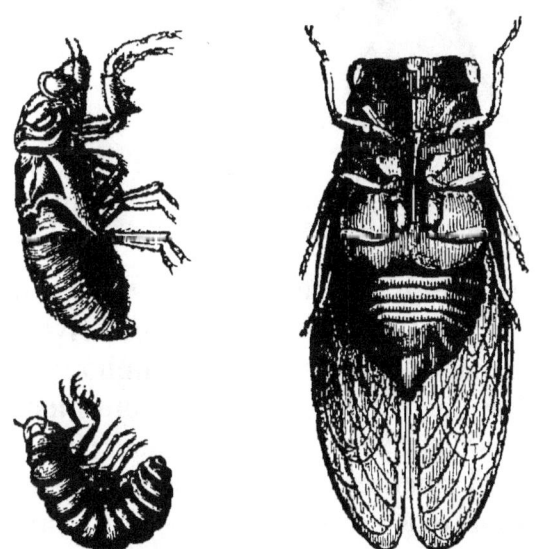

Fig. 249. — Cigale commune vue en dessous; sa larve et sa nymphe qui vivent sous terre.

ment que la voix des Oiseaux et des Mammifères ; ils n'ont ni larynx ni poumons. Les cigales font vibrer, à l'aide de muscles spéciaux, une membrane particulière cachée sous de grandes plaques cornées à la base de l'abdomen (fig. 249).

Les sons produits par tous les autres Insectes que nous venons d'énumérer ne sont que le grincement de parties dures de leur peau ou de leurs membres frottant l'un contre l'autre. Le criocère du lis et le grand capricorne chantent en frottant le premier article de leur thorax contre le second ; les criquets produisent leur note en frottant contre les nervures latérales de leurs ailes les arêtes saillantes de leurs grosses pattes de derrière ; les

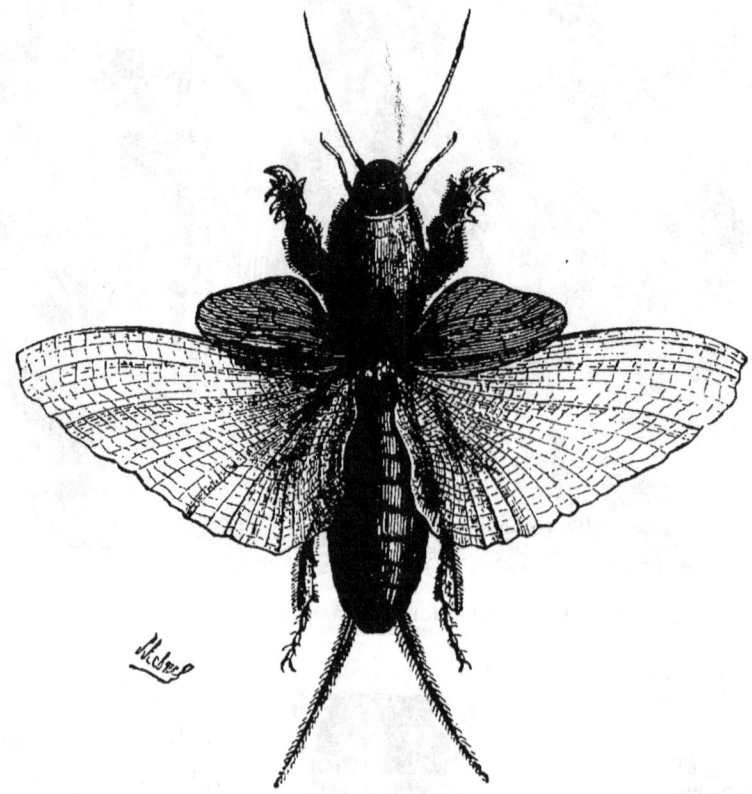

Fig. 250. — La Courtilière, gros grillon fouisseur qui creuse la terre comme une taupe, avec ses pattes de devant, capables d'agir tout à la fois comme des pioches, comme des scies et comme des cisailles (grandeur naturelle).

sauterelles des vignes, les grandes sauterelles vertes, les grillons, frottent l'une contre l'autre les bases de leurs élytres dont l'une est transformée en une sorte de tambour de basque. Chez les sauterelles des vignes, les élytres sont même réduits à ce tambour, et les deux sexes sont musiciens, tandis qu'en général le mâle seul chante dans les autres espèces.

§ 208. **Habitudes des larves d'Insectes**. — Les habitudes des Insectes sont plus intéressantes encore que leur faculté de produire des sons ou de la lumière. Si, grâce à leurs ailes, à l'agilité de leurs jambes, à la solidité de leurs téguments, à la perfection relative de leur vue et de

Fig. 251. — Larve, vivant dans le bois, du Capricorne héros, figuré ci-dessus.

leur odorat, les Insectes adultes, dont la vie est d'ailleurs courte, peuvent échapper à une foule de dangers, leurs larves sont condamnées à ramper sur le sol : ne possédant que des pattes peu développées, et des organes du tact, de l'odorat ou de la vision très imparfaits, elles deviendraient infailliblement la proie de leurs nombreux ennemis, si elles n'avaient, j'allais dire dans l'esprit, des ressources qui compensent l'imperfection de leurs organes.

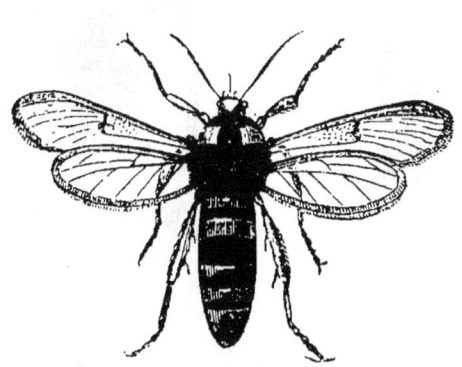

Fig. 252. — Sésie apiforme, papillon à ailes transparentes dont la chenille creuse le bois et s'en nourrit (grandeur naturelle).

Beaucoup de ces larves vivent sous terre, comme celle des cigales ou encore celle du hanneton, le *ver blanc*, si désagréablement connu des agriculteurs; elles s'y nourrissent des racines des plantes, qu'elles font périr. Elles sont poursuivies jusque dans leur retraite par les taupes, les *courtilières* (fig. 250), sorte de gros grillons fouisseurs, et par une foule d'Oiseaux qui se contentent de gratter le sol pour les mettre à découvert.

D'autres larves creusent de longues galeries dans le tronc des arbres, qui leur fournit à la fois nourriture et logement. Telles sont les larves des cerfs-volants (fig. 258), des capricornes (fig. 251), des taupins, sans compter une foule d'au-

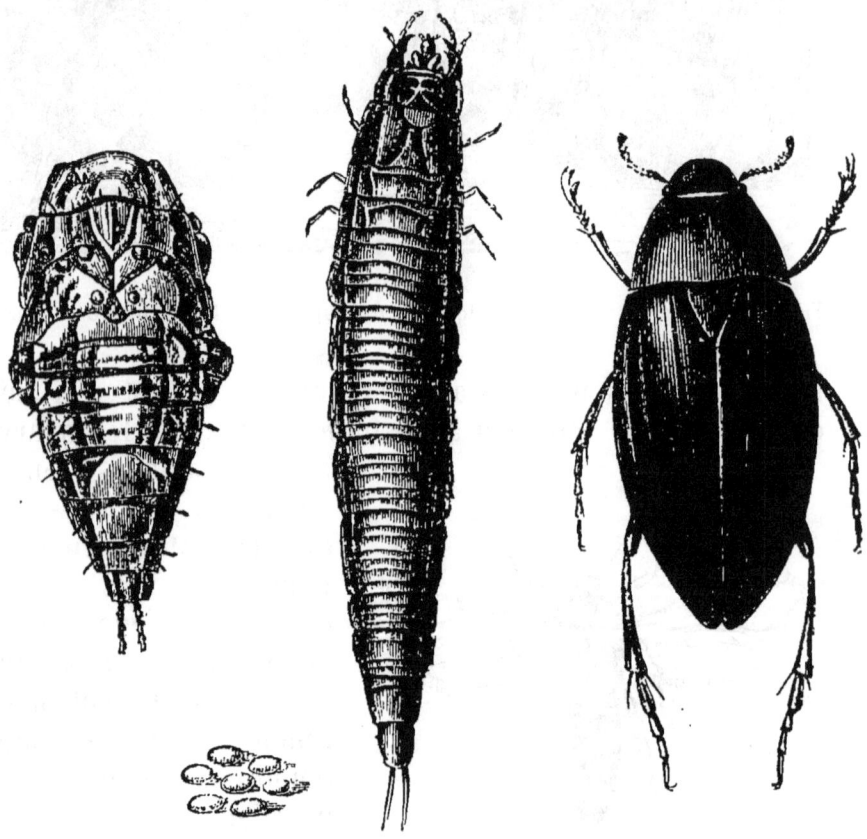

Fig. 253. — Hydrophile brun, coléoptère aquatique de nos pays ; à gauche la nymphe ; au milieu la larve, qui est carnassière (grandeur naturelle).

tres, redoutées des forestiers, et parmi lesquelles on est étonné de trouver même de grosses chenilles, celles d'un papillon de nuit, le *cossus*, et celles du sphinx à ailes transparentes qui ressemblent à des guêpes, les *sésies* (fig. 252).

Quelques-unes se trouvent plus en sûreté dans les eaux et demeurent cachées dans la vase des étangs, où vivent, par exemple, les larves de beaucoup de mouches.

§ 209. **Industrie des larves carnassières.** — La plupart des larves d'Insectes carnassiers sont carnassières comme l'insecte parfait; il faut bien que celles-là se résignent à chasser, et il y en a parmi elles qui sont fortes, robustes, agiles et se mettent hardiment en campagne. Telles sont les larves de nos gros coléoptères aquatiques, les *dytisques* et les *hydrophiles* (fig. 253) ou celles de beaucoup de *carabes*: mais il en est aussi qui ne dédaignent pas la ruse. Sur le chêne et sur le pin vivent en société, dans de grands nids de soie, les chenilles d'un papillon de nuit qui n'abandonnent leur

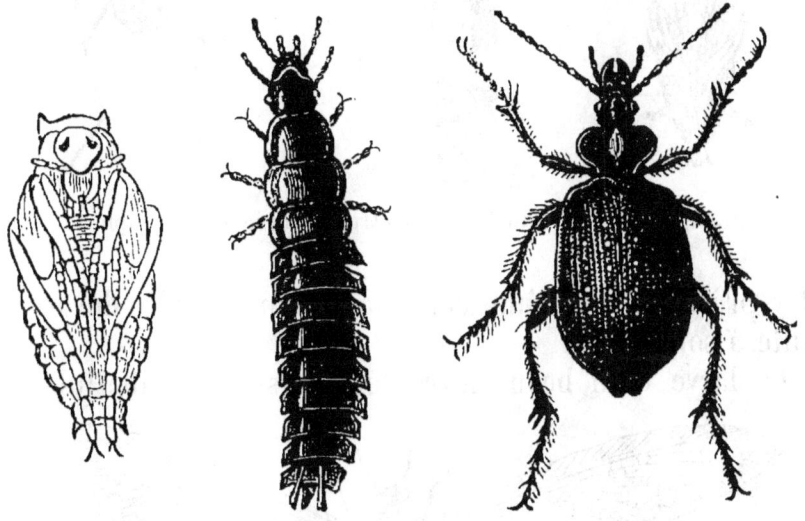

Fig. 254. — Calosome sycophante, sa nymphe et sa larve. La larve se cache dans le nid des chenilles processionnaires, qu'elle dévore (gr. nat.).

demeure que pour aller toutes ensemble, en longues files, semblables à une procession, dépouiller de leurs feuilles les branches voisines. Dans le nid de ces *chenilles processionnaires* viennent s'établir les larves d'un magnifique coléoptère carnassier, le *calosome sycophante* (fig. 254); au milieu de cette cité populeuse, l'étrangère a son couvert toujours mis; elle dévore autant qu'il lui plaît de ses inoffensives compagnes.

La *cicindèle champêtre* (fig. 255) est un autre coléoptère carnassier, d'un beau vert taché de blanc, qui chasse souvent sur les routes et s'envole à la moindre approche, comme le ferait une mouche; sa larve creuse un trou en terre, s'y loge et en ferme l'ouverture avec la partie antérieure de son corps protégée par une plaque cornée. Vienne à passer sur ce pont vivant une fourmi ou tout autre petit insecte, la larve, immobile jusque-là, se rejette vivement au fond du trou

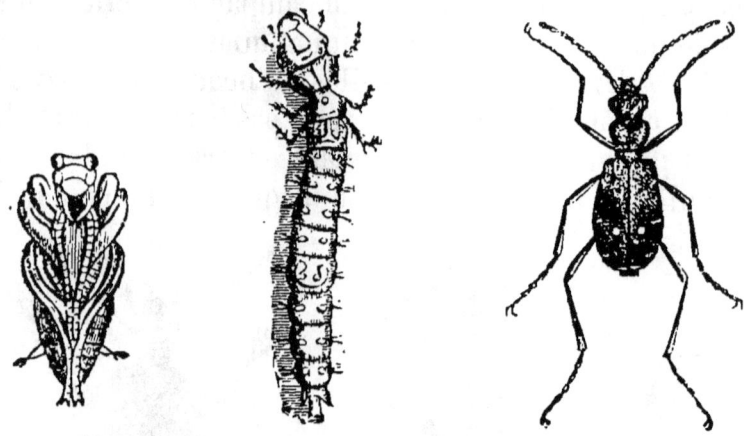

Fig. 255. — Cicindèle champêtre, sa larve et sa nymphe.

et y précipite du même coup la victime, qu'elle dévore ensuite à son aise.

La larve d'un beau névroptère voisin des libellules, le

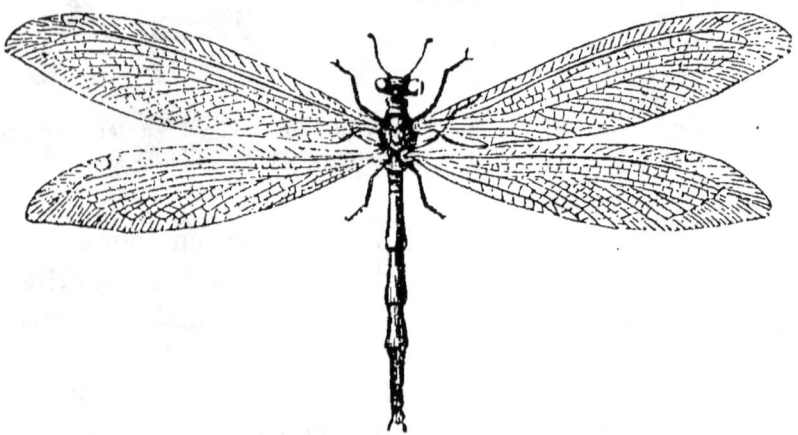

Fig. 256. — Fourmi-lion commun adulte (gr. nat.).

fourmi-lion (fig. 256 à 258), est plus industrieuse encore : elle pratique péniblement dans le sable mouvant une sorte d'entonnoir, au fond duquel elle se tapit. Si quelque Insecte s'aventure sur la pente de l'entonnoir, le sable croule, et l'Insecte est entraîné par cet éboulement en miniature jusque entre les mandibules de notre chasseur à l'affût (fig. 258). Si la chute n'a pas été complète, si la victime essaye de remonter la pente et de fuir, la larve lui lance à coups de

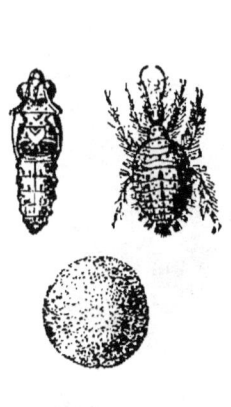

Fig. 257. — Nymphe, larve et cocon de Fourmi-lion.

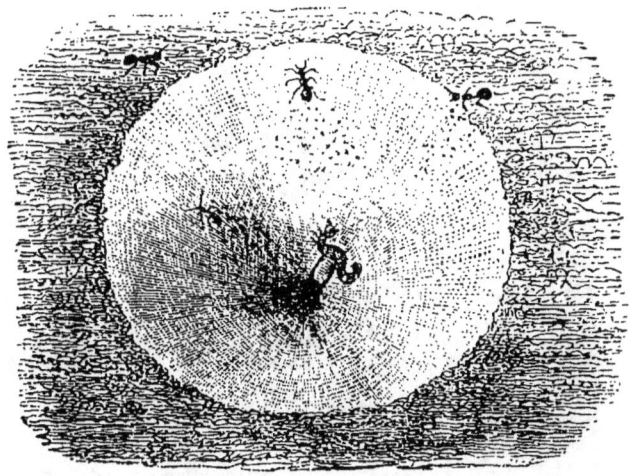

Fig. 258. — Piège en entonnoir, creusé dans le sable, d'une larve de fourmi-lion.

tête une véritable pluie de grains de sable qui entrave sa marche; elle finit ainsi généralement par faire rouler sa proie jusqu'à elle.

§ 210. **Précautions prises par les Insectes parfaits pour assurer le développement des larves.** — Sans être absolument rares, les larves industrieuses sont cependant l'exception; la plupart des Insectes meurent à l'automne, et le plus souvent les larves n'éclosent qu'au printemps : elles sont donc presque toujours orphelines. Cependant, avant de mourir, les parents ont pris les soins les plus minutieux pour assurer l'avenir de cette famille qu'ils ne doivent pas connaître et dont les besoins sont tout à fait différents des leurs. C'est une précaution vulgaire que celle prise par beaucoup d'Insectes, les hannetons, les sauterelles, par exemple, d'enfoncer leurs œufs dans la terre ou de les confier, comme les cigales, à une branche sèche, que le vent fera tomber sur le sol, dans lequel s'enfonceront bientôt les jeunes larves, ou encore d'aller pondre, comme le font les

Fig. 259. — Nécrophores enterrant un mulot.

mouches, sur les cadavres d'animaux dont leurs larves devront se nourrir.

Les *nécrophores* (fig. 259) sont plus prévoyants. Ce sont de grands coléoptères aux ailes tachées de jaune et de noir; ils déposent leurs œufs sur les cadavres des mulots, des taupes et autres petits mammifères, puis s'assemblent à cinq ou six pour enterrer le cadavre, dont ils débarrassent ainsi la campagne.

Beaucoup de mouches à quatre ailes, d'hyménoptères, sont plus étonnantes encore et l'on peut admirer chez ces animaux intéressants la prévoyance à tous ses degrés. Les *mouches à scie* (hylotomes du rosier), communes sur les rosiers, se bornent à déposer dans l'épaisseur même du bois leurs œufs,

Fig. 260. — Cynips très grossi.

d'où sortent des larves, semblables à des chenilles, qui mangeront les feuilles de l'arbuste. Les *cynips* (fig. 260), beaucoup plus petits, semblables à des fourmis ailées, pondent également dans le bois ou dans l'épaisseur des feuilles, mais partout où ils ont déposé leurs œufs se forment de volumineuses excroissances, des *galles* (fig. 261), parfois semblables à

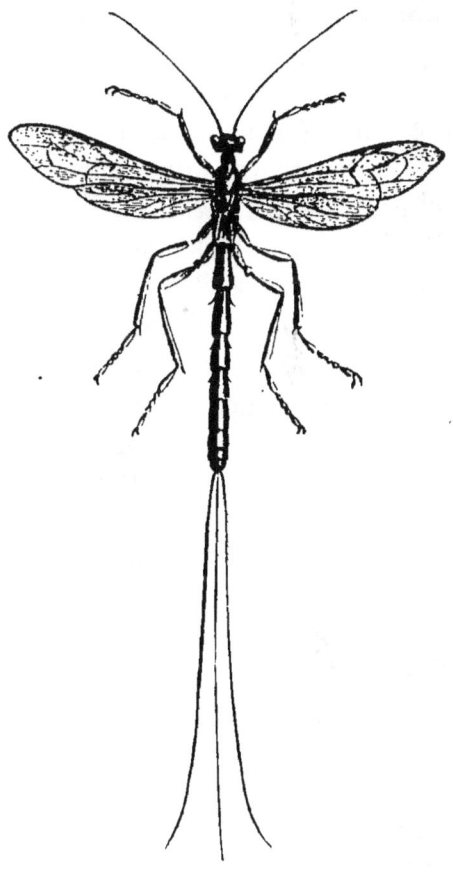

Fig. 261. — Galles produites sur des feuilles de chêne par la piqûre d'un Cynips.

Fig. 262. — Ichneumon, insecte hyménoptère déposant ses œufs dans le corps des chenilles.

de petites pommes d'api, comme la galle des feuilles du

chêne, parfois couvertes d'excroissances qui pourraient les faire prendre pour un petit tas de mousse, comme le *bédeguar* du rosier; l'une de ces galles est encore employée à la fabrication de l'encre noire et de certaines teintures.

C'est à de grosses larves d'Insectes, généralement à des chenilles, que les *ichneumons* (fig. 262) confient leur progéniture. Armés de longues lancettes qu'ils portent à la partie postérieure de leur corps, ils transpercent les chenilles et établissent leurs œufs au beau milieu de la graisse de la pauvre bête. Les jeunes larves se nourrissent d'abord uniquement de cette graisse, très abondante chez les chenilles, dont elles ne font ainsi que consommer les économies; mais quand la graisse est épuisée, quand arrive l'époque de la métamorphose, les larves parasites dévorent les organes mêmes de leur hôte et le tuent : de sorte qu'on voit assez fréquemment sortir une simple légion de mouches de la peau d'une chrysalide qui aurait dû livrer passage à un brillant papillon. Quelques grandes espèces d'ichneumons savent atteindre même les larves des capricornes au sein des galeries fermées de toutes parts qu'elles creusent dans le bois des chênes.

Les *hyménoptères fouisseurs* ont un travail plus compliqué à exécuter. On rencontre fréquemment sur les talus sablonneux des chemins l'un d'eux, l'*ammophile des sables*, remarquable par ses formes élancées, son abdomen mince comme un fil à sa base, qui est jaune, tandis que l'extrémité est noire. Examinez le singulier animal. Il creuse péniblement dans le sable une galerie aboutissant à une ou plusieurs loges, dans chacune desquelles un œuf est déposé. Il se met ensuite en chasse et rapporte bientôt dans chaque loge toutes les provisions nécessaires à la nourriture des larves depuis leur naissance jusqu'à leur métamorphose, de sorte que celles-ci ne sortiront de leur domicile qu'à l'état d'Insectes parfaits. Ces provisions ne sont autre chose que des chenilles de papillons de nuit que les larves devront dévorer. Beaucoup d'hyménoptères fouisseurs agissent de même; mais chaque espèce a ses préférences et n'approvisionne presque jamais ses larves que de la même façon. Les *sphèges* chassent des orthoptères tels que les grillons, les criquets ou les sauterelles ; les *cerceris*, sortes de guêpes, des buprestes ou des charançons ; les *pompiles*, des araignées, etc.

Les larves de ces insectes sont faibles ; il faut que leur victime leur soit livrée sans défense. Armés d'un aiguillon venimeux, les *hyménoptères fouisseurs* pourraient tuer la proie qu'ils destinent à leur famille ; mais l'insecte mort se décomposerait avant d'être mangé : ils se bornent à lui faire des blessures qui l'endorment d'un sommeil dont rien ne pourra le tirer. Une seule piqûre suffit aux cerceris et aux sphèges pour obtenir ce résultat.

§ 211. **Les sociétés d'Insectes**. — Jusqu'ici nous avons vu les parents prévoir les besoins de leur progéniture, assurer la subsistance de leur famille et mourir sans l'avoir vue éclore. Mais il y a des Insectes, et ils sont nombreux, qui, au lieu de vivre isolés et de ne songer qu'à leur propre famille, savent, tout comme nous, mettre en commun leur travail, leurs soucis, leur bonne et leur mauvaise fortune, qui forment, en un mot, des sociétés souvent fort nombreuses, bâtissent des villes où chacun profite du travail de tous, où les jeunes sont l'objet d'une véritable éducation et reçoivent incessamment les soins les plus touchants. On connaît un grand nombre de ces sociétés d'Insectes, qui sont plus ou moins parfaites ; celles des *termites*, qui sont des névroptères, des *fourmis*, des *guêpes*, des *bourdons*, des *abeilles*, qui sont des hyménoptères, ne cessent de provoquer l'admiration de ceux qui les étudient. Les sociétés des fourmis et celles des abeilles méritent une attention particulière.

§ 212. **Les fourmilières et les ruches**. — Ordinairement, dans les sociétés d'Insectes, chaque famille est trop nombreuse pour que les parents puissent suffire à l'éducation de leur postérité. Aussi l'éducation des jeunes et les soins du ménage sont-ils confiés à une classe particulière de citoyens qui n'ont jamais de famille à eux et adoptent entièrement leurs jeunes frères et leurs neveux.

Les abeilles et les fourmis qui mènent cette existence de dévouement et d'abnégation s'appellent des *ouvrières*. Chez les fourmis les ouvrières sont dépourvues d'ailes ; elles en ont chez les abeilles. On nomme *fourmilières* les sociétés de

Fig. 265. — Étables à pucerons construites sur des tiges de plantes par des fourmis.

fourmis, *ruches* les sociétés d'abeilles. Une fourmilière se compose en général de plusieurs familles; dans une ruche il n'y a qu'une *mère*, qu'on appelle la *reine*, bien qu'elle n'exerce aucune autorité sur ses compagnes.

§ 213. **Habitudes des fourmis.** — Les espèces de fourmis sont nombreuses, et chacune a sa façon particulière de s'établir. Il y en a de fouisseuses, qui creusent dans le sol des galeries (fig. 229, page 276) dont elles savent consolider les murailles et soutenir les étages comme les plus habiles mineurs; d'autres préfèrent sculpter leur demeure dans les poutres des maisons, auxquelles elles causent les plus grands dommages; d'autres encore construisent, à l'aide de menus morceaux de bois, de terre et de petits cailloux, de véritables édifices divisés en étages, en compartiments, communiquant entre eux par des couloirs qui viennent s'ouvrir au dehors par de véritables portes. Les fourmis barricadent ces portes chaque soir et chaque fois que la pluie menace de tomber; elles les débarrassent de tous les matériaux qui les obstruent lorsque le jour se lève et qu'aucun danger n'est à craindre.

La nourriture des fourmis consiste exclusivement en matières liquides et sucrées, qu'elles vont recueillir sur les feuilles, les fleurs, les fruits et jusque dans nos maisons, où elles font, quand elles le peuvent, de fréquentes visites aux sucriers et aux pots de confitures. Elles ont même découvert qu'un certain nombre d'animaux, tels que les pucerons, laissaient suinter un liquide sucré, dont elles sont très friandes (fig. 264); aussi ne se contentent-elles pas d'aller à la recherche des pucerons sur les plantes où ils vivent; on en a vu abriter des familles de ces animaux sous de petits dômes de terre, construire des chemins couverts pour aller jusqu'à ces étables d'un nouveau genre (fig. 263), et emporter même dans leur nid des pucerons vivant sur des racines (fig. 264), pour les y traiter comme des animaux domestiques. Les pucerons ne sont pas le seul bétail des fourmis; plusieurs espèces d'Insectes ne se trouvent que dans les fourmilières, et il en est qui, dépourvus de tout moyen de prendre leur nourriture, sont exclusivement nourris par leurs hôtes.

En Amérique, certaines fourmis ont de véritables champs,

qu'elles n'ensemencent pas à la vérité, mais dans lesquels elles ne laissent pousser que des plantes qui leur sont utiles et dont elles récoltent les graines. On peut dire que c'est là une sorte d'agriculture.

Le soin des œufs et des larves est la grande préoccupation des ouvrières. Suivant qu'il fait chaud ou froid, les œufs sont transportés aux divers étages de la fourmilière, de ma-

Fig. 264. — Fourmis mineuses occupées à soigner et à traire leurs pucerons des racines.

nière à les mettre à l'abri de trop grands écarts de température. Les larves sont elles-mêmes l'objet de soins analogues: elles ont la forme de petits vers blancs et mous (fig. 265); privées de pattes, elles ne peuvent se mouvoir et sont de plus, tant que dure leur état larvaire, incapables de manger seules. Ce sont encore les ouvrières qui dégorgent dans leur bouche une part du liquide sucré qu'elles ont butiné durant leurs courses au dehors.

Arrivées au terme de leur croissance, les larves se changent en nymphes immobiles, blanches, de la grosseur d'un grain de blé. Ce sont ces nymphes qu'on récolte sous le nom impropre d'*œufs de fourmis* pour nourrir les jeunes faisans.

Certaines espèces de grandes et robustes fourmis ont la singulière habitude d'aller piller les habitations de fourmis plus modestes; elles en enlèvent les nymphes, les transportent chez

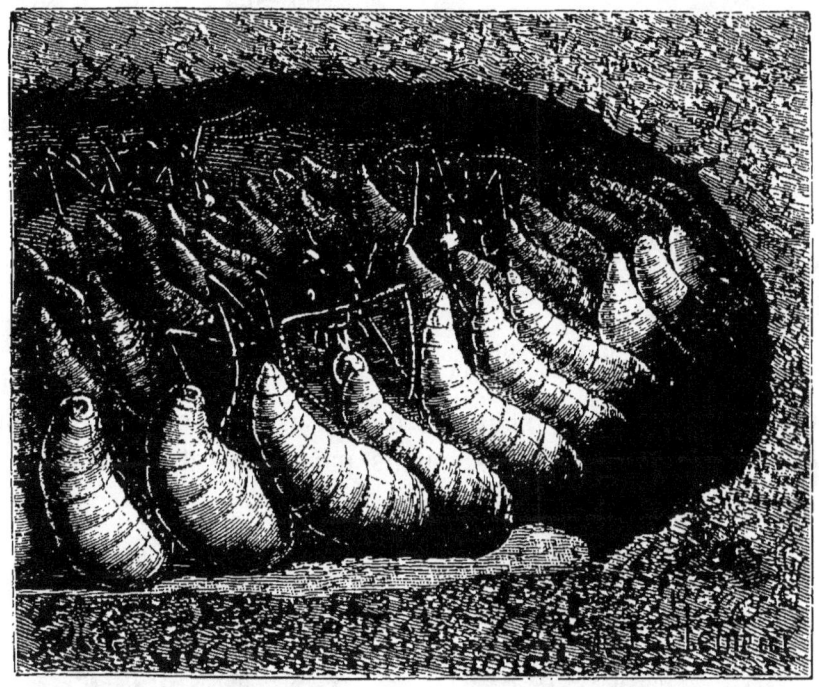

Fig. 265. — Fourmis donnant la becquée à leurs larves.

elles, et s'en font, une fois écloses, des domestiques qui vaquent à tous les soins de l'intérieur. C'est là pour quelques-unes de ces « amazones » une nécessité d'autant plus impérieuse qu'elles sont incapables de se nourrir elles-mêmes et sont gavées par leurs esclaves comme le seraient de simples larves.

§ 214. **Habitudes des abeilles.** — Les abeilles n'ont pas des habitudes aussi variées que celles des fourmis; elles n'ont ni esclaves, ni animaux domestiques, ni champs cultivés, mais elles sont pour nous autrement précieuses : elles fabriquent la *cire* et le *miel*.

A l'état sauvage, les abeilles s'installent en général dans quelque tronc d'arbre creux; mais elles profitent avec empressement des abris que l'homme peut leur offrir, et c'est ainsi qu'on les élève dans des ruches de formes très variées. Dans ces ruches, les abeilles disposent parallèlement les uns aux autres leurs *gâteaux* de cire ou *rayons*. Ces gâ-

Fig. 266. — Abeilles commençant un gâteau de cire.

teaux sont formés chacun de deux rangs de cellules qui ont la forme de prismes à six pans parfaitement réguliers. Le

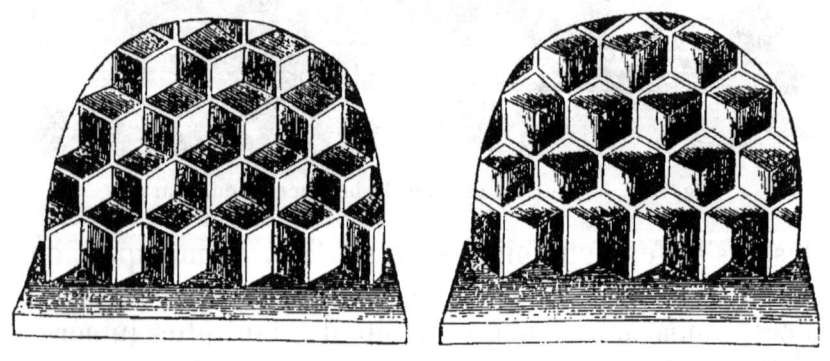

Fig. 267. — Fond des alvéoles d'un gâteau ; il est formé de trois losanges.

fond de chaque loge est formé par trois losanges égaux (fig. 267), et les loges sont disposées sur les deux faces de manière que les trois losanges qui, d'un côté, ferment une même loge, appartiennent de l'autre côté à trois loges différentes. C'est la disposition qui permet d'employer à la fabrication des gâteaux le moins de cire possible.

La cire filtre incessamment au dehors, à la base des anneaux de l'abdomen (fig. 268), sous forme de lamelles que l'insecte ramasse avec ses pattes et pétrit avec ses mandi-

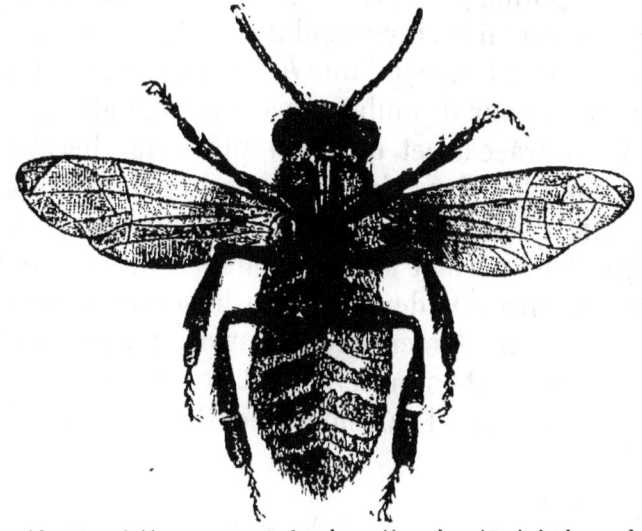

Fig. 268. — Abeille cirière portant des lamelles de cire à la base des anneaux de son abdomen.

bules, pour les ajouter à la construction. Le miel est récolté sur les fleurs et dégorgé tel quel par l'abeille dans les alvéoles.

Les abeilles récoltent encore sur les fleurs les *grains de pollen*, qui recouvrent d'une poussière jaune le sommet des étamines; elles ramassent sur les feuilles et les bourgeons une substance gluante, résineuse, le *propolis*. Mélangés au miel, les grains de pollen servent à l'alimentation des jeunes larves; le miel est la nourriture des individus adultes quand il n'est pas possible d'aller butiner au dehors. Le propolis sert à enduire l'intérieur de la ruche de manière à la protéger contre l'humidité et à faire tous les collages que nécessite la fixation des gâteaux.

Fig. 269. — Patte d'abeille ouvrière vue en dessous.

Afin de se prêter à ce multiple travail, les pattes des ouvrières présentent quelques particularités intéressantes de structure. Leur jambe porte une espèce de fossette, la *corbeille*, dans laquelle le pollen peut être rassemblé; le premier article de leurs tarses est large, rectangulaire, garni en dessous de poils qui lui donnent l'aspect d'une *brosse* (fig. 269), et cet article, en se rabattant sur la jambe, constitue avec elle une véritable *pince*. C'est grâce à cet outil complexe que les abeilles peuvent rassembler dans la corbeille le pollen qui s'attache à leurs poils, quand elles visitent les fleurs pour en sucer le nectar; il leur permet aussi de saisir sous leur abdomen les lamelles de cire qui devront ensuite servir à construire les cellules, convenablement façonnées par les mandibules.

Les cellules sont essentiellement destinées au logement des larves; mais, après l'éclosion de celles-ci, toutes deviennent

Fig. 270.— Abeille reine.   Fig 271.— Faux-bourdon.   Fig. 272.— Abeille ouvrière.

des magasins à miel. Une fois remplies, elles sont soigneusement fermées par un couvercle de cire. Dans chaque ruche on trouve, sur certains rayons, des cellules de trois grandeurs, réservées respectivement aux larves de l'une des trois sortes d'individus qui composent une ruche : les *reines* (fig. 270), les *faux-bourdons* (fig. 271) et les *ouvrières* (fig. 272).

Une ruche contient, à la fin du printemps, jusqu'à 40 000 abeilles. Comme chaque ruche ne doit contenir qu'une reine, dès que de jeunes reines éclosent, la reine déjà existante cherche à les tuer, et y réussit quelquefois; mais si la ruche est prospère, si le nombre de ses habitants est considérable, elle finit par céder la place, s'envole, emmenant avec elle un certain nombre d'abeilles dont la troupe, accrochée à quelque branche d'arbre, forme ce qu'on appelle un *essaim* (fig. 275). L'essaim, abandonné à lui-même, s'établirait dans quelque tronc d'arbre; mais les apiculteurs lui fournissent un do-

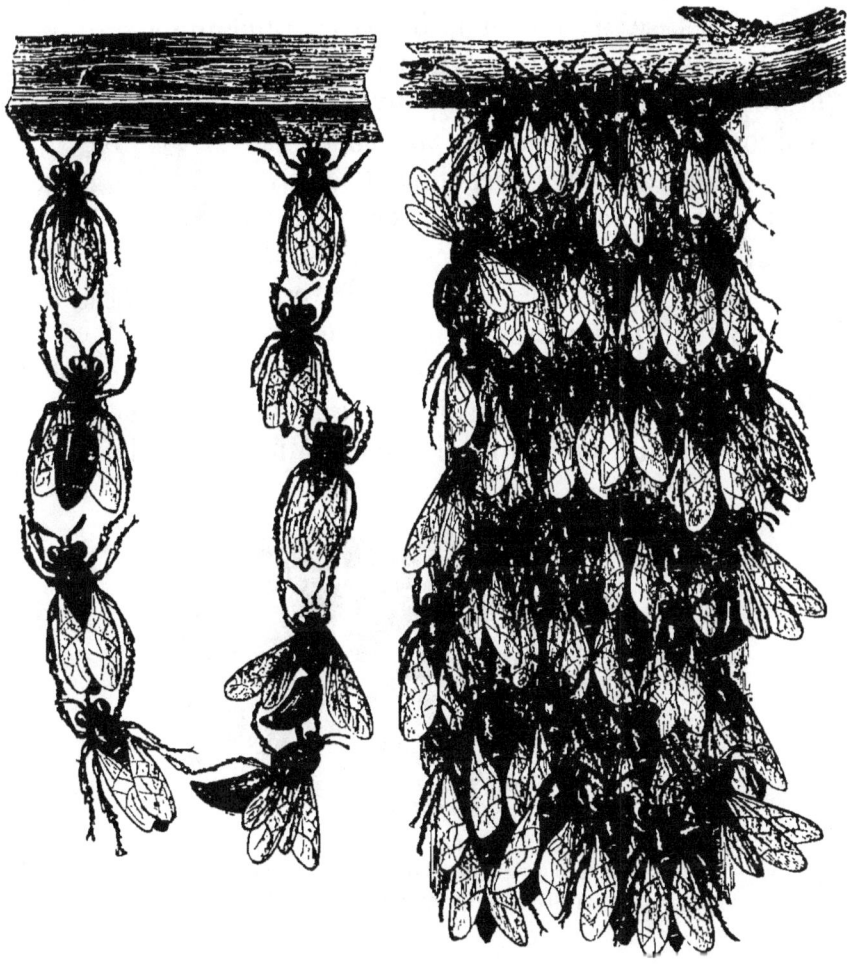

Fig. 275. — Deux essaims d'Abeilles l'un en voie de formation, l'autre complètement formé.

micile semblable à celui qu'il vient de quitter et ajoutent ainsi une nouvelle ruche à celles qu'ils possédaient déjà.

Quand une reine meurt, elle est remplacée par la première des jeunes qui vient à éclore, et dont le soin le plus pressé est de se débarrasser à coups d'aiguillon des larves et des nymphes qui pourraient devenir ses rivales.

Au commencement de l'automne, les faux-bourdons, qui ne travaillent pas et n'ont pas d'aiguillon, sont tous tués par les ouvrières.

Les travaux à exécuter dans une ruche sont nombreux, et les abeilles se partagent la besogne. Chacune a son métier et l'on ne sait pas si elles en changent avec l'âge; il en est qui vont aux provisions et peuvent être ainsi considérées comme les *pourvoyeuses* de la colonie; d'autres produisent la cire et la pétrissent pour en faire les rayons : ce sont les *cirières;* d'autres enfin sont chargées de nourrir les larves et de veiller, en bonnes *ménagères*, à tous les détails

Fig. 274. — Larve d'abeille.

relatifs à la propreté et à la sécurité de l'habitation. On les voit faire sentinelle à l'entrée du logis, en défendre l'accès, ou bien, agitant leurs ailes d'une certaine façon, déterminer

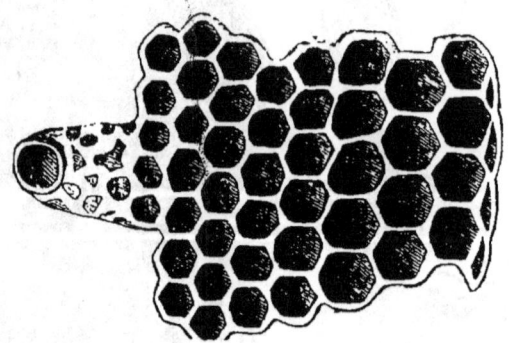

Fig. 275. — Les trois sortes de cellules d'un rayon : cellule de reine; cellules d'ouvrières; cellules de faux-bourdons.

des courants d'air qui traversent toute l'étendue de la ruche, et la maintiennent dans de bonnes conditions d'hygiène.

Les larves des abeilles, comme celles des fourmis, sont de petits vers mous, sans pattes (fig. 274), incapables de se nourrir par eux-mêmes. Les larves de reine, d'ouvrières et de faux-bourdons habitent des cellules différentes de forme et de grandeur (fig. 275). Par une nourriture appropriée, les ouvrières peuvent faire de ces larves de simples ouvrières ou les élever à la dignité de reine. L'état de larve ne dure que cinq ou six jours, celui de nymphe une douzaine de jours; en trois semaines, au maximum, une abeille parvient donc à son complet développement.

§ 215. **L'intelligence des Insectes.** — En écoutant le récit bien abrégé de tout ce que savent faire les abeilles et les fourmis, vous avez été sans doute amenés à penser que ces animaux sont doués d'une intelligence presque humaine; on a soutenu, au contraire, que ces intéressants Insectes, et même que tous les animaux en général, n'étaient autre chose que des espèces d'*automates*, agissant exactement comme ces mouches ou ces oiseaux artificiels que certains mécaniciens construisent avec un art merveilleux. Les animaux naturels accompliraient des actes plus nombreux, plus variés, mais ces actes seraient toujours les mêmes, seraient exécutés toujours de la même façon, aux mêmes époques et sans que l'animal puisse se rendre compte des raisons pour lesquelles il les accomplit. En un mot, *les animaux n'auraient que l'apparence de l'intelligence;* et nous avons déjà dit que cette intelligence apparente qui ne peut rien modifier ni perfectionner, qui ne peut rien apprendre ni rien oublier, qui sait d'emblée et sans avoir eu à l'étudier tout ce qu'elle doit savoir, est ce qu'on nomme l'*instinct*.

Mais quand, à l'approche du mauvais temps, les fourmis ferment les ouvertures de leur domicile, quand elles changent leurs larves d'étage parce qu'il fait plus ou moins chaud, quand elles réparent les avaries que leur fourmilière a pu éprouver, les fourmis sont bien obligées d'apprécier, de juger, d'inventer; on ne peut donc leur refuser de l'intelligence, et il en est de même pour les abeilles.

Quand un rayon s'écroule dans leur ruche, les abeilles savent parfaitement l'étayer de manière à l'empêcher de produire trop de désastres; quand un pareil accident est arrivé, on les voit visiter les autres rayons et les consolider à leur tour si elles les jugent exposés à quelque danger; quand un ennemi se présente, elles savent le reconnaître et s'en débarrasser. Un jour une grosse limace était entrée dans une ruche; les abeilles la tuèrent, mais ne purent la traîner dehors; la limace, en se décomposant, aurait infecté la ruche, qui serait devenue inhabitable; les abeilles évitèrent ce malheur en construisant tout autour de la limace un véritable tombeau de cire, tout à fait imperméable.

Depuis le siècle dernier, l'introduction de la pomme de terre a amené en Europe un ennemi redoutable pour les abeilles et qu'elles ne connaissaient pas jusque-là : le *sphinx à tête de mort*, magnifique papillon dont le corps est certainement plus gros et surtout plus robuste que celui d'un roitelet. La chenille de ce sphinx ne vit guère que sur la pomme de terre; le papillon est très friand de miel, et comme il est couvert d'une épaisse fourrure, il n'a rien à redouter de l'aiguillon des abeilles. Celles-ci ont imaginé de rétrécir par des procédés variés l'entrée de leur ruche, de manière à en interdire l'accès au gourmand visiteur. Elles ont même reconnu que le sphinx n'apparaît que durant les mois de mai, de septembre et d'octobre, que son apparition est de courte durée; elles défont, dès qu'il a disparu, les barrières gênantes pour elles-mêmes qu'elles lui avaient opposées.

Nos abeilles ont donc découvert depuis peu d'habiles moyens de se défendre d'un ennemi nouveau, et l'on ne peut, en conséquence, leur refuser une *intelligence* d'une réelle étendue. D'autre part, l'art de construire des rayons et des alvéoles de forme constante, l'art d'élever les jeunes et de leur donner une nourriture appropriée, semblent innés chez les ouvrières, qui n'ont pas besoin de les acquérir : ils relèvent donc de l'*instinct*; mais, chez tous les êtres vivant en société, l'instinct et l'intelligence s'entremêlent à tous les degrés, de sorte qu'il est presque certain que ces deux formes de l'activité mentale ne sont pas essentiellement différentes l'une de l'autre.

Nous voilà conduits par l'histoire des Insectes aux plus difficiles de toutes les questions scientifiques; il n'y a pas utilité pour le moment à nous y arrêter; en regardant de près ces animaux, en lisant les beaux livres qui ont été consacrés à l'histoire de leurs mœurs et de leurs métamorphoses par des auteurs éminents, vous aurez du reste tant à apprendre et à admirer que la réflexion naîtra toute seule, et que bien des études qui vous paraîtraient arides aujourd'hui vous sembleront plus tard la plus séduisante occupation à laquelle puisse se livrer votre esprit.

RÉSUMÉ

Certains Insectes produisent de la lumière, d'autres des sons.

Les principaux Insectes lumineux sont des Hémiptères, tels que les *Fulgores* de la Guyane ou du Brésil, des Coléoptères comme les *Pyrophores* ou Taupins du Mexique et les *Lampyres* d'Europe. Notre *Ver luisant* est une espèce de lampyre dont la femelle est privée d'ailes.

Les plus remarquables musiciens parmi les Insectes sont les *Cigales*, les *Grillons*, les *Sauterelles* et les *Criquets*. Aucun n'a de voix proprement dite. Les cigales chantent en faisant vibrer une membrane située dans une cavité spéciale à la base de leur abdomen ; les grillons et les sauterelles, en frottant l'une contre l'autre la base de leurs élytres ; les criquets, en frottant leurs grandes pattes postérieures contre les nervures de leurs ailes.

Beaucoup d'Insectes emploient pour se mettre à l'abri de tout danger, se procurer leur nourriture ou assurer la subsistance et la sécurité de leur progéniture, des artifices au plus haut point étonnants. Ces stratagèmes nombreux et variés, ceux surtout qui ont pour but de protéger le développement des larves, témoignent, chez ces petits animaux, d'une prévoyance dépassant de beaucoup ce que leur expérience personnelle peut leur avoir appris. Cette prévoyance est le résultat d'un *instinct*.

Mais, outre l'instinct, beaucoup d'Insectes ont une véritable *intelligence*, bien développée surtout chez les Insectes qui vivent en société, comme les abeilles et les fourmis.

VINGT-QUATRIÈME LEÇON

LES MYRIAPODES ET LES ARACHNIDES.

§ 216. **Caractères généraux des Myriapodes.** — Répandus partout, les Myriapodes, vulgairement *Cent-Pieds*, *Bêtes à mille pieds*, seraient peu intéressants s'ils ne nous montraient comment des animaux peuvent être formés par la *répétition de parties* toutes semblables entre elles. Sauf la tête, tous les anneaux qui composent leur corps présentent, en effet, presque exactement la même structure. Leur tête ressemble beaucoup à celle des Insectes, et surtout à celle des larves de ces animaux ; elle porte des yeux multiples, séparés les uns des autres, disposés par groupes, mais ne constituant pas d'yeux à facettes. Des antennes, des mandibules, des mâchoires libres ou soudées entre elles et à la lèvre inférieure complètent la série des appendices de la tête. En outre, les deux ou trois premières paires de pattes, celles qui chez les Insectes seraient des pattes locomotrices, peuvent se diriger vers la bouche et devenir des mâchoires supplémentaires.

Beaucoup de Myriapodes sont, en naissant, pourvus de trois paires de pattes seulement et réduits à un très petit nombre d'anneaux ; les anneaux et les pattes nouvelles se forment, à mesure que l'animal grandit, à l'extrémité postérieure du corps. Les espèces qui n'ont qu'un petit nombre de segments viennent cependant au monde avec toutes leurs parties.

§ 217. **Les deux ordres de Myriapodes.** — On distingue parmi les Myriapodes deux types bien caractérisés : celui des *Iules* et celui des *Scolopendres*.

Les *Iules* n'ont que des mandibules libres ; mais leurs mâchoires sont soudées à leur lèvre inférieure ; les trois anneaux qui suivent la tête portent chacun une paire de pattes ; tous les autres en portent deux. Elles vivent dans les endroits obscurs et humides, se nourrissent de matières végétales en décomposition et enroulent en spirale leur corps cylindrique dès qu'on les touche. Les *Glomeris*, voisins des Iules, sont larges et courts ; ils s'enroulent en boule à la moindre apparence de danger.

Les *Scolopendres* (fig. 203, p. 252) sont carnassières ; elles ont deux paires de pattes-mâchoires auxiliaires ; la seconde est transformée en volumineux crochets, percés au sommet et laissant écouler dans les blessures qu'ils peuvent faire un venin assez puissant pour tuer de petits animaux. Elles n'ont qu'une seule paire de pattes à chaque anneau, et courent avec agilité. Certaines Scolopendres des pays chauds dépassent 20 centimètres de long et ont près de 1 centimètre de large. On les redoute à l'égal des Serpents venimeux.

Les Scolopendres sont représentées chez nous par de petites espèces, les *Lithobies*, courtes et brunes, vivant sous les pierres ; les *Géophiles* au corps extrêmement long, parfois phosphorescent, et qui se meuvent en serpentant ; les *Scutigères*, munis de pattes énormes, mais très grêles, etc. Aucun de ces animaux ne produit un venin dangereux.

§ 218. **Ordre des Scorpions. Division en régions du corps des Scorpions.** — En tête de la classe des Arachnides se placent les *Scorpions* (fig. 276), qu'il est nécessaire de bien connaître, si l'on veut se rendre compte de l'organisation des Araignées.

En examinant, même superficiellement, un Scorpion, on constate aussitôt que son corps est formé d'anneaux. Ces anneaux présentent, d'une extrémité à l'autre du corps, des caractères différents. Les premiers portent des appendices ; les suivants, au nombre de sept, aussi larges que les six premiers, en sont dépourvus ; viennent ensuite six anneaux, beaucoup plus étroits, également dépourvus d'appendices, et dont le dernier porte un aiguillon. Parmi les anneaux pourvus d'appendices il n'y a aucune démarcation entre ceux dont les appendices sont plus spécialement affectés à la mastication et ceux dont les appendices servent à la locomotion ; ils ne forment qu'un seul tout, qui doit, en conséquence (voir p. 255), porter le nom de *céphalo-thorax*. Les sept anneaux suivants, dont le second porte, chez les mâles seulement, une paire de singuliers organes mobiles, en forme de peignes, sont évidemment un *abdomen*; les six autres constituent ce qu'on appelle vulgairement la *queue* du Scorpion. Cependant le tube digestif traverse dans toute sa longueur la prétendue queue; il en est de même de la chaîne nerveuse.

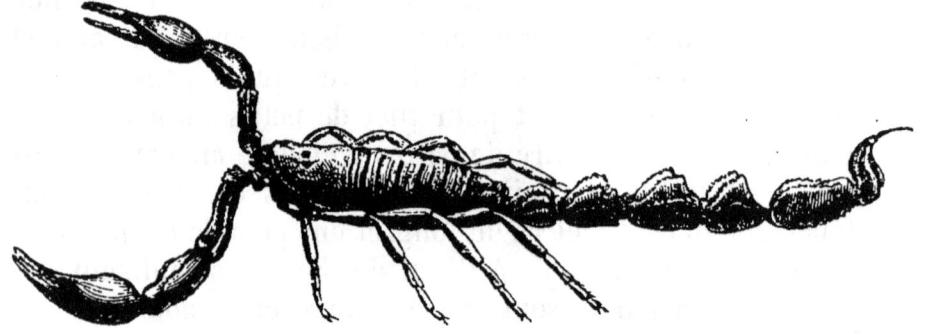

Fig. 276. — Scorpion tunisien.

La queue des Scorpions n'est donc, en réalité, qu'une portion rétrécie de l'abdomen et mérite à peine d'être distinguée comme région distincte. On l'appelle quelquefois le *post-abdomen*.

§ 219. **Appendices**. — Les appendices (fig. 277) sont, au total, au nombre de six paires. Ceux de la première paire, placés exactement de chaque côté de la bouche, sont terminés par de petites pinces, et ressemblent, par conséquent, à des pattes d'Écrevisse très réduites. Les appendices de la seconde paire se terminent également par une pince; mais leurs dimensions sont très considérables; ce sont de puissants organes de préhension, auxquels les Scorpions doivent leur ressemblance superficielle avec les Crustacés. Par leur base, ces grandes pinces fonctionnent comme des mâchoires, on peut donc les considérer comme des pattes-mâchoires. Les appendices des quatre paires suivantes sont beaucoup plus petits et servent exclusivement à la locomotion. Les Scorpions ont donc *huit pattes*, au lieu de six que présentent les Insectes. Ces derniers, de même que les Myriapodes, ont toujours sur la tête des appendices articulés ne servant qu'au toucher, les *antennes*, qui constituent la première paire d'appendices. Les appendices de la première paire sont déjà, chez les Scorpions, des espèces de pattes, des organes de préhension, évidemment au service de la bouche; il semble donc, au premier abord, que ces animaux n'aient pas d'antennes. Mais, parmi les caractères des antennes des Insectes, il en est un dont nous n'avons rien dit encore et qui a plus d'importance que tous les autres : les

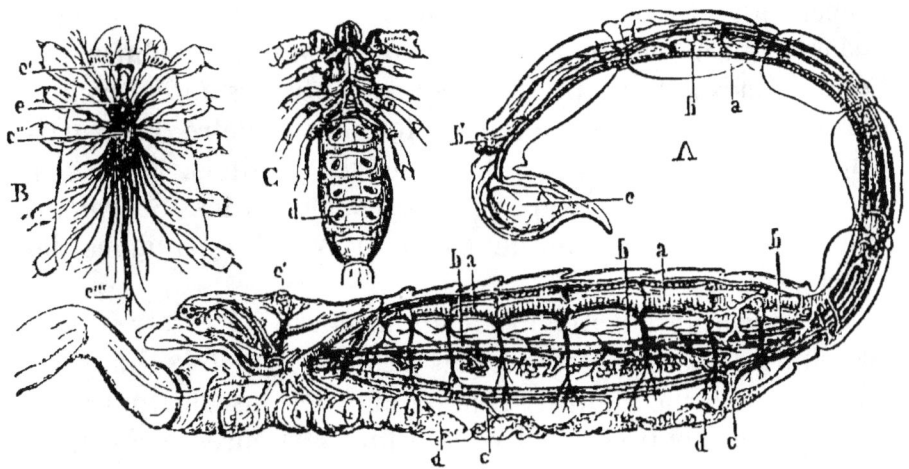

Fig. 277. — Organisation du Scorpion. — A, *a*, Vaisseau dorsal et artères qui en partent; *b*, tube digestif; *b'*, anus; *c*, chaîne nerveuse; *d*, orifices pulmonaires; *e*, crochet venimeux; *e'*, yeux. — B, système nerveux isolé : *e, e' e''*, cerveau; *e'''*, chaîne nerveuse. — C, Scorpion vu en dessous pour montrer les peignes, les orifices pulmonaires, etc.

pattes, les mâchoires, les mandibules reçoivent leurs nerfs de la chaîne ganglionnaire ventrale; seules, parmi les appendices, les antennes reçoivent leurs nerfs des ganglions situés au-dessus de l'œsophage et qui représentent le cerveau chez les Articulés. La première paire de pinces des Scorpions est dans le même cas : elle représente donc les antennes des Insectes, et on la désigne sous le nom d'*antennes-pinces* ou *chélicères*. Mais ces antennes différant à peine des pattes, nous sommes conduits à penser que *les antennes ne sont que les pattes du premier segment de la tête, modifiées pour servir d'organes du toucher*, et nous verrons, en effet, cette conclusion absolument établie par l'histoire des Crustacés.

Les peignes que porte le deuxième anneau de l'abdomen peuvent également être considérés comme des pattes modifiées.

§ 220. **Organisation.** — Sur les quatre anneaux suivants de l'abdomen on ne voit pas d'appendices, mais une paire d'orifices assez grands, en forme de boutonnière (fig. 277, C, *d*), rappelant exactement les stigmates des Insectes. Ce sont, en effet, les orifices respiratoires; ils ne s'ouvrent cependant pas dans des trachées proprement dites, mais dans des espèces de poches, enveloppant elles-mêmes une pile de sacs aplatis, pressés les uns contre les autres comme les feuillets d'un livre et dans lesquels pénètre l'air extérieur; le sang circule autour de ces feuillets. Tels sont les organes qu'on appelle les *poumons* des Scorpions, bien qu'ils n'aient rien de commun avec les poumons des Vertébrés.

Un appareil circulatoire complexe est nécessaire pour conduire le sang à ces organes respiratoires très limités : il a pour organe central, comme chez les Insectes, un vaisseau dorsal contractile, divisé en huit chambres, présentant chacune une paire d'orifices latéraux et correspondant aux anneaux de l'abdomen (fig. 277, A).

Les Scorpions sont des animaux nocturnes, vivant de proie, ordinairement d'Insectes, qu'ils tuent à l'aide de leur crochet postérieur.

Leur piqûre, très redoutée, ne paraît cependant pas produire d'accidents très graves. Il existe dans le midi de la France deux espèces de Scorpions.

§ 221. **Disparition graduelle de la queue des Scorpions chez les Télyphones et les Phrynes.** — En étudiant maintenant un certain nombre de types convenablement choisis, nous allons voir la forme du corps et son organisation se modifier peu à peu, de manière que nous pourrons graduellement arriver aux Araignées, et que ces animaux, si éloignés en apparence des Scorpions, ne nous paraîtront plus, en quelque sorte, que comme des Scorpions retouchés,

Tout auprès des Scorpions se placent les *Télyphones* (fig. 278), des îles de la Sonde et du Mexique. Déjà cependant apparaît une notable modification du post-abdomen. Cette région du corps existe encore, mais elle n'est plus traversée ni par le tube digestif, ni par la chaîne nerveuse; c'est une véritable queue. Cette queue disparaît totalement chez les *Phrynes* (fig. 279) de l'Amérique du Sud, dont les pattes-mâchoires ne sont plus terminées en pince et qui ressemblent beaucoup à des Araignées. Chez les Télyphones et les Phrynes, la première paire de pattes est grêle, très longue et présente presque exactement la conformation d'une antenne, ce qui vient encore appuyer l'idée tout à l'heure émise sur la possibilité de la transformation des pattes en organes du toucher. Ces Arachnides n'ont ni crochet, ni glande à venin postérieure; toutefois les Télyphones sécrètent un liquide acide qu'elles lancent par l'extrémité anale du corps contre leurs ennemis et qui les a fait appeler *Vinaigriers*. De plus leurs chélicères, terminées en crochet, paraissent contenir une glande à venin; l'existence de cette glande sera désormais constante chez tous les Arachnides non parasites qui nous restent à étudier.

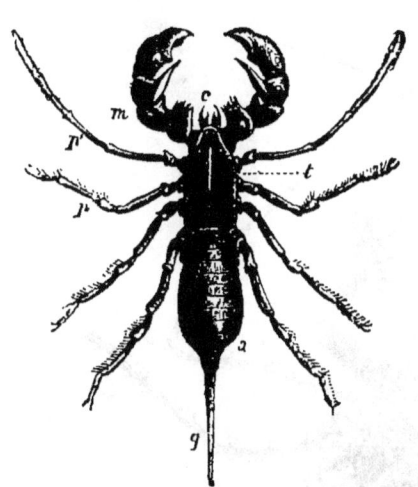

Fig. 278. — Télyphone. — *c*, chélicères; — *m*, pattes-mâchoires; — *p'*, paire tactile de pattes; — *p*, pattes ambulatoires; — *t*, céphalo-thorax; — *a*, abdomen; — *q*, queue ou post-abdomen.

§ 222. **Tête des Galéodes.** — Chez les *Galéodes*, de la Russie méridionale et de l'Amérique, la première paire de pattes est, comme chez les Télyphones et les Phrynes, un organe du toucher; mais l'anneau qui la porte se soude à ceux qui portent les appendices buccaux, et il en résulte la formation d'une véritable tête, ressemblant beaucoup à celle des Insectes, ayant le même nombre d'appendices et nous montrant que bien réellement la tête de ces animaux peut résulter, comme nous l'avons déjà indiqué, de la soudure de plusieurs anneaux. Un des quatre anneaux du thorax des Galéodes ayant été absorbé par la tête, il ne reste plus à

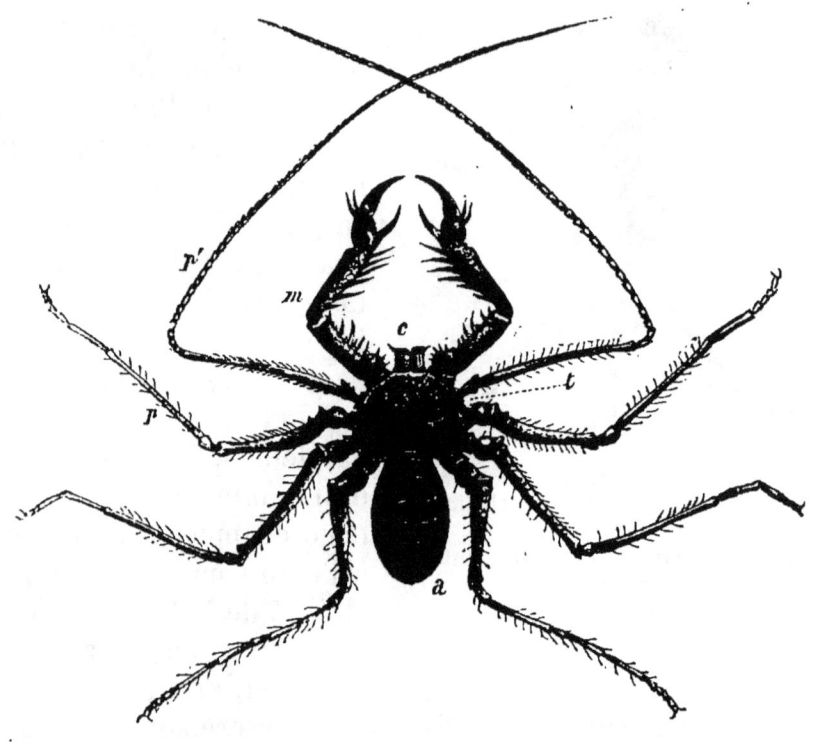

Fig. 279. — Phryne. — *c*, chélicères ; — *m*, pattes-mâchoires ; — *p*, pattes tactiles ; — *p*, pattes ambulatoires ; — *t*, céphalo-thorax ; — *a*, abdomen.

ces Arachnides que trois paires de pattes locomotrices ; cela accuse encore leur ressemblance avec les Insectes. Cette ressemblance est d'autant plus grande que les Galéodes n'ont plus de sacs respiratoires, mais bien de véritables trachées aboutissant à deux paires de stigmates.

§ 223. **Les Faucheurs ou Opilionides.** — Les Galéodes nous écartent un peu du type Araignée (fig. 280 et 281), vers lequel nous avaient conduits les Phrynes ; les *Faucheurs*, si communs dans nos bois, nous y ramènent. Ils ont des Araignées la forme générale du corps et la longueur des pattes ; mais, comme chez les Scorpions, l'abdomen est aussi large que le céphalo-thorax, soudé avec lui dans toute sa largeur et formé d'anneaux distincts, au nombre de six; les chélicères (fig. 205) sont aussi terminées en pince; mais les

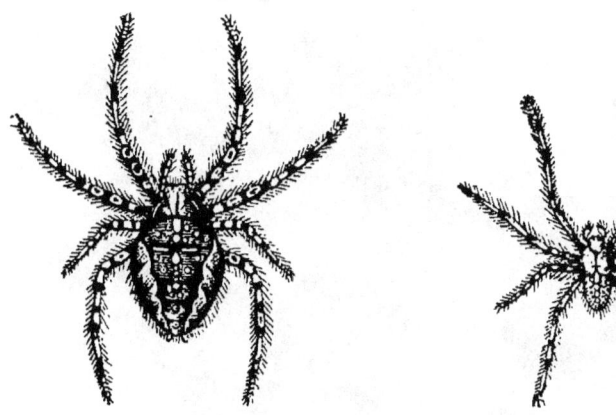

Fig. 280. — Épéire femelle (2/3 gr. nat.).   Fig. 281. — Épéire mâle.

pattes-mâchoires diffèrent peu, sauf par les dimensions, des autres pattes locomotrices. L'appareil respiratoire est constitué par des trachées.

§ 224. **Les Araignées proprement dites.** — Chez les *Araignées* les anneaux de l'abdomen, distincts dans l'œuf, se soudent avant la naissance, et l'on ne trouve chez l'Araignée adulte (fig. 280 et 281) qu'un céphalo-thorax et un abdomen ne présentant aucune trace de segments. Les chélicères sont de simples crochets venimeux, les pattes-mâchoires ressemblent aux pattes locomotrices, et l'extrémité de l'abdomen, au lieu de présenter des glandes à venin, porte sur des filaments spéciaux, nommés *filières*, les orifices de glandes fournissant la matière soyeuse à l'aide de laquelle l'Araignée construit sa toile.

Si différente que l'Araignée paraisse au premier abord du Scorpion, on vient de voir par quelle série de transitions ménagées ces animaux sont unis les uns aux autres.

Parmi les Araignées, les unes, comme les *Mygales* (fig. 282), ont quatre paires de sacs respiratoires, les autres n'en ont que deux, d'ailleurs semblables à ceux des Scorpions; mais, comme s'il fallait établir, par un intermédiaire de plus, que les sacs respiratoires des Scorpions ou des Araignées et les trachées que présentent, à leur place, les Galéodes et les Faucheurs, sont des organes de même nature,

Fig. 282. — Mygale pionnière et son nid.

il existe des Araignées, les *Ségestries*, chez qui la première paire d'organes respiratoires est représentée par des sacs lamelleux, comme chez les Scorpions, la seconde par des trachées, comme chez les Galéodes et les Faucheurs.

§ 225. **Mœurs des Araignées.** — Les Araignées sont des animaux essentiellement chasseurs. Les *Saltiques* vagabondent, courent, sautent, et se jettent courageusement sur leur proie ; mais la plupart des autres Araignées sont des chasseurs à l'affût ; elles aiment à se cacher, soit pour surprendre leurs ennemis, soit pour s'abriter elles-mêmes. Les *Mygales pionnières* (fig. 282) se creusent dans le sol une sorte de terrier tapissé de soie, qu'elles ferment à l'aide d'un couvercle à charnière, habilement dissimulé ; les *Épéires*, l'*Araignée domestique*, etc., se contentent de filer au voisinage de leur toile une sorte de tube de soie dans lequel elles se retirent au moindre danger, et où elles demeurent en observation ; l'*Argyronète aquatique* chasse dans l'eau ; elle a métamorphosé son tube en une cloche à plongeur qu'elle remplit d'air et où elle peut respirer à l'aise, tout en demeurant sous l'eau.

§ 226. **Forme et construction des toiles des Araignées.** — On a classé les Araignées d'après le nombre de leurs organes respiratoires et d'après la conformation de leur toile. Celle-ci est tantôt parfaitement circulaire (*Épéires*),

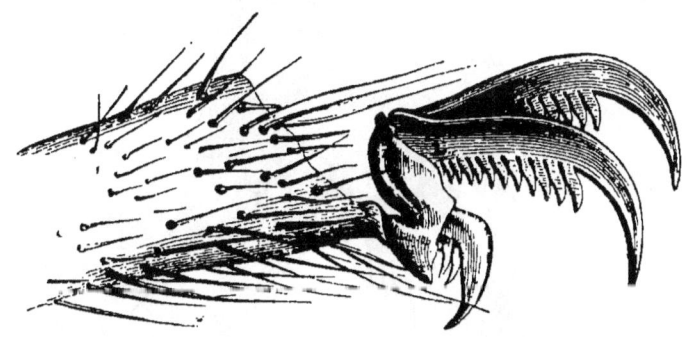

Fig. 283. — Extrémité très grossie de la patte d'une Araignée.

tantôt irrégulière ; elle peut présenter, comme chez l'*Araignée domestique*, un tube latéral ou en être dépourvue. On désigne respectivement les Araignées de ces trois groupes sous les noms d'*Orbitèles*, de *Tubitèles* et d'*Inéquitèles*.

La construction et la réparation de leur toile sont la grosse occupation des Araignées ; elles se servent, pour la tisser, des crochets terminaux de leurs pattes, qui constituent un outillage d'une admirable perfection (fig. 283).

Dangereuse pour les petits animaux, la morsure des Araignées de nos pays est inoffensive pour l'Homme, et l'on doit considérer ces Articulés comme essentiellement utiles, malgré les préjugés qui les condamnent. Il faut évidemment faire une exception pour ces grosses Mygales de l'Amérique du Sud, qui atteignent les dimensions du poing, et osent s'attaquer même à des Oiseaux.

§ 227. **Les Arachnides suceurs ou Acariens.** — La classe des Arachnides contient, comme celle des Insectes, des êtres d'une organisation très dégradée, et dont la plupart sont

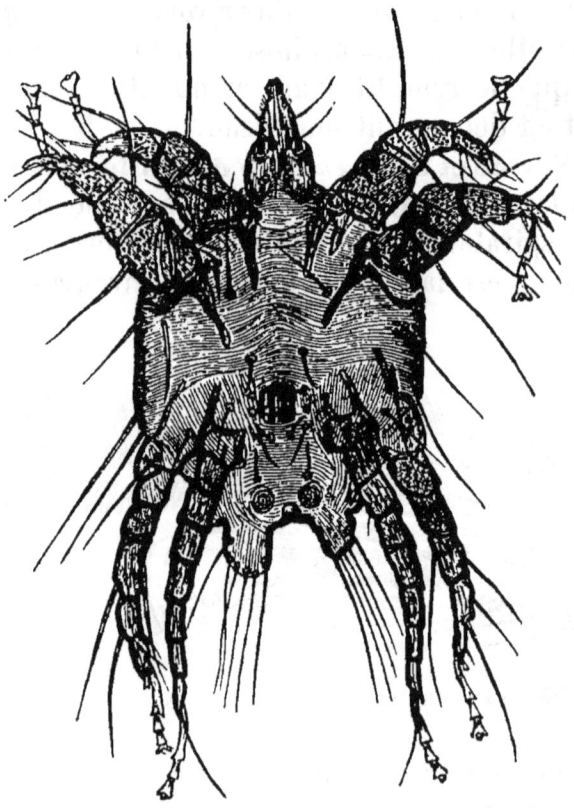

Fig. 284. — Sarcopte de la gale (microscopique).

parasites. Un petit animal à abdomen articulé, muni de pinces comme le Scorpion, et assez commun dans les vieux livres, la *Pince des Bibliothèques*, se rapproche déjà beaucoup de ces Arachnides inférieurs, que l'on appelle des *Acariens*, du nom du plus commun d'entre eux, l'*Acarus* du fromage, ou plus communément encore, des *Mites*. Chez les Acariens on ne distingue ni céphalo-thorax, ni abdomen, ni segments, et toute l'organisation se simplifie beaucoup.

Chez les Mites parasites, les chélicères et les pattes-mâchoires sont transformées en stylets perforants, enfermés dans une espèce de trompe ou de rostre.

Les plus grands Acariens sont les *Ixodes*, qui vivent sur les végétaux, dans les broussailles, et présentent alors un corps très aplati ; mais les femelles s'attachent aux Reptiles et aux Mammifères, sucent leur sang, se gonflent, prennent une forme globuleuse et atteignent la grosseur d'un pois ; la *Tique des Chiens*, qui s'attache souvent aux jambes des chasseurs, est l'*Ixodes ricinus*. Bien plus petits que les Ixodes, les *Tétranyques* sont plus désagréables encore. Le *Lepte automnal* ou *Rouget* cause aux personnes qui s'aventurent dans les hautes herbes, en automne, de vives démangeaisons ; c'est une larve de Tétranyque. Le Lepte automnal n'a que 6 pattes en naissant ; il en acquiert 8 à l'état adulte.

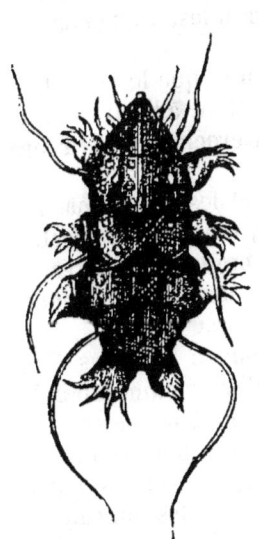

Fig. 285. — Tardigrade (microscopique).

Les petites Mites, d'un rouge vif, que tout le monde a vues courir sur les feuilles dans tous les endroits frais, sont des *Trombidions soyeux*, voisins des Tétranyques. Les *Cirons* ou Mites du fromage, Acariens faciles à observer, ne sont pas sans quelque ressemblance avec les *Sarcoptes* (fig. 284), qui s'enfoncent dans la peau de l'Homme et des animaux, et déterminent alors la maladie repoussante, contagieuse, mais heureusement facile à guérir, qu'on appelle la *gale*. Les Cirons ont les pattes terminées par des griffes ; celles des Sarcoptes sont terminées par une ventouse accompagnée d'une soie.

§ 228. **Les Tardigrades.** — Près des Acariens viennent se ranger les *Tardigrades* (fig. 285), organismes presque microscopiques, qui vivent librement dans la mousse des toits, et qui sont célèbres par leur aptitude à ressusciter après avoir été desséchés. Ils se nourrissent d'animaux microscopiques, qu'ils attaquent avec leur bec, disposé pour la succion.

RÉSUMÉ

MYRIAPODES.

Les Myriapodes, dont le corps est formé d'anneaux tous semblables entre eux, se divisent en deux ordres, dont les types sont les Iules et les Scolopendres.

Les Iules se nourrissent de débris de végétaux et ont deux paires de pattes à la plupart des anneaux.

Les Scolopendres sont carnassières ; elles possèdent des crochets venimeux ; leurs anneaux ne portent qu'une seule paire de pattes.

ARACHNIDES.

La forme du corps des Arachnides, *toujours caractérisés par leurs quatre paires de pattes*, se modifie insensiblement des Scorpions aux Araignées et aux Acariens, souvent parasites.

Les *Scorpions* présentent un *céphalo-thorax*, un *abdomen*, divisé en anneaux, un *post-abdomen* également annelé, terminé par un crochet venimeux, au-dessous duquel est l'anus. Ils ont des *chélicères* en forme de petites pinces et des *pattes-mâchoires* très grandes, rappelant par leur forme les pinces des écrevisses.

Les *Téliphones* diffèrent surtout des Scorpions en ce que le post-abdomen devient chez elles une véritable *queue*, l'anus étant à l'extrémité de l'abdomen. Leurs chélicères sont terminées par un crochet, et leur première paire de pattes devient un organe de tact.

Chez les *Phrynes*, la queue elle-même disparaît et les pattes-mâchoires, moins robustes, sont terminées par une griffe, non par un crochet.

Les pattes-mâchoires sont grêles, comme les premières paires de pattes chez les *Galéodes*, et l'anneau qui porte ces dernières se soude aux précédents de manière à former une sorte de tête.

Les chélicères reprennent la forme de pince coudée chez les *Faucheurs* ou *Opilio*, dont les pattes-mâchoires sont grêles, comme chez les Galéodes, mais dont les quatre paires de pattes servent à la locomotion.

Chez les Araignées, les chélicères ont la forme de crochets venimeux, comme chez les Téliphones, les Phrynes et les Galéodes ; les autres appendices ressemblent à ceux des Faucheurs, mais tous les anneaux du céphalo-thorax d'une part, tous ceux de l'abdomen d'autre part, sont soudés entre eux.

Chez les Acariens, les pièces de la bouche ont enfin la forme de stylets ; mais les pattes-mâchoires ont, chez la *Pince des Bibliothèques*, la même forme que chez les Scorpions.

Caractères distinctifs des deux ordres de la classe des Myriapodes.

Myriapodes carnassiers, pourvus de crochets venimeux, ne présentant qu'une seule paire de pattes à chaque anneau...... *Chilopodes.*
Myriapodes se nourrissant de matières végétales, présentant deux paires de pattes à chaque anneau.................... *Chilognathes.*

Caractères distinctifs des six ordres d'Arachnides.

Abdomen présentant des articles distincts.	Un post-abdomen grêle terminé par un crochet venimeux..........................		*Scorpionides.*
	Post-abdomen rudimentaire ou nul.	Des sacs pulmonaires........	*Pédipalpes.*
		Des trachées. { Une tête distincte........	*Galéodes.*
		Point de tête....	*Faucheurs.*
Abdomen sans articles distincts.	Au moins une paire de poumons.............		*Aranéides.*
	Appareil respiratoire composé de trachées ou nul ; bouche disposée pour piquer........		*Acariens.*

VINGT-CINQUIÈME LEÇON

L'ÉCREVISSE ET LES CRUSTACÉS.

§ 229. **Caractères généraux des Crustacés.** — Les Crustacés sont tous les Arthropodes aquatiques qui respirent par des branchies.

Comme nous l'avons déjà remarqué pour les Vertébrés terrestres, tous les Arthropodes terrestres constituant une même classe, Insectes, Myriapodes, Arachnides, ont entre eux la plus grande ressemblance; les Arthropodes aquatiques sont, au contraire, de même que les Vertébrés aquatiques, très différents les uns des autres, et paraissent ne se ressembler que par leur habitat, qui comporte nécessairement des organes de respiration de même nature, des branchies. Toutefois, quand nous aurons fait une étude suffisamment attentive de l'un des animaux composant cette classe intéressante, il sera facile de montrer que tous les autres peuvent aisément se rattacher à lui, en supposant que chacune de ses parties éprouve quelque modification plus ou moins grande et que le nombre même de ces parties se modifie.

§ 230. **Organisation de l'Écrevisse.** — *Régions du corps; appendices.* — Nous avons déjà vu comment le corps de l'Écrevisse, composé de vingt segments, se divisait en régions et quelle était pour chaque région la forme des appendices (fig. 286). Les appendices de la tête servent à palper ou triturer les aliments (fig. 286, 1 à 9); les appendices thoraciques (fig. 286, 10 et 11) servent à la marche; les appendices abdominaux aident à la natation, dans certaines circonstances; chez les femelles, leurs cinq premières paires portent les œufs jusqu'à l'éclosion, dans les deux sexes; la sixième (fig. 286, 15), composée de deux lames plates et très élargies, contribue à former, avec le dernier anneau abdominal, la puissante rame en forme d'éventail qui termine le corps de l'animal.

Malgré leurs formes et leurs usages si variés, tous ces appendices sont à très peu près composés des mêmes parties, occupant les mêmes positions relatives. Il suffit de les supposer agrandis ou diminués dans diverses directions, dans quelques-unes de leurs parties, ou dans leur totalité, pour les transformer les uns dans les autres. Comme les pattes sont les appendices les plus apparents et les plus compliqués, on peut dire que tous sont des pattes transformées. Ces pattes peuvent se modifier d'une espèce de Crustacé à une autre, comme elles le font d'un anneau au suivant chez l'Écrevisse ; c'est en cela surtout que consistent les différences extérieures entre les Arthropodes qui nous occupent.

§ 231. **Branchies**. — Revenons au céphalo-thorax de l'Écrevisse. Il est recouvert par une sorte de demi-étui solide, la *carapace*, qui est soudée au corps dans la région dorsale, mais demeure libre sur les côtés, de façon qu'on peut l'enlever à droite et à gauche sans découvrir les viscères (fig. 289). On met alors à nu toute une série d'organes arborescents, d'une structure délicate, qui ne sont autres que les *branchies* et leurs dépendances.

Ces organes sont directement fixés, trois par trois, le plus externe sur l'article formant la base des deux dernières pattes-mâchoires et des quatre premières pattes locomotrices, les deux autres sur la membrane qui unit cet article au corps ; les branchies de l'Écrevisse sont donc des dépendances de ses membres. Nous retrouverons ce fait chez la plupart des Crustacés ; seulement la position des membres chargés de porter les branchies pourra varier considérablement.

§ 232. **Organes internes**. — L'appareil digestif de l'Écrevisse (fig. 287) est un tube droit, présentant seulement sur son trajet un estomac garni de pièces solides compliquées, destinées à faire subir aux aliments une trituration plus complète que celle qui résulte du jeu des mandibules, des mâchoires et du talon des pattes-mâchoires. En arrière de l'estomac s'ouvrent dans l'intestin deux grosses glandes de

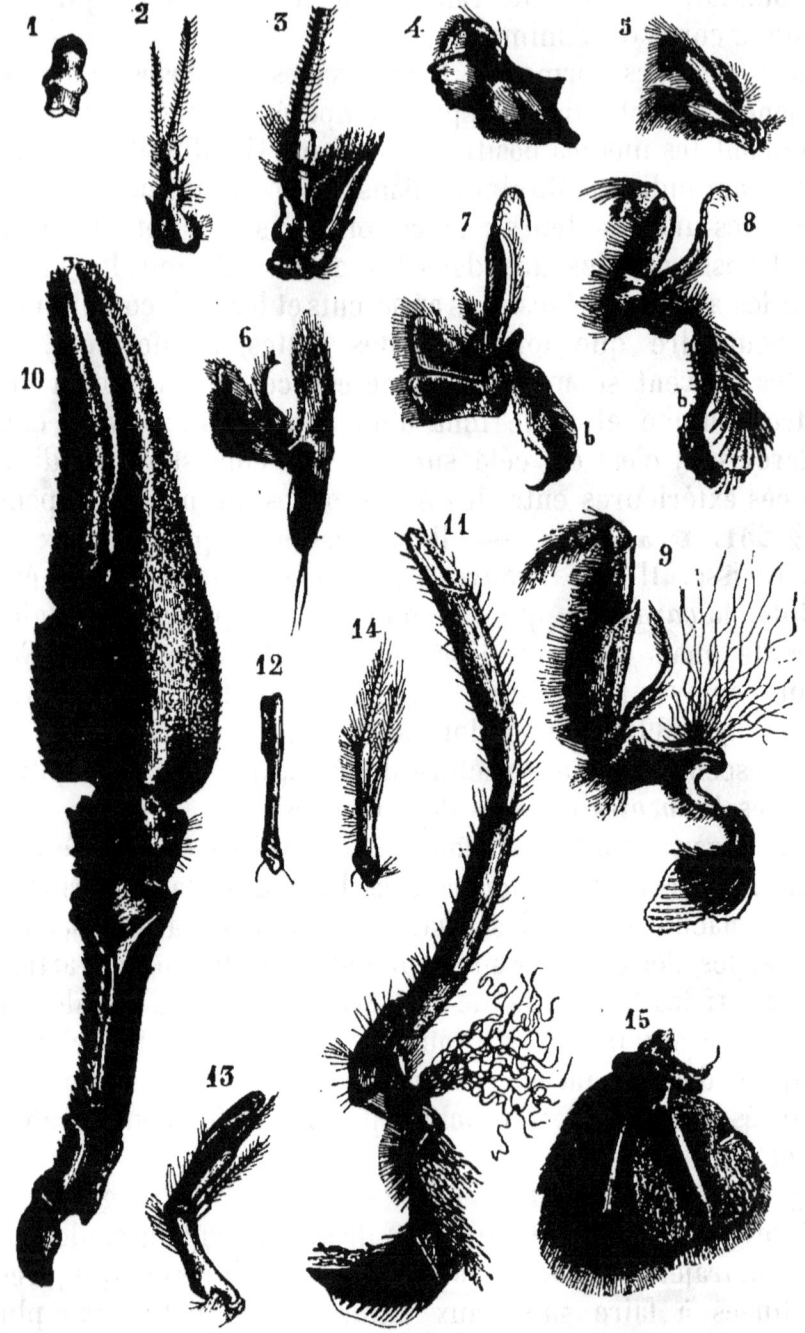

Fig. 286. — Appendices ou membres de l'Écrevisse. — 1, pédoncule des yeux; — 2 et 3, antennes; — 4 à 9, appendices servant à mâcher les aliments; — 10 et 11, pattes ou appendices servant à la marche; — 12 à 14, appendices de l'abdomen; — 15, dernière patte formant avec le dernier article du corps la nageoire caudale.

couleur brune ou jaune, auxquelles on donne le nom de *foie*, bien que leurs fonctions soient plutôt analogues à celles du pancréas des Vertébrés.

Au-dessus de l'intestin, immédiatement en arrière de l'estomac, se trouve le cœur (fig. 288), poche ovoïde, enfermée dans un sac particulier, le *péricarde*.

Du cœur partent des artères qui, après avoir conduit le

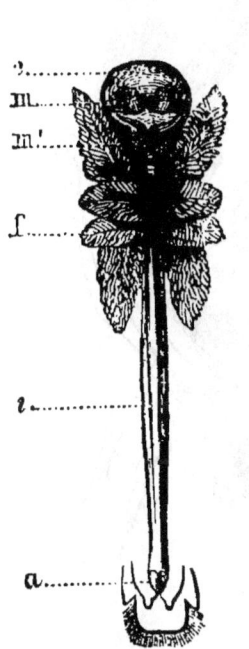
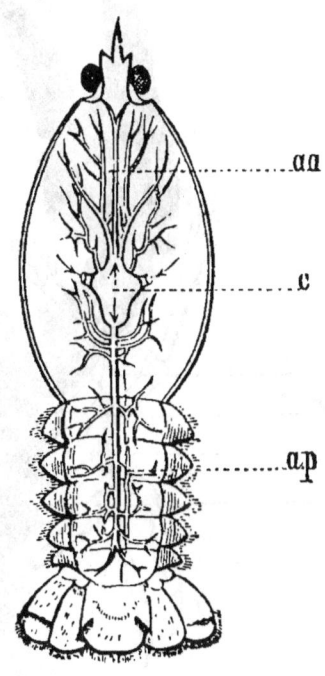

Fig. 287. — Tube digestif de l'Écrevisse. — *c*, estomac; — *m, m'*, muscles; — *f*, foie; — *i*, intestin; — *a*, anus.

Fig. 288. — Appareil circulatoire de l'Écrevisse; — *aa*, aorte antérieure; — *c*, cœur; — *ap*, aorte postérieure.

sang assez loin, cessant d'avoir des parois propres, le laissent échapper dans la cavité même du corps. Cette cavité, comme chez les Arthropodes terrestres, remplace les veines. De couleur rosée, contenant de nombreux corpuscules, coagulable comme le sang des Vertébrés, le sang de l'Écrevisse, après avoir respiré dans les branchies, se rassemble dans le péricarde, et pénètre de là, par six orifices spéciaux, dans le cœur, qui le lance dans les artères. Le système nerveux (fig. 289) est, comme chez tous les Arthropodes, une chaîne ganglionnaire ventrale se bifurquant en avant, pour former un long collier œsophagien, terminé au-dessus de l'œsophage par un cerveau.

Les yeux, portés par de courts pédoncules mobiles, sont des yeux à facettes, analogues à ceux des Insectes. Il existe

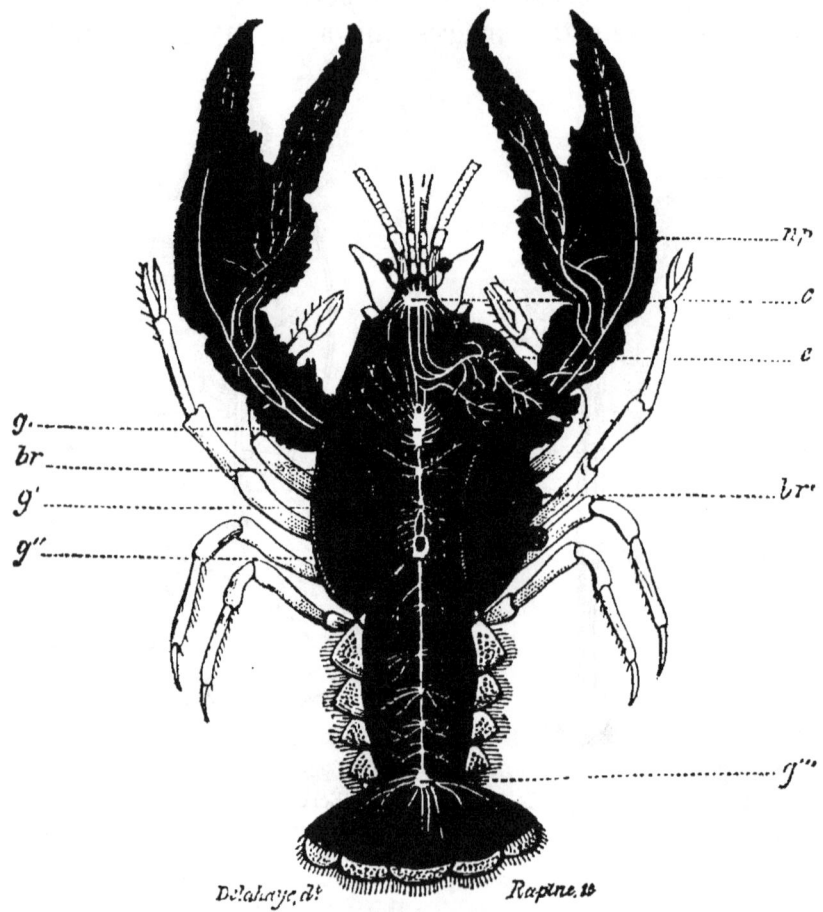

Fig. 289. — Système nerveux de l'Écrevisse. — *c*, cerveau ; — *np*, nerfs des pinces — *br*, *br'*, branchies ; — *e*, estomac ; — *g*, *g'*, *g''*, *g'''*, ganglions.

des sacs auditifs, situés dans l'article basilaire des antennes internes ou *antennules*.

§ 233. **Mues.** — L'Écrevisse, à sa naissance, ne diffère de l'adulte que par son céphalo-thorax, plus volumineux par rapport à l'abdomen ; elle n'éprouve donc pas de changements comparables à ceux qui ne cessent d'étonner chez les

Insectes. Elle a cependant subi dans l'œuf, avant de naître, plusieurs changements de peau, plusieurs mues. Dans la première année de son existence elle change encore trois fois de peau, et chaque mue est suivie d'un accroissement rapide de l'animal, accroissement qui est bientôt enrayé par la consolidation des téguments. A partir de la première année, les mues sont annuelles; elles paraissent devenir plus rares chez les vieilles Écrevisses.

Au moment où l'Écrevisse vient de se débarrasser de son tégument, elle est molle et sans défense; elle devient alors extrêmement craintive, se cache dans des trous et manifeste la plus vive frayeur quand elle vient à être découverte. Cette « disposition d'esprit » présentée par l'Écrevisse au moment de la mue semble persister toute la vie chez certains Crustacés au corps mou, et nous expliquera le genre de vie très étonnant qu'ils ont adopté.

§ 234. **Homards, Langoustes et Crevettes.** — Les *Homards* ne diffèrent guère des Écrevisses que par leur

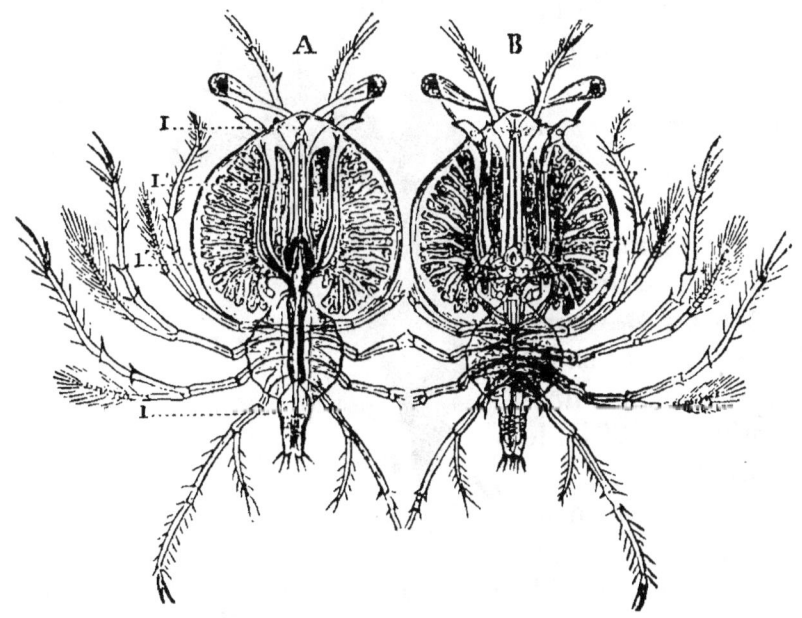

Fig. 290. — Larve de Langouste vue en dessus (A) et en dessous (B); — I, I', I'', tube digestif.

grande taille et parce qu'ils sont marins. Les *Langousies* se distinguent déjà, à première vue, par leurs antennes énormes et leurs premières pattes dépourvues de pinces; mais elles naissent sous une forme très différente de la forme adulte. Ce sont alors des animaux aplatis, transparents comme du cristal, nageant dans la haute mer et dont on avait fait d'abord le genre *Phyllosome* (fig. 290). Durant leur existence vagabonde, beaucoup de Phyllosomes sont détruits, mais cette mortalité est compensée par l'innombrable quantité de petits œufs que produisent les Langoustes et qu'elles portent accrochés, comme les Écrevisses, à leurs pattes abdominales.

Les *Crevettes* et les *Crangons*, ou Crevettes grises, se distinguent surtout par la délicatesse de leur test à demi transparent, la pointe comprimée, dentée en scie, qui prolonge leur front en avant, leurs branchies lamelleuses, la longueur de leurs pattes thoraciques et le développement de leurs pattes abdominales, qui deviennent de véritables nageoires. Elles ne subissent pas de métamorphoses; mais il en existe de très remarquables chez les *Penœus*, qui en sont très voisins.

§ 235. **Crustacés habitant des coquilles ou Bernard l'Ermite.** — Chez les *Pagures* ou *Bernard-l'Ermite* (fig. 291), le céphalo-thorax a une solide carapace, mais l'abdomen demeure

Fig. 291. — Pagure ou Bernard-l'Ermite.

mou. Le Crustacé abrite sa partie sensible, son abdomen; il l'enfonce dans une coquille vide de Mollusque, qui lui sert désormais d'habitation, qu'il traîne partout avec lui, qu'il change quand elle est devenue trop petite, et dont il sait fort bien défendre l'entrée en la fermant avec ses pinces.

§ 256. Les Crabes.

— Mais il y a un moyen plus simple de dissimuler cet abdomen gênant : il suffit de le cacher tout bonnement sous le céphalothorax, qui est toujours solide. C'est ce qui est réalisé chez les *Crabes* (fig. 292), dont l'abdomen, petit, aplati comme une feuille, traversé néanmoins jusqu'à son extrémité par l'intestin, se rabat sous le céphalo-thorax et devient ainsi totalement invisible. Les Crabes naissent cependant avec un abdomen normalement développé; à leur éclosion, les diverses parties de

Fig. 292. — Crabe tourteau (1/2 gr. nat.).

leur corps sont à peu près dans les mêmes proportions que chez l'Écrevisse, seulement leur céphalo-thorax se prolonge, en avant et en arrière, en une longue pointe, qui leur donne une physionomie toute particulière. On a appelé ces larves de Crabes des *Zoés*. Leur pointe antérieure rappelle celle des Crevettes.

§ 237. Division des Crustacés supérieurs en ordres.

— Chez beaucoup de Crustacés qui comptent parmi les plus grands et les mieux organisés, on retrouve le même nombre d'anneaux et de membres que chez les Ecrevisses; mais la division des fonctions se fait autrement entre les membres que nous avons nommés pattes-mâchoires et pattes.

Tous les Crustacés dont nous venons de parler sont intimement reliés entre eux; ils forment l'ordre des **Décapodes**, ainsi nommé parce que tous possèdent dix pattes locomotrices.

Chez les *Mysis*, les *Lophogaster*, les *Euphausia* qui forment l'ordre des **Schizopodes**, les pattes-mâchoires servent à la locomotion; il y a donc 16 pattes au lieu de 10; de plus, ces pattes sont bifurquées comme les antennes internes et les pattes abdominales des Écrevisses; elles portent dans les deux derniers genres des branchies, libres chez les *Lophogaster*, cachées sous la carapace chez les *Euphausia*. Fait bien propre à montrer l'identité de la tête avec les autres segments chez les Crustacés, les *Euphausia* possèdent non seulement des yeux pédonculés, comme d'ordinaire, mais elles ont encore des yeux sessiles sur les pattes et sur l'abdomen. Chez les *Mysis*, les sacs auditifs sont dans la nageoire caudale.

Chez les *Squilles* (fig. 22, p. 49), les cinq premières paires de pattes entourent la bouche, et leur dernier article se rabat sur l'avant-dernier, de manière à constituer un organe de préhension. Il ne reste donc plus que trois paires de pattes thoraciques bifurquées comme celles des Schizopodes. Ce sont les pattes abdominales qui portent les branchies. Les Squilles sont le type de l'ordre des **Stomatopodes**.

Décapodes, *Schizopodes* et *Stomatopodes* présentent toujours des yeux pédonculés : on les réunit dans une sous-classe des **Podophthalmes**.

La petite *Chevrette* (*Gammarus*), si abondante sous les pierres de nos ruisseaux, où on la voit nager couchée sur le côté, l'*Aselle* des eaux stagnantes (fig. 293), le *Cloporte* qui vit à terre dans les lieux humides, ont au contraire les yeux enfoncés dans la carapace : on dit qu'ils sont **Édriophthalmes**. Ces Crustacés ont sept paires de pattes locomotrices, toutes semblables entre elles. Les pattes thoraciques portent, chez les *Gammarus*, types de l'ordre des **Amphipodes**, des sacs respiratoires, tandis que ce sont les pattes abdominales elles-mêmes, minces et aplaties, qui fonctionnent comme des branchies chez les Aselles et les Cloportes, types de l'ordre des **Isopodes**.

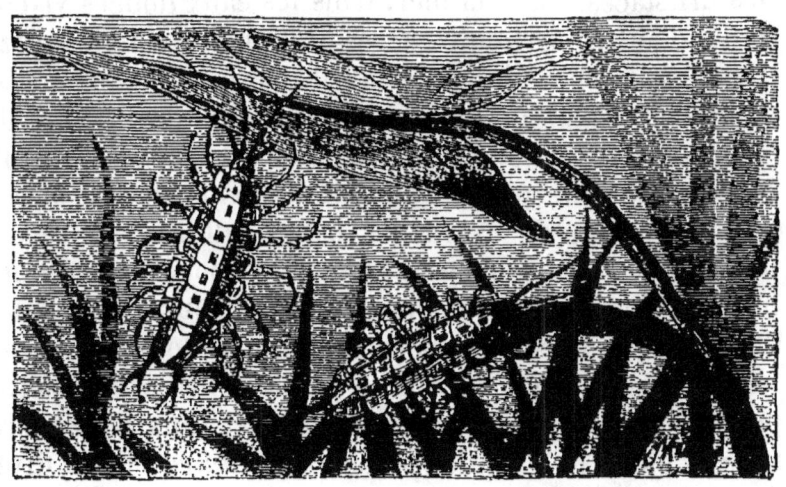

Fig. 295. — Aselle (grandeur naturelle).

§ 238. **Adaptation des Crustacés à la vie aérienne.** — Au milieu d'une classe d'animaux essentiellement aquatiques, les Cloportes nous fournissent un nouvel exemple d'adaptation à la vie aérienne. Il a suffi, pour qu'ils deviennent capables de vivre à terre, que leurs branchies fussent protégées contre la dessiccation. Effectivement, les pattes abdominales sont bifurquées; seule leur moitié interne fonctionne comme branchie; les moitiés externes, aplaties et résistantes, forment par leur ensemble une sorte d'opercule. Les branchies comprises entre l'abdomen et cet ensemble des plaques protectrices sont enfermées dans une sorte de chambre close, où elles peuvent conserver indéfiniment leur humidité.

Par d'autres procédés, des Crustacés plus élevés encore ont pu devenir presque exclusivement terrestres : tels sont les *Birgues*, voisins des Pagures, qui vivent dans des trous et mangent des noix de coco; tels sont encore les Crabes terrestres ou *Tourlourous*.

§ 239. **Les Crustacés inférieurs ou Entomostracés.** —

Les Crustacés dont le corps est divisé en vingt segments, comme ceux dont nous venons de parler, ne sont, malgré leur multitude, que la moindre partie de l'immense classe des Crustacés. Dans la mer, dans les eaux douces vivent une foule d'autres Articulés à respiration branchiale chez lesquels le nombre des anneaux du corps, et par conséquent celui des appendices, varie d'un groupe à l'autre. On les désigne souvent tous ensemble sous le nom d'**Entomostracés**; ils sont parfois en telle abondance dans la mer, qu'ils forment de véritables bancs suffisants à eux seuls pour nourrir les immenses troupes de poissons migrateurs, tels que les harengs ou les sardines, et jusqu'aux baleines. Chez presque tous ce sont les pattes, ou tout au moins des lobes de ces organes, qui servent à la respiration. Aux *pattes-mâchoires*, aux *pattes préhensiles*, aux *pattes-locomotrices*, s'ajoutent ainsi des *pattes-respiratoires*. Cette diversité des fonctions que les pattes peuvent remplir est un des traits les plus remarquables de l'organisation des animaux articulés.

Rien n'est plus varié que les formes des Entomostracés adultes. Tous ces animaux se ressemblent cependant en naissant et présentent justement la forme sous laquelle apparaissent à leur éclosion les Crevettes du genre *Penæus*. On désigne sous le nom de *nauplius* (fig. 294, *d*) leur commune forme larvaire.

§ 240. **Les quatre ordres d'Entomostracés.** — Les Entomostracés se répartissent en quatre ordres; ces quatre ordres sont : 1° les *Phyllopodes*; 2° les *Cladocères*; 3° les *Ostracodes*; 4° les *Copépodes*. Ils sont respectivement représentés dans les eaux douces : le premier, par les *Apus*, qui ont jusqu'à quarante paires de pattes-respiratoires; le second, par les *Daphnies* ou *Puces d'eau*, dont le corps est comprimé et qui nagent à l'aide de leurs antennes postérieures; le troisième, par les *Cypris*, enfermés dans une carapace formée de deux valves mobiles, et qu'on recueille pour nourrir les jeunes poissons; enfin le quatrième, par les *Cyclopes*, tout petits Crustacés blancs qu'on trouve jusque dans nos cafes.

On pourra lire les caractères de ces ordres dans le tableau qui suit ce chapitre.

§ 241. **Les Copépodes parasites.** — Un grand nombre de Copépodes sont parasites des Poissons. Leurs femelles portent deux grands sacs remplis d'œufs, et la forme de leur corps se modifie tellement avec l'âge qu'on les a pris longtemps pour des Vers. Telles sont les *Lernées*, les *Traché-*

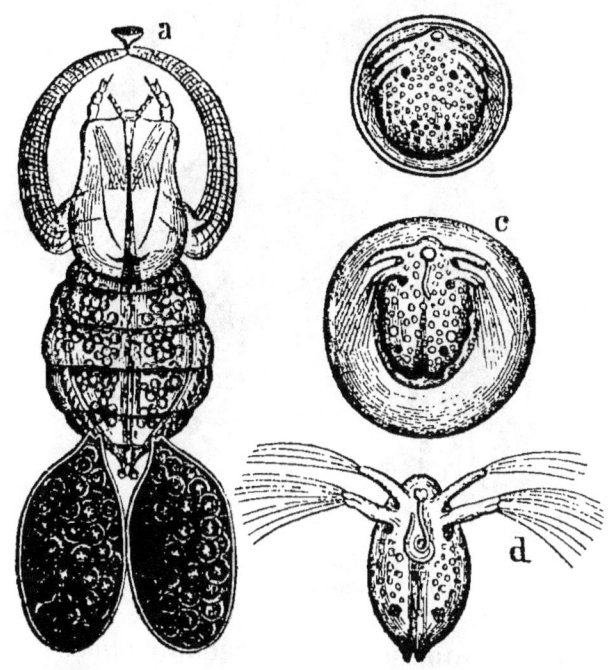

Fig. 294. — Achthères de la Perche *a*). — *c*, son œuf. — *d*, son nauplius.

liastes, parasites des Carpes, les *Achthères* (fig. 294), qu'on trouve sur les Perches, etc. Ces singuliers animaux naissent, comme les autres Entomostracés, sous la forme de *nauplius*, de sorte que leur qualité de Crustacés ne saurait être douteuse.

§ 242. **Les Crustacés fixés ou Cirripèdes.** — On ne saurait non plus reconnaître, à première vue, des Crustacés dans les *Balanes* ou *Glands de mer* qui hérissent tous les rochers à fleur d'eau, ni dans les *Anatifes* (fig. 295) qui se suspendent par de longs pédoncules aux bois flottant en mer.

Cuvier en faisait des Mollusques; mais de leurs œufs sortent des *nauplius*, libres d'abord, qui se fixent plus tard par

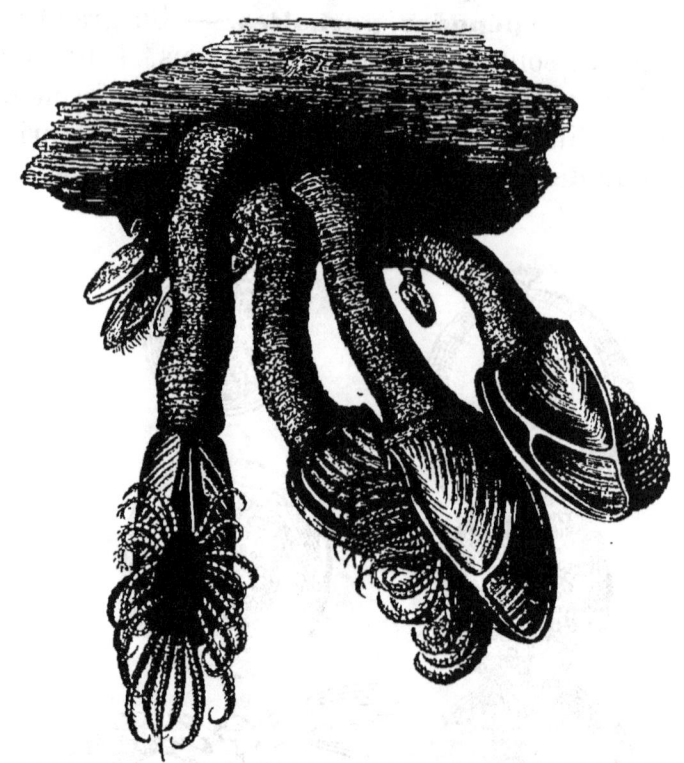

Fig. 295. — Crustacés fixés ou Cirripèdes. — Anatifes lisses fixés à morceau de bois flottant (un peu réduits).

leurs antennes et subissent des métamorphoses montrant qu'il faut les rapprocher des Cypris.

§ 243. **Limules et Crustacés fossiles qui s'en rapprochent.** — On rattache enfin aux Crustacés d'étranges animaux qui abondaient à l'époque où la vie venait de s'établir sur le globe. C'étaient les *Pterygotus*, les *Eurypterus* et surtout les *Trilobites*, qui n'ont pour successeurs dans nos mers actuelles que les *Limules* ou Crabes des Moluques (fig. 296). Quelques espèces de Ptérygotes dépassaient deux mètres de long et justifient le nom de **Gigantostracés** qu'on donne à ces animaux, dont le caractère principal consiste en ce que tous leurs organes masticateurs ont la forme de pattes, et servent réellement à

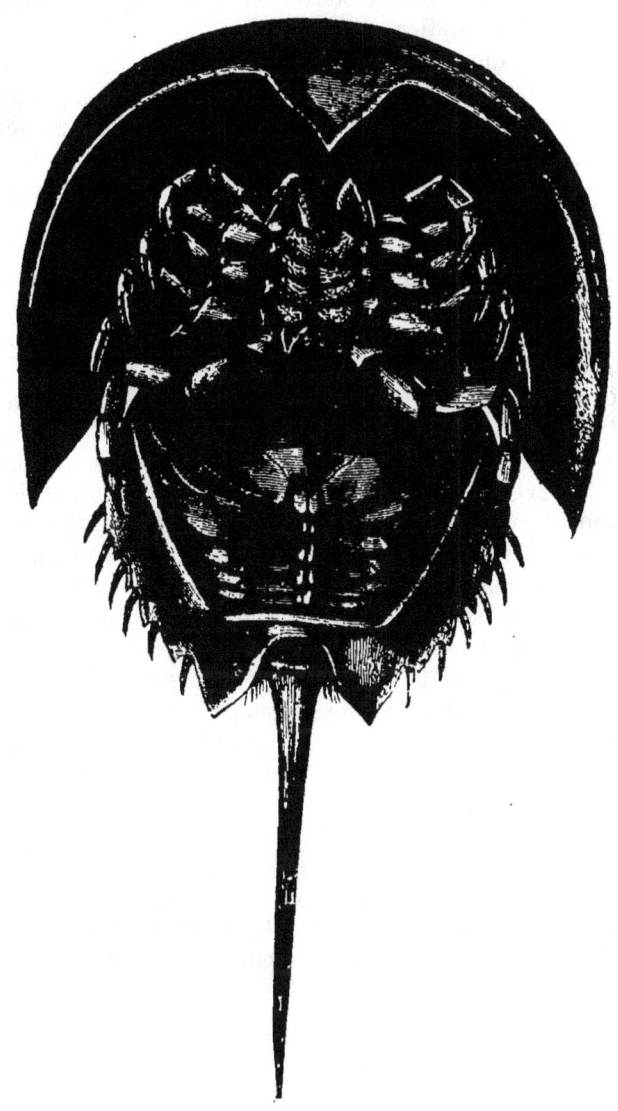

Fig. 296. — Limule polyphème (1/4 de gr. nat.).

la locomotion en même temps qu'à la mastication chez les Limules.

RESUMÉ

On peut rattacher tous les Crustacés à l'Écrevisse de la même façon que nous avons rattaché tous les Arachnides au Scorpion.

LES CRUSTACÉS.

Les vingt anneaux dont se compose le corps de l'Écrevisse se groupent en deux régions : le *céphalo-thorax* et l'*abdomen*; ils portent presque tous une paire d'appendices.

Sur le céphalo-thorax on compte deux paires d'*antennes*, une paire de mandibules, deux paires de mâchoires, trois paires de pattes-mâchoires ; les huit anneaux qui portent ces huit paires d'appendices sont la *tête* de l'Écrevisse ; les cinq anneaux suivants qui portent les pattes locomotrices, son *thorax*. L'*abdomen* compte sept anneaux. Les pattes-mâchoires et les pattes portent les *branchies*, cachées sous la carapace.

L'Écrevisse ne subit pas de métamorphoses, mais elle éprouve des *mues*.

Un premier grand groupe de Crustacés comprend tous ceux dont le corps a vingt segments comme celui des Écrevisses.

On appelle *Décapodes* les Crustacés qui ont le même nombre d'antennes, de mandibules, de mâchoires, de pattes-mâchoires et de pattes que l'Écrevisse. Les principaux Décapodes sont le Homard, la Langouste, les Crevettes, les Pagures ou Bernard-l'Ermite et les Crabes.

D'autres Crustacés ont au céphalo-thorax le même nombre d'appendices que l'Écrevisse, mais les fonctions de mastication et de préhension sont autrement réparties entre eux. Ces crustacés, qui appartiennent à deux ordres différents, ont d'ailleurs les yeux pédonculés comme les Décapodes et forment avec eux la grande division des PODOPHTHALMES.

Une autre sous-classe, celle des ÉDRIOPHTHALMES, comprend des Crustacés dont le corps a vingt articles comme celui des Écrevisses, mais dont les yeux sont enfoncés dans la carapace. Ces Crustacés ont deux paires de pattes-mâchoires et sept paires de vraies pattes ; ils se divisent en AMPHIPODES (Crevettes des ruisseaux) et ISOPODES (Cloportes, Aselles).

Les Podophthalmes et les Edriophthalmes forment la grande division des *Crustacés supérieurs*.

Dans une autre division, celle des *Crustacés inférieurs* ou *Entomostracés*, le nombre des articles du corps et des appendices varie d'un groupe à l'autre. On en distingue cinq ordres.

Il faut enfin rattacher aux Crustacés les Limules et les nombreux Articulés fossiles dont les organes masticateurs gardaient la forme de pattes.

Tableau des caractères distinctifs des ordres de Crustacés.

I. — Articulés pourvus d'antennes, de mandibules et de machoires. Crustacés proprement dits.

Corps composé de 20 segments dont 7 abdominaux ; 2 paires d'antennes, une paire de mandibules, 2 paires de mâchoires. *Crustacés supérieurs ou Malacostracés.*)

- Une carapace couvrant les 15 anneaux du céphalothorax. Des yeux composés portés à l'extrémité de pédoncules mobiles. (*Podophthalmes*)
  - Trois paires de pattes-mâchoires. — Cinq paires de pattes thoraciques .... *Décapodes.*
  - Huit paires de pattes semblables, toutes bifurquées. *Schizopodes.*
  - Cinq paires de pattes-mâchoires. — Trois paires de pattes thoraciques.. *Stomatopodes.*
- Une tête de 6 anneaux, un thorax de 7. Des yeux composés, enfoncés dans les téguments ; point de carapace. (*Edriophthalmes*)
  - Pattes thoraciques portant des vésicules respiratoires............ *Amphipodes.*
  - Pattes thoraciques sans vésicules respiratoires, toutes semblables..... *Isopodes.*

Corps composé d'un nombre de segments supérieur ou inférieur à 20. (*Crustacés inférieurs ou Entomostracés.*)

- Crustacés nageurs ou parasites à l'état adulte.
  - Carapace d'une seule pièce, ne couvrant, quand elle existe, qu'une partie du corps.
    - Animaux d'assez grande taille, ayant leurs pattes et leurs pattes-mâchoires munies d'une lame respiratoire...... *Phyllopodes.*
    - Animaux de petite taille, comprimés, nageant à l'aide de leur seconde paire d'antennes...... *Cladocères.*
  - Corps enfermé dans une carapace à deux valves mobiles. — Sept paires d'appendices en tout......... *Ostracodes.*
  - Point de carapace ni de membres abdominaux................... *Copépodes.*
- Crustacés fixés, à pattes transformées en panache respiratoire....................... *Cirripèdes.*

II. — Articulés ayant tous leurs appendices buccaux en forme de pattes. Gigantostracés.

Principales formes : *Trilobites, Pterygotus, Eurypterus, Limules.* Les Limules sont les seules formes actuellement vivantes.

VINGT-SIXIÈME LEÇON

DEUXIÈME TYPE DU RÈGNE ANIMAL : LES ANIMAUX A FORME VÉGÉTALE OU PHYTOZOAIRES. — L'EMBRANCHEMENT DES ÉCHINODERMES.

§ 244. **Caractères généraux des Échinodermes.** — Avec les Échinodermes commence la série des animaux fixés ou incapables d'une locomotion rapide dans un sens déterminé, chez qui le corps présente plus ou moins nettement cette disposition arborescente ou rayonnante des parties qu'on observe dans le corps, les fleurs ou les fruits des végétaux. En général, chez les Échinodermes le corps peut se diviser en parties rayonnantes, très souvent au nombre de cinq, disposées autour d'une partie centrale plus ou moins distincte. Le nom d'*animaux rayonnés* leur convient donc parfaitement. Les rayons peuvent d'ailleurs se comporter différemment par rapport à la partie centrale, lui demeurer seulement attachés par une de leurs extrémités, ou se souder à elles dans toute leur longueur. Les *Étoiles de mer* d'une part, les *Oursins* ou Châtaignes de mer d'autre part, vont nous servir d'exemple pour expliquer ces deux dispositions.

§ 245. **Les Étoiles de mer.** — On connaît aujourd'hui près de 500 espèces d'Étoiles de mer. Ces animaux se rencontrent sur toutes les côtes, et on en trouve jusqu'à plus de 5000 mètres de profondeur sous les eaux. Ils rampent lentement sur le sol sous-marin, tournant toujours vers le bas une même face de leur corps, qu'on peut appeler la *face ventrale*. Leurs rayons (fig. 25, page 50) sont généralement au nombre de cinq, mais on en trouve jusqu'à quarante chez certaines espèces; l'animal peut s'avancer indifféremment dans le sens de l'un quelconque d'entre eux, de sorte qu'on ne peut lui reconnaître que d'une façon tout à fait conventionnelle un côté antérieur, un côté postérieur, une moitié droite, une moitié gauche. La bouche est située au milieu de la face ventrale du corps; elle conduit dans un sac digestif d'où partent cinq paires de poches bosselées qui se rendent dans les bras.

La face inférieure des rayons est creusée d'une gouttière plus ou moins profonde où sont disposées tantôt deux, tantôt quatre rangées de tubes membraneux terminés chacun par une ventouse circulaire. Ce sont là les *pieds* de l'animal. L'Étoile de mer s'accroche aux corps environnants à l'aide de ses ventouses, et se hisse vers elles en raccourcissant le tube membraneux qui leur fait suite.

Sur le dos de la partie centrale, exactement en face de l'intervalle de deux rayons, on voit une plaque calcaire saillante criblée de petits trous, la *plaque madréporique*. Par là l'eau s'introduit dans un système de canaux communiquant avec les tubes locomoteurs, qu'elle peut distendre ou abandonner, en les laissant revenir sur eux-mêmes, suivant les mouvements que veut accomplir l'animal.

La peau des Étoiles de mer est soutenue par un squelette calcaire réticulé enfoui dans sa substance et souvent surmonté d'épines.

§ 246. **Les Oursins.** — Les *Oursins* ou *Châtaignes de mer* (fig. 297) paraissent, au premier abord, complètement sphériques et avoir, par conséquent, une infinité de plans de symétrie; mais, si l'on vient à les dépouiller des piquants dont ils sont couverts, de manière à mettre à nu leur enveloppe solide, on reconnaît que celle-ci se décompose en cinq fuseaux régulièrement percés de trous, entièrement semblables entre eux, séparés par autant de fuseaux imperforés.

Les cinq fuseaux percés de trous se nomment les *ambulacres*.

Chez l'Oursin vivant, par les trous de ces ambulacres sortent de longs tubes membraneux (fig. 297), appelés **tubes ambulacraires**, exactement semblables et servant exactement aux mêmes usages que ceux de la gouttière des bras des Étoiles de mer. Les fuseaux perforés ou *ambulacres* du test de l'Oursin correspondent donc aux bras de l'Étoile de mer, les fuseaux imperforés ou *interambulacres* aux intervalles de ces bras, et l'Oursin est un animal rayonné au même titre que l'Étoile de mer. La bouche occupe le centre de la face inférieure des Oursins; elle est ordinairement armée de cinq dents. L'anus est au pôle opposé du test, et près de lui se trouve une plaque madréporique servant, comme celle des Étoiles de mer, à l'introduction de l'eau dans les vaisseaux de l'animal.

Fig. 297. — Oursin rampant sur les parois d'un aquarium, avec ses tubes ambulacraires ou pieds épanouis (1/2 gr. nat.).

§ 247. Les Échinodermes cylindriques ou Holothuries. — L'enveloppe de l'Oursin est dure, résistante, formée de plaques géométriquement disposées, enchâssées les unes dans les autres et portant de nombreux piquants. Supposez ces plaques remplacées par une multitude de corpuscules calcaires, enfouis dans un tégument épais mais flexible; supposez l'animal allongé suivant son axe longitudinal : vous aurez une sorte de Ver, à peu près cylindrique. Il existe des animaux ainsi construits : ils vivent au fond de la mer et constituent la classe des **Holothuries**.

§ 248. Les Échinodermes à bras flexibles ou Ophiures.

— Les bras des Étoiles de mer sont épais, peu mobiles, et se fusionnent, sans démarcation nette, avec la partie centrale à laquelle ils sont soudés; ils contiennent, outre l'appareil reproducteur, des prolongements du tube digestif.

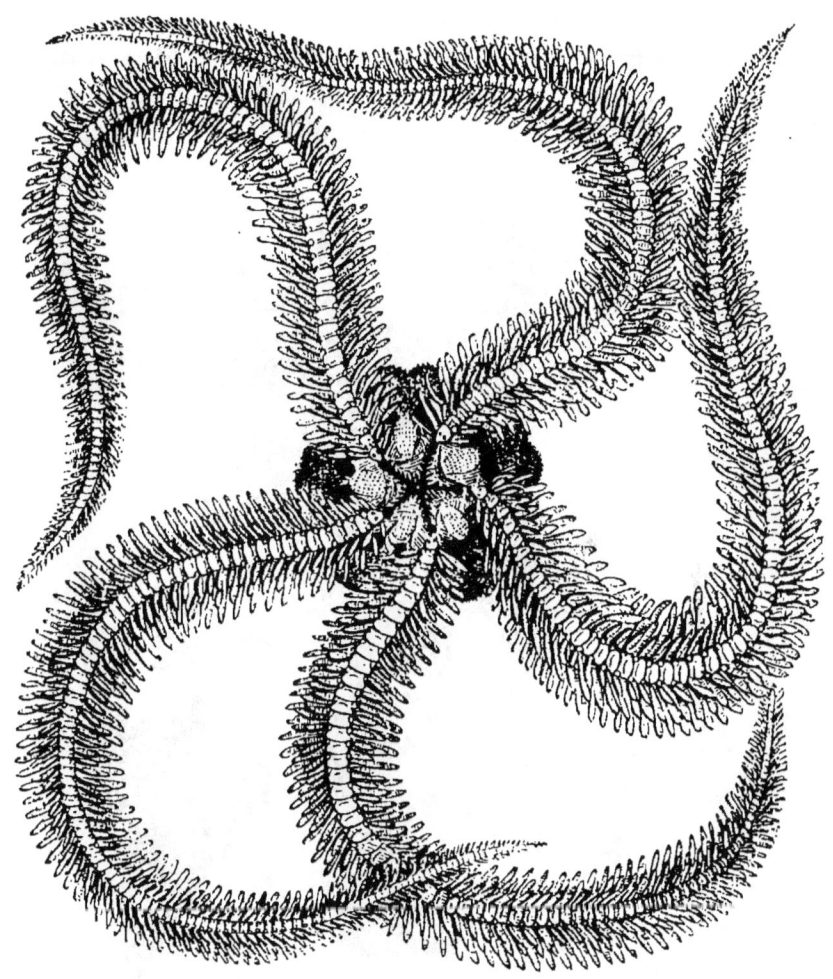

Fig. 298. — Ophiure (grandeur naturelle).

Que tous ces organes disparaissent des bras, devenus mobiles comme des Serpents, pour se rassembler dans un disque nettement distinct de ces appendices, et l'on se trouve en présence d'êtres nombreux et intéressants, constituant la classe des **Ophiures** (fig. 298).

Les Étoiles de mer et les Ophiures ont la bouche tournée vers le sol ; la bouche est le seul orifice bien développé de leur tube digestif ; les premières marchent à l'aide de leurs tubes ambulacraires ; les secondes, dont les tubes ambulacraires sont dépourvus de ventouses, rampent à l'aide des ondulations de leurs bras.

§ 249. **Les Échinodermes fixés, au moins dans leur jeune âge, ou Crinoïdes.** — Les *Comatules*, types de la classe des **Crinoïdes**, bien que conservant un corps étoilé,

Fig. 299. — Jeunes Comatules fixées (très grossies) ; l'une d'elles est prête à se détacher.

se distinguent des Étoiles de mer et des Ophiures en ce qu'elles se tiennent, la bouche tournée en haut, accrochées aux roches ou aux plantes marines par des appendices articulés de leur région dorsale. Leur tube digestif présente deux orifices très apparents ; il est tout entier situé dans le disque, comme chez les Ophiures. Les Comatules adultes se déplacent peu, et ce sont des cils vibratiles qui attirent vers leur bouche les particules alimentaires flottantes dont elles se nourrissent.

Bien qu'éprouvant les plus curieuses métamorphoses, les Oursins, les Holothuries, les Étoiles de mer, les Ophiures sont libres pendant toute leur vie : après avoir quelque temps nagé librement, l'embryon des Comatules se fixe, et la jeune Comatule, alors même qu'elle est très voisine de sa forme définitive, se balance, comme une fleur, au sommet d'un long pédoncule articulé (fig. 299). Puis le pédoncule se brise, et la Comatule s'éloigne, mais conserve son attitude primitive.

Il y a des Crinoïdes, tels que les *Pentacrines*, dont le pédoncule, au lieu de se briser, grandit pendant toute la vie de l'animal, qui demeure, en conséquence, toujours attaché au sol. Les Crinoïdes des premières époques géologiques étaient tous dans ce cas. Parmi eux il en est dont le disque central contenant l'appareil digestif était énorme par rapport aux bras et revêtu de plaques calcaires de forme géométrique. Chez quelques espèces, les bras, toujours redressés, étaient enchâssés à demeure dans des sillons pratiqués sur cette partie centrale. Leur pédoncule supportait donc un être globuleux très semblable à un Oursin. C'est sans doute par l'intermédiaire de ces animaux que les Oursins se rattachent aux Échinodermes étoilés.

§ 250. **Échinodermes utiles et nuisibles.** — Les Échinodermes n'ont pour l'Homme qu'une importance secondaire. On mange quelques espèces d'Oursins. Sous le nom de *Trépang*, une Holothurie entre dans la cuisine des Chinois. Sur certaines côtes, les Étoiles de mer sont tellement nombreuses qu'on les ramasse pour en faire de l'engrais.

Les Oursins sont herbivores ; les Étoiles de mer se nourrissent surtout de Mollusques ; elles sont particulièrement redoutées par les possesseurs de bouchots à Moules.

RÉSUMÉ

Le corps des Échinodermes est formé d'une partie centrale autour de laquelle sont disposées, en général, cinq parties rayonnantes. Ces cinq parties peuvent être soudées à la partie centrale par une de leurs extrémités seulement, ou dans toute leur longueur. Dans le premier cas, le corps est étoilé ; dans le second, il est sphérique ou cylindrique.

Les Étoiles de mer ont un corps étoilé ; elles se meuvent à l'aide de tubes membraneux, terminés chacun par une ventouse et disposés en rangées dans une gouttière de la face inférieure de leurs bras.

Les Ophiures sont des Étoiles de mer à bras grêles, qui se déplacent en faisant onduler leurs bras.

Les Oursins ont un corps sphérique couvert de piquants ; sur leur corps, cinq fuseaux perforés représentent les cinq bras des Étoiles de mer et laissent passer par leurs faces des tubes terminés par une ventouse, semblables à ceux de la face inférieure des bras des Étoiles de mer.

Les Holothuries diffèrent surtout des Oursins par leur corps mou et cylindrique.

Les Crinoïdes sont des Échinodermes étoilés fixés au sol sous-marin toute leur vie ou durant une certaine période de leur développement.

Ces caractères peuvent être résumés comme il suit :

Division des Échinodermes en cinq classes.

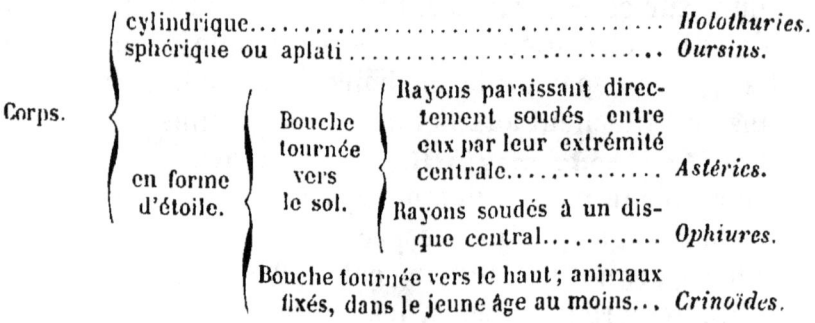

VINGT-SEPTIÈME LEÇON

L'EMBRANCHEMENT DES POLYPES. — LES HYDRES ET LES MÉDUSES.

§ 251. **Forme générale des Polypes**. — L'histoire des Polypes nous introduit dans un monde tout nouveau. Nous allons étudier des animaux aquatiques presque tous fixés au sol comme des plantes, au corps ramifié comme celui des plantes, portant des fleurs comme les plantes. Pour bien comprendre le genre de vie de ces êtres singuliers, pour bien voir comment s'enchaînent les formes si diverses qu'ils présentent, il est nécessaire d'étudier d'abord l'un des plus simples d'entre eux : l'*Hydre d'eau douce*.

§ 252. **L'Hydre d'eau douce**. — On trouve fréquemment dans nos eaux douces deux Polypes, célèbres depuis les recherches dont ils ont été l'objet de la part du naturaliste genevois Tremblay : l'*Hydre verte* et l'*Hydre grise* (fig. 300). Ces Hydres ont la forme de cornets; elles se tiennent habituellement fixées par leur extrémité étroite; leur extrémité large présente un orifice, le seul que possède l'animal, entouré d'un nombre de bras variable. L'Hydre grise a, au maximum, 1 centimètre de long; ses bras peuvent s'étendre *jusqu'à présenter 3 ou 4 décimètres de longueur*, et deviennent alors minces comme des fils d'Araignée. Ils fonctionnent du reste à peu près comme ces fils; ce sont de véritables lignes tendues sur le passage des animaux microscopiques, mais des lignes vivantes, lançant elles-mêmes leurs hameçons empoisonnés, lorsqu'elles viennent à être frôlées par quelque être animé. Elles contiennent, en effet, une multitude de vésicules remplies d'un liquide venimeux et renfermant, en outre, un petit tube élastique, enroulé en spirale, et tendu comme un ressort. Au moindre choc, le tube se retourne, se redresse, pénètre comme une flèche dans le corps de l'animal qui a produit le contact, y verse le liquide venimeux et le tue; l'Hydre n'a plus qu'à enrouler son bras autour de la victime et à la porter à sa bouche. Ces singuliers organes de chasse, qu'on retrouve chez tous

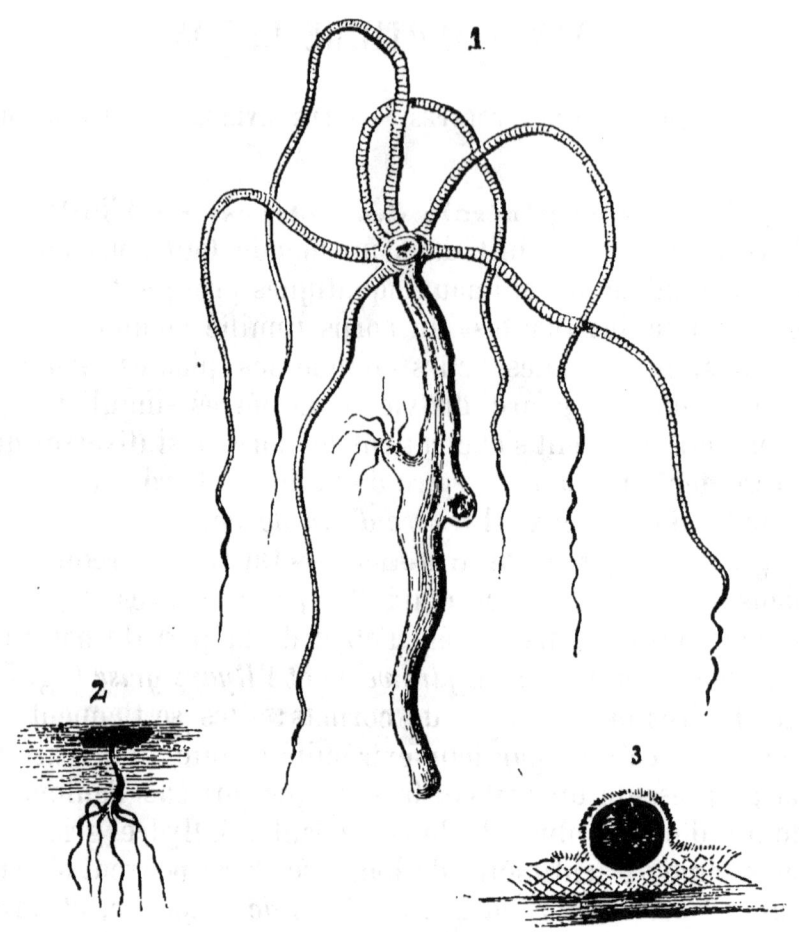

Fig. 300. — 1, Hydre grise, très grossie; — 2, Hydre, grandeur naturelle; 3, un œuf d'Hydre grossi.

les Polypes, s'appellent des *capsules urticantes* ou *nématocystes*.

Les Hydres ont une étonnante vitalité. Si on les coupe en deux ou plusieurs morceaux, chaque morceau devient une Hydre nouvelle. On peut les retourner comme un gant; l'animal retourné continue à vivre dans ces conditions, et ne tarde pas à digérer de nouveau.

Une Hydre bien nourrie présente un autre phénomène non moins étonnant : elle produit peu à peu à la surface de son corps des Hydres nouvelles, qui poussent sur elle absolument comme des rameaux sur une tige. Ces Hydres demeurent plus ou moins longtemps attachées à la mère : leur estomac communique avec le sien, et la même nourriture sert à toutes. La mère et les filles forment ainsi une petite *colonie;* puis les filles se séparent, et chacune vit pour son compte jusqu'à ce qu'elle ait produit elle-même des Hydres nouvelles.

A l'automne, un bourgeon, que rien ne distingue d'abord de ceux qui deviennent des Hydres, donne naissance à des œufs, qui passent l'hiver et éclosent au printemps.

§ 253. **Colonies d'Hydres**. — Chez un Polype qui vit également dans nos eaux douces, le *Cordylophora lacustris*, les Hydres nées les unes sur les autres ne se séparent pas, et la colonie revêt l'aspect d'un petit arbuste dont chaque feuille serait un animal. A certaines époques, de quelques individus plus gros que les autres, dépourvus de bouche et de bras, on voit s'échapper de petites larves ciliées qui se fixent bientôt et vont fonder de nouvelles colonies.

La mer nourrit une foule d'êtres très analogues aux Hydres, vivant, comme les *Cordylophora*, en colonies arborescentes (fig. 301), et qu'on réunit dans une même classe, que nous appellerons la classe des **Hydroméduses**. Chacun des individus analogues aux Hydres qui entre dans la constitution de la colonie est ce qu'on appelle un *Polype*.

§ 254. **Méduses**. — Parmi les nombreuses espèces de colonies de Polypes, il en est qui manifestent, au moment de la reproduction, un étonnant phénomène. De même que les plantes fleurissent, elles produisent des organismes rayonnés, comme les fleurs elles-mêmes, qui se détachent quand ils sont arrivés à maturité et s'en vont nager librement dans la mer (fig. 301, *c*). Ces organismes, dont la parenté avec les Hydres n'a été reconnue qu'en 1837, avaient formé jusque-là une classe particulière ; on les nommait des *Méduses;* ce nom leur a été conservé.

Les Méduses nées sur une colonie de Polypes ont la forme

d'une cloche parfaitement transparente. Du sommet de la cloche pend, dans son intérieur, une sorte de sac présentant à son extrémité libre une ouverture : c'est le *sac stomacal* ou *manubrium*; on désigne la cloche elle-même sous le nom d'*ombrelle*. Du fond du sac stomacal partent, en général, quatre canaux qui descendent le long des méridiens corres-

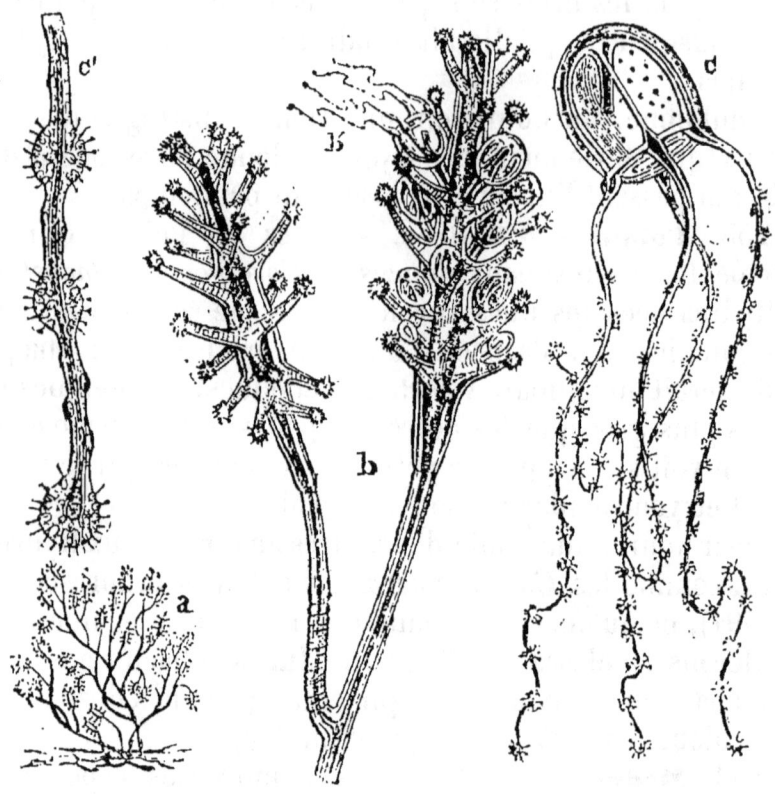

Fig. 301. — Polype hydraire (Syncoryne) produisant des Méduses. — *a*, une colonie de ces Polypes, grandeur naturelle; — *b*, une portion grossie de cette colonie avec des Méduses développées; — *b'*, *c*, Méduse adulte et libre; — *c'*, un bras de la Méduse avec bouquets de Nématocystes.

pondants de l'ombrelle jusqu'à son bord, et viennent tous s'ouvrir dans un canal circulaire qui court le long de ce bord. Les matières alimentaires élaborées par l'estomac passent dans ces canaux et sont ainsi réparties directement dans le corps de la Méduse; chez cet animal l'appareil digestif et l'appareil circulatoire sont, par conséquent, confondus pour former un appareil unique, l'*appareil gastro-vasculaire*. Les œufs se développent soit dans l'épaisseur des parois du sac stomacal, soit sur le trajet des canaux auxquels il donne naissance.

L'ouverture de l'ombrelle des Méduses (fig. 301, *c*) est rétrécie par une sorte d'anneau musculaire présentant avec l'ombrelle à peu près les mêmes rapports que l'iris de notre œil avec le globe oculaire. L'ouverture centrale de cet anneau livre souvent passage au sac stomacal, dont la longueur peut être beaucoup plus grande que la hauteur verticale de l'ombrelle. Le bord de l'ombrelle porte ordinairement des organes des sens et de longs tentacules garnis de capsules urticantes. Il existe aussi des tentacules plus petits autour de l'ouverture du sac stomacal.

C'est à l'aide des contractions de leur ombrelle que nagent les Méduses. Quand l'ombrelle est dilatée, elle se remplit d'eau; une contraction brusque comprime cette eau qui s'échappe en partie et réagit sur le fond de l'ombrelle pour la projeter au loin. La Méduse, qui se tient presque toujours dans une position inclinée, avance ainsi par soubresauts. Nous avons déjà vu ce mécanisme mis en œuvre chez les Mollusques céphalopodes et les larves de Libellules.

§ 255. **Les Méduses sont des bouquets d'Hydres, comme les fleurs un assemblage de feuilles.** — Il résulte de ce qui précède que la Méduse est un organisme fort compliqué, et l'on a peine à comprendre comment un tel organisme a pu pousser sur une colonie d'êtres aussi simples que les Polypes hydraires. L'examen attentif du développement des Méduses donne l'explication de ce fait. Sur la colonie, tout Polype apparaît d'abord sous la forme d'un bourgeon unique, simple bosselure présentant une cavité centrale en communication avec la cavité digestive du Polype sur lequel elle est née. Un bourgeon suffit toujours à produire un Polype. Pour les Méduses, il n'en est pas ainsi : cinq bourgeons au moins sont nécessaires à leur développement; l'un devient le sac stomacal, les quatre autres forment chacun un quart de l'ombrelle de la Méduse avec le canal gastro-vasculaire correspondant. Ces bourgeons demeurent longtemps indé-

Fig. 302. — Siphonophore (Physophore hydrostatique, demi-grandeur).

pendants et n'arrivent à se souder que par les progrès de leur développement. Une Méduse ne correspond donc pas à un Polype : c'est un bouquet de cinq Polypes, dont quatre, d'abord libres, se sont ensuite soudés ensemble. De même la fleur d'un végétal, bien que résultant d'une métamorphose des feuilles, ne correspond pas à une feuille, mais à un bouquet de feuilles. L'analogie des Méduses et des fleurs est donc intime ; la Méduse est une fleur monopétale, qui a été polypétale dans sa jeunesse. Nous verrons tout à l'heure que les Polypes hydraires forment aussi des fleurs polypétales.

§ 256. **Colonies de Méduses ; classe des Siphonophores.** — Les Méduses ne se bornent pas toujours à produire des œufs ; parmi leurs nombreuses espèces, il en est qui ont la faculté de produire de toutes pièces, les unes sur les bords de leur ombrelle, les autres à la surface de leur sac stomacal, de nouvelles Méduses. Ces dernières demeurent unies à leur mère, et forment avec elle de longues colonies flottantes, dont tous les individus naviguent de concert. La classe des **Siphonophores** a été instituée pour des colonies de ce genre (fig. 302), dans lesquelles les Méduses sont associées aux Hydres de toutes les façons possibles.

§ 257. **Classe des Acalèphes.** — Il existe aussi des Méduses qui sont produites directement par des larves nées des œufs, sans que celles-ci aient besoin de former auparavant une colonie de Polypes. Les plus remarquables de ces Méduses, les *Lucernaires*, se fixent par le dos comme les Polypes hydraires, avant d'avoir atteint tout leur développement, et alors ressemblent beaucoup extérieurement à des Hydres. Après leur fixation, des Méduses voisines des Lucernaires, les *Scyphistomes* (fig. 303, 1), s'allongent, leur corps devient cylindrique et bientôt paraît formé d'anneaux superposés (fig. 303, 2). Ces anneaux se séparent de plus en plus les uns des autres, se détachent un à un, et chacun finit par devenir une de ces grandes Méduses qui voyagent par bandes et sont souvent rejetées sur les côtes par les tempêtes (fig. 303 et 304). Les *Rhizostomes*, qui atteignent 3 ou 4 décimètres de diamètre, se forment ainsi.

EMBRANCHEMENT DES POLYPES.

Les Méduses qui présentent ce mode de développement

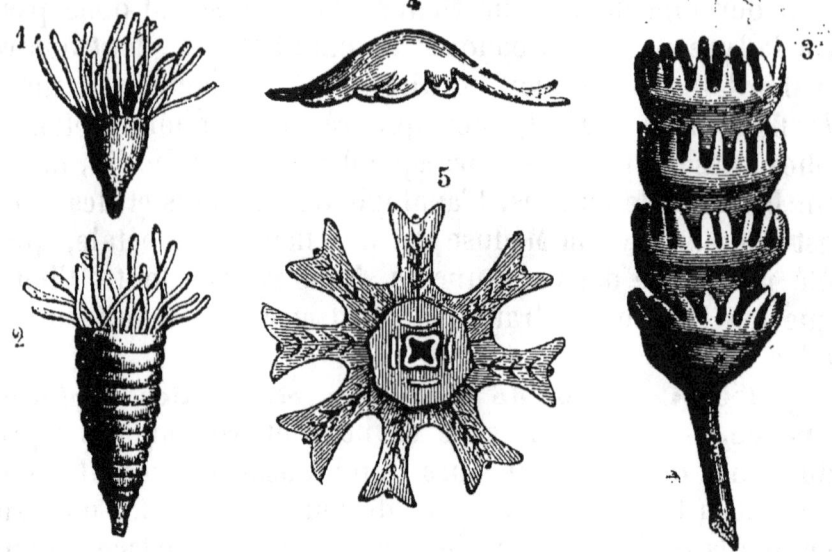

Fig. 503. — 1, jeune Méduse fixée (Scyphistome) ; — 2, la même plus développée (Strobile) et déjà divisée en une série d'anneaux dont chacun deviendra une Méduse ; — 3, Strobile dont un certain nombre de Méduses se sont déjà détachées, celles qui restent étant presque adultes ; — 4, 5, jeunes Méduses libres n'ayant pas encore leur forme définitive.

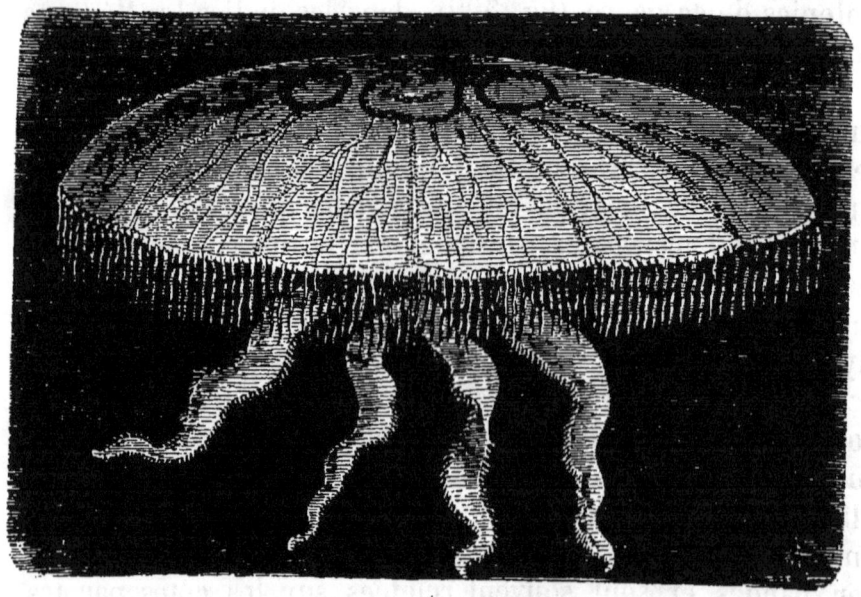

Fig. 504. — Méduse adulte née d'un Scyphistome (1/2 gr. nat.).

n'ont plus une ombrelle en forme de cloche, mais en forme

de chapeau de champignon (fig. 304). Cuvier réunissait autrefois toutes les Méduses dans une classe distincte des Polypes, celle des *Orties* ou **Acalèphes**; le nom d'Ortie est bien mérité par ces grandes Méduses, dont les capsules urticantes sont assez puissantes pour déterminer sur la peau de l'Homme une brûlure comparable à celle que produit le végétal auquel on les a comparées. Mais cette faculté ne leur est pas spéciale; elle est tout aussi développée chez les grandes *Anémones de mer*, qui appartiennent à la classe des **Coralliaires**, dont nous avons maintenant à parler.

RÉSUMÉ

Les Polypes ont, au point de vue de leur forme extérieure, les plus grandes ressemblances avec les végétaux. L'Hydre d'eau douce, l'un des plus simples d'entre eux, servira de point de départ pour leur étude.

Le corps des Hydres est un simple cornet fixé par en bas, ouvert par en haut et pourvu de tentacules capables de s'allonger beaucoup. La cavité du cornet sert de cavité digestive. Les parois du cornet sont formées de deux couches principales dont l'externe est bourrée de nématocystes. L'animal peut être cependant retourné comme un gant sans en mourir.

Les Hydres bourgeonnent en divers points de leur corps et produisent ainsi de nouveaux individus. Dans un grand nombre d'espèces, presque toutes marines, les individus ainsi formés par bourgeonnement demeurent associés et forment ce qu'on appelle une *colonie*.

Sur une colonie de Polypes, un certain nombre de bourgeons peuvent s'unir pour former une sorte de fleur en forme de cloche, qu'on nomme une *Méduse*. Très souvent les Méduses se détachent de la colonie pour mener une vie indépendante; elles emportent les éléments reproducteurs, les œufs.

Les Hydres et leurs colonies compliquées de Méduses forment la classe des Hydroméduses.

Quand ces colonies sont flottantes, elles possèdent toutes les qualités de véritables animaux. Ces animaux composés constituent la classe des *Siphonophores*.

Une troisième classe, celle des *Acalèphes*, comprend de grandes Méduses dont les larves se fixent au sol et se transforment en une sorte de Méduse, le *Scyphistome*. Ce dernier, tout en demeurant fixé, s'allonge et se partage par le travers en une pile de Méduses, destinées à se séparer bientôt les unes des autres.

VINGT-HUITIÈME LEÇON

LE CORAIL ET LES MADRÉPORES.

§ 258. **Les fleurs du Corail.** — La magnifique substance rouge qu'on trouve dans le commerce sous forme de branches plus ou moins ramifiées, et que les bijoutiers emploient sous le nom de *Corail*, a longtemps excité la sagacité des naturalistes. On a vu en elle tantôt une pierre sous-marine, tantôt une sorte d'algue encroûtée de calcaire. En 1706, le comte de Marsigli ayant mis dans de l'eau de mer bien pure une branche de Corail fraîchement sortie de la mer, l'avait vue se couvrir de magnifiques fleurs blanches à huit pétales, élégamment dentelés sur leur bord (fig. 305). Il pensait avoir démontré par là la nature végétale de cet être énigmatique. Peyssonnel, le premier, soutint, en 1705, que ces fleurs étaient des animaux.

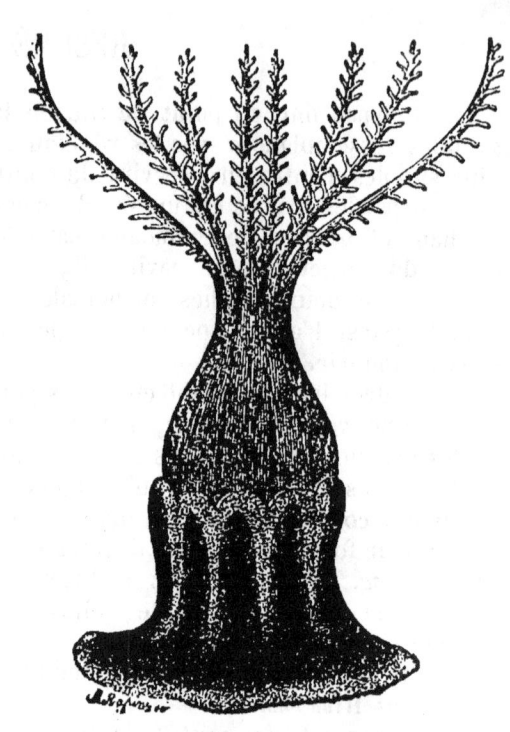

Fig. 305. — Un Polype de Corail isolé et épanoui.

Les fleurs (fig. 306) qui couvrent les branches de Corail vivant sont bien des fleurs, si l'on veut, mais à la façon des Méduses : ce sont des fleurs animales à pétales séparés tandis que les pétales des Méduses sont soudés en cloche comme les pétales des fleurs de nombre de plantes, les Campanules ou les Digitales par exemple. On applique souvent aux fleurs du Corail la dénomination de *Polypes*, que nous avons déjà employée pour les Hydres; mais chaque pétale de ces polypes d'un nouveau genre n'est autre chose qu'une Hydre incomplète, c'est-à-dire un polype distinct.

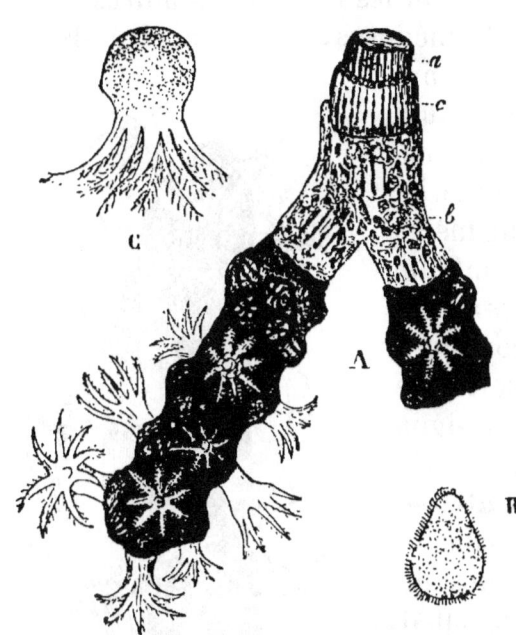

Les pétales d'un Polype de Corail sont creux. Ils se soudent à leur base pour constituer les parois du corps et se fendent en même temps dans toute leur longueur, de manière à s'ouvrir dans la cavité centrale, qu'ils limitent. Cette cavité est ainsi entourée par autant de *loges* séparées par des *cloisons* qu'il y a de pétales. Au centre de la couronne formée par les huit pétales on aperçoit un orifice, la bouche, conduisant dans un tube vertical très court, correspondant au sac stomacal des Méduses. A ce tube viennent se souder les cloisons des loges, dont le bord devient libre au-dessous de lui. Telle est l'organisation d'un Polype de Corail.

Fig. 306. — A, un rameau de Corail : *a*, axe rouge pierreux; *c*, couche régulière de vaisseaux; *b*, couche superficielle de vaisseaux. — B, jeune larve ciliée née des polypes (très grossie). — C, Polype dans lequel elle se transforme.

Fig 307. — Spicule de Corail, très grossi.

§ 259. **Les rameaux et le squelette du Corail**. — Ces Polypes sont reliés les uns aux autres, par un tissu commun de couleur rouge et par un système compliqué de canaux (fig. 306).

Le tissu commun doit sa couleur rouge à une infinité de corpuscules calcaires de cette couleur dont il est bourré (fig. 307). Les Polypes naissent les uns sur les autres comme dans une colonie d'Hydroméduses; la colonie qu'ils forment est soutenue par un axe calcaire de couleur rouge, qui n'est autre chose que la matière employée en bijouterie. Cette matière résulte elle-même de l'agglutination d'une infinité de corpuscules analogues à ceux qui colorent le tissu commun. Ces corpuscules ont une forme assez constante, on les désigne sous le nom de *spicules*.

§ 260. **Pêche du Corail.** — Le Corail vit surtout dans la Méditerranée, sur les côtes de l'Algérie et de la Tunisie, où il est l'objet d'une pêche importante, en grande partie aux mains des Maltais. On en pêche aussi aux îles du Cap-Vert, dans l'Atlantique. Il est attaché à la face inférieure des rochers; on arrive à l'atteindre à l'aide de filets, les *fauberts*, suspendus à une sorte de croix de bois qu'on descend à la mer à l'aide d'un câble et qu'on laisse un certain temps traîner sur le fond. On remonte cet *engin* lorsqu'on suppose que les fauberts ont

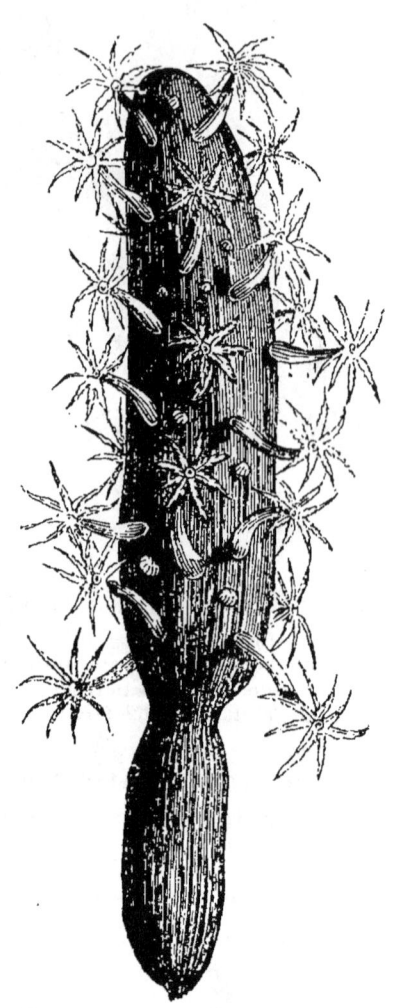

Fig. 508. — Vérétille couverte de ses Polypes (1/2 gr. nat.).

fait une récolte suffisante. Cette pêche est si pénible qu'il faut, dit un proverbe local, fort exagéré sans doute, « avoir tué ou volé pour être corailleur ».

§ 261. **L'ordre des Alcyonnaires.** — Les Coralliaires nombreux qui ont, comme le Corail, des Polypes à huit pétales dentelés forment l'ordre des **Alcyonnaires**. Quelques-uns, tels que les *Pennatules* et les *Vérétilles* (fig. 308), vivent en colonies libres, qui s'enfoncent dans la vase et dont chacune se comporte comme si elle ne constituait qu'un animal unique. Les Gorgones à axe flexible et la plupart des autres formes sont arborescentes, comme le Corail lui-même.

§ 262. **L'ordre des Madréporaires.** — Les **Madréporaires** (fig. 309) diffèrent des Alcyonnaires par leurs ten-

Fig. 509. — Anémones de mer (1/3 gr. nat.).

tacules, beaucoup plus nombreux et dont le nombre est généralement un multiple de six. Les tentacules sont en forme de doigt de gant, et le corps du Polype est divisé en autant de loges qu'il a de pétales. Certains Madréporaires, tels que les *Actinies* ou *Anémones de mer* (fig. 509), sont entièrement mous; d'autres ont un axe calcaire, un Polypier. Mais ce Polypier (fig. 510) est remarquable en ce qu'il présente à sa surface une foule de cavités étoilées dont chacune correspond à un Polype. Ces cavités sont nommées des *calices*. Elles sont divisées en *chambres* par des *lames* calcaires rayonnantes; chacune des lames du calice est comprise, quand l'animal est vivant, entre deux *cloisons* du Polype, de sorte que les loges de celui-ci sont à cheval sur deux chambres de celui-là.

Parfois les Madréporaires vivent isolés (fig. 310); parfois tous les calices d'une même colonie sont confondus, de ma-

Fig. 310. — Trois calices d'un Madréporaire ne formant pas de colonies (Caryophyllie, 2/3 gr. nat.).

nière que la surface du Polypier est transformée en une sorte de labyrinthe sinueux, comme dans les *Méandrines* (fig. 311).

§ 263. **Les îles madréporiques.** — Les Madréporaires, extrêmement nombreux en espèces, vivent en si grande abondance dans les mers chaudes, et notamment dans le Pacifique, qu'ils y constituent tantôt des récifs dangereux, tantôt de véritables îles. Ces récifs forment, en avant des côtes, de longues bordures, séparées de la terre par un chenal plus ou moins large. Quant aux îles madréporiques, elles ont presque toujours la forme d'un anneau dont le centre est occupé par un lac d'eau salée : c'est ce qu'on nomme des *atolls*.

L'existence de ces atolls et des récifs séparés de la côte a été considérée comme une preuve que le sol, dans une vaste étendue du Pacifique, subit un affaissement lent et continu. Les Madrépores ne vivent, en effet, que depuis la surface jusqu'à une certaine profondeur; ils ont besoin, pour prospérer, de l'agitation des vagues, et se développent

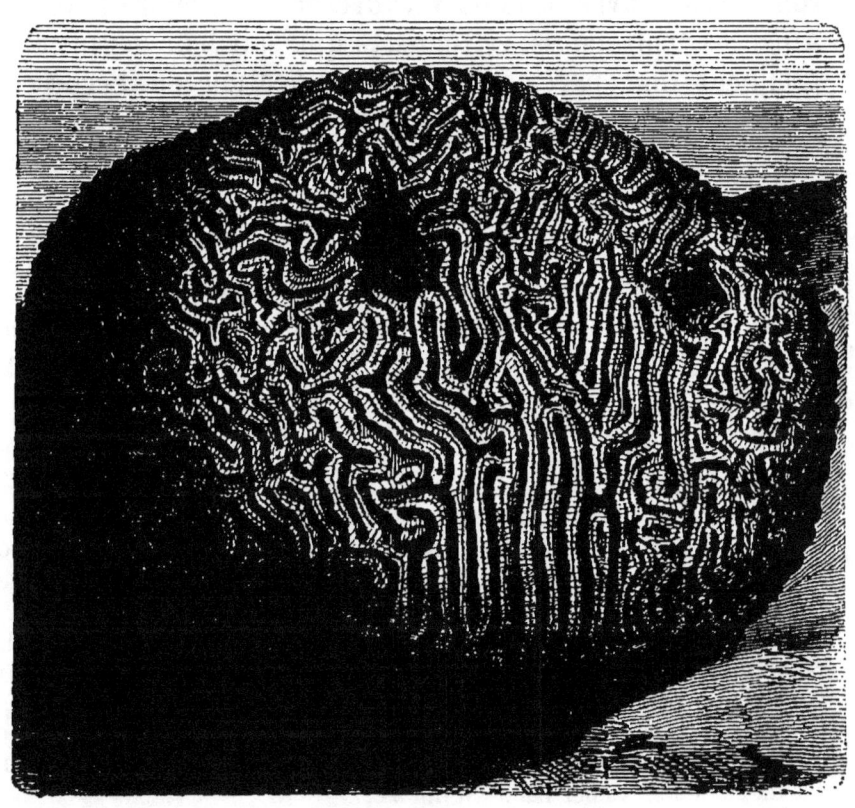

Fig. 511. — Polypier à calices confondus (Méandrine, 1/2 gr. nat.).

fort bien autour d'une île. Supposons maintenant que cette île vienne à s'affaisser, les Madréporaires qui la bordaient continueront à se développer autour d'elle, en remontant vers la surface, qu'ils ne cesseront d'atteindre, et formeront d'abord une bordure de récifs reposant sur les anciennes côtes de l'île; quand celle-ci aura disparu, sa bordure de récifs ne sera autre chose qu'un atoll. Au dedans de l'atoll, la mer est nécessairement tranquille, puisque les vagues viennent se briser sur ses côtes; les Polypes ne pourront donc s'y développer beaucoup; au contraire, ils prospéreront au dehors, et l'atoll ira toujours en s'élargissant à mesure que l'île s'enfoncera. Comme l'anneau madréporique ne cesse d'atteindre la surface, tous les objets flottants s'y arrêteront et contribueront à l'exhausser. Bientôt les Oiseaux y porteront des graines de végétaux, qui ne tarderont pas à couvrir l'île de verdure et à la rendre habitable. Ainsi les Madrépores, si modeste que soit leur organisation, prennent une part certaine à l'édification de l'écorce du globe.

RÉSUMÉ

Les Coralliaires vivent comme les Hydroméduses en colonies arborescentes, dont le Corail peut donner une excellente idée.

Les rameaux de Corail sont couverts de Polypes en *forme de fleurs*, présentant *huit* pétales barbelés sur leur bord. Au centre de la corolle est la bouche.

Tous les Polypes communiquent entre eux par un ensemble complexe de canaux qui enveloppent un axe calcaire rouge. Cet axe calcaire est le Corail des bijoutiers.

Le Corail se pêche actuellement dans la Méditerranée et aux îles du Cap-Vert. Des Polypes en tout semblables à ceux du Corail se retrouvent chez les Gorgones, les Alcyons, les Vérétilles, les Pennatules, qui forment ensemble l'ordre des ALCYONNAIRES.

Dans l'ordre des MADRÉPORAIRES, les tentacules ne sont plus barbelés, et leur nombre variable, souvent considérable, est ordinairement un multiple de six. Sur le Polypier de ces animaux la place de chaque Polype est marquée par un *calice* divisé par des cloisons rayonnantes, calices dont chacun correspond au milieu d'un tentacule. On n'en trouve pas de semblables chez les Alcyonnaires.

Ce sont surtout les Madréporaires qui construisent les atolls et les récifs ou bancs de Coraux si communs dans les mers chaudes.

Tableau des caractères distinctifs et des ordres principaux de l'embranchement des Polypes.

Cavité du corps des Polypes simples, ne présentant aucune division en rapport avec les tentacules. (*Médusaires*.)
- Polypes fixés vivant isolés ou en colonies qui peuvent produire des Méduses... *Hydroméduses*.
- Colonies flottantes comprenant à la fois des Polypes et des Méduses......... *Siphonophores*
- Méduses libres, de grande taille, produites par la division transversale d'autres Méduses fixes, les *Scyphistomes*............................. *Acalèphes*
- *Nota*. — Quelques autres classes dont il n'a pas été question dans le texte viennent prendre leur place ici. Ce sont diverses sortes de Méduses provenant de larves qui ne revêtent jamais la forme de Polypes, ou des organismes nageurs, les *Cténophores*, qui se meuvent à l'aide de palettes déchiquetées disposées le long de leurs principaux méridiens.

Cavité du corps des Polypes divisée en autant de loges qu'il existe de tentacules. (*Coralliaires*.)
- Huit tentacules barbelés; Polypier, quand il existe, ne présentant pas de calices............................... *Alcyonaires*.
- Tentacules en nombre variable, généralement multiple de six. — Polypiers présentant des calices correspondant aux Polypes, divisés en chambres par des lames rayonnant................ *Madréporaires*.
- *Nota*. — On désigne sous le nom d'*Hydrocoralliaires* des formes de passage entre les Médusaires et les Coralliaires.

VINGT-NEUVIÈME LEÇON

LES ÉPONGES ET LES PROTOZOAIRES.

§ 264. **Organisation des Éponges.** — Les Éponges (fig. 312) sont des êtres dont l'organisation est inférieure encore à celle des Polypes.

Une masse gélatineuse percée de trous, soutenue tantôt par des filaments soyeux entre-croisés, tantôt par des filaments siliceux, transparents comme du cristal et élégam-

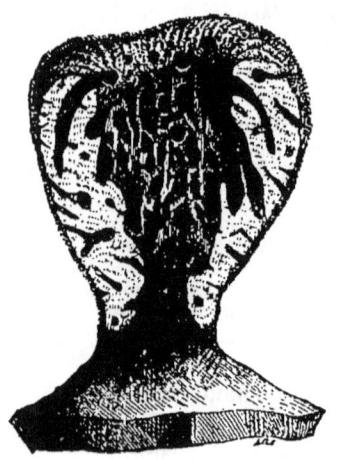 

Fig. 312. — Éponge usuelle.

ment entrelacés, tantôt par d'innombrables corpuscules siliceux ou calcaires, aux formes élégantes et régulières qu'on nomme les *spicules*, voilà tout ce qu'on aperçoit au premier abord dans une Éponge vivante (fig. 313, B). Point de mouvements apparents, point d'organes internes définis.

§ 265. **Manière de se nourrir des Éponges.** — Cependant une observation attentive, que l'on peut facilement répéter sur les *Spongilles* de nos eaux douces (fig. 313, C), vient montrer un fait important. Parmi les trous que présente l'Éponge à sa surface, il y en a de grands et de petits. Si l'on met une poussière colorée dans l'eau où elle vit, on

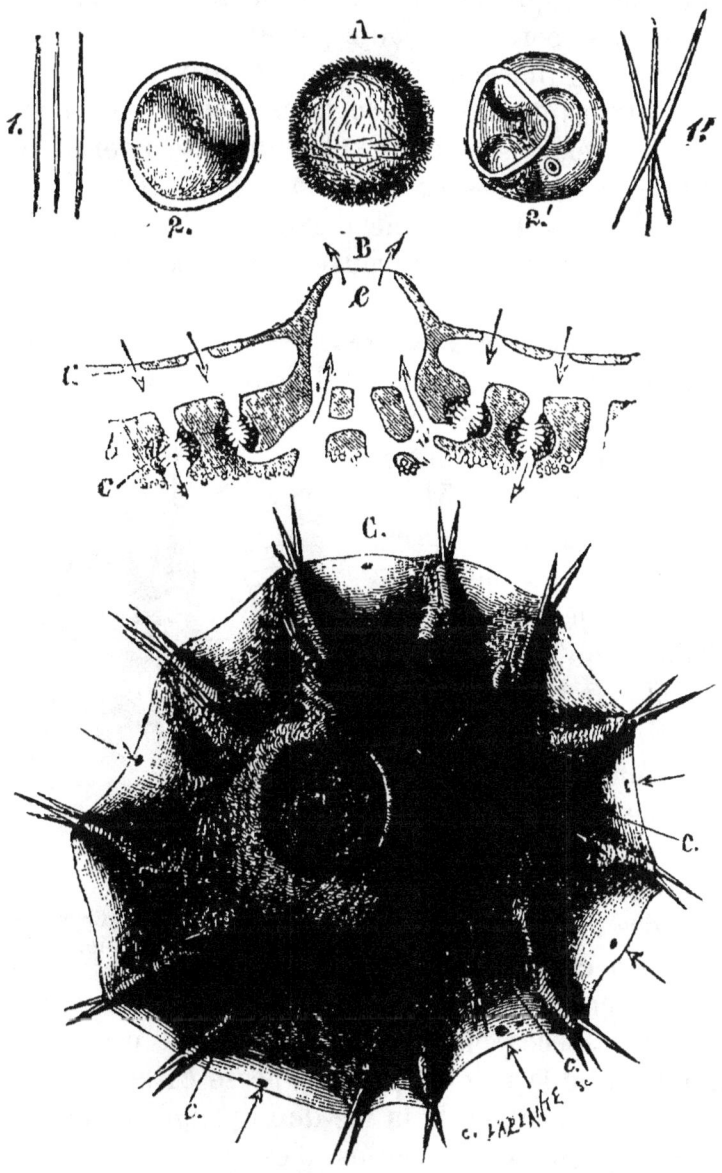

Fig. 313. — Spongille d'eau douce. — A, l'œuf : 2, 2′, son contenu ; 1, 1′, les spicules. — B, coupe de l'Éponge : *a*, pores inhalants ; *b*, canaux situés dans l'Éponge ; *c*, corbeilles vibratiles ; *e*, oscule. — C, jeune Spongille.

voit que cette poussière est entraînée vers l'Éponge, qu'elle y entre par les petits trous et qu'elle en sort par les gros.

L'Éponge est donc traversée par un courant d'eau perpétuel, accusant son activité. On appelle *pores inhalants* les trous par lesquels entre l'eau, *oscules* ceux par lesquels elle sort. Des pores inhalants partent des canaux, qui se ramifient irrégulièrement et vont aboutir à des chambres situées sous les oscules. En certains points ces canaux présentent des élargissements sphériques couverts de cils vibratiles; ce sont ces *corbeilles vibratiles* (fig. 313, B, c) qui déterminent le courant d'eau qui traverse l'Éponge. Dans ce courant, l'Éponge trouve l'oxygène et les aliments qui lui sont nécessaires.

§ 266. **Larves des Éponges.** — A certaines époques se forment dans la substance de l'Éponge des œufs, qui se développent et s'échappent par les oscules sous forme de larves ciliées (fig. 314), dont chacune devient, après s'être fixée, une nouvelle Éponge. La jeune Éponge n'a d'abord qu'un seul oscule, et affecte assez souvent la forme d'une urne à parois perforées (fig. 315). Cette urne, chez plusieurs espèces, en produit de nouvelles en bourgeonnant à la manière des Polypes hydraires. On en a conclu que les Éponges étaient des colonies analogues à celles de ces Polypes.

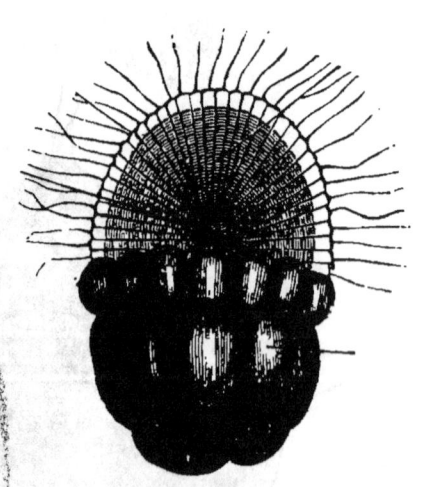

Fig. 314. — Larve d'une Éponge calcaire, très grossie.

Dans les espèces où le bourgeonnement est très actif, les individus de la colonie peuvent ne se caractériser nettement à aucune époque de la vie de l'Éponge, et ne sont reconnaissables qu'à leurs oscules. C'est ce qui arrive pour les Spongilles d'eau douce et pour l'Éponge usuelle.

§ 267. **Nature variable du squelette des Éponges.** — D'après la nature de leur squelette, on divise les Éponges en *Éponges gélatineuses*, *Éponges cornées*, *Éponges siliceuses* et *Éponges calcaires*. La Spongille est une Éponge siliceuse.

Notre Éponge de toilette est le type des Éponges cornées. On la pêche dans la Méditerranée et dans la mer des Antilles. Sa qualité varie beaucoup avec sa provenance. C'est ce qui a entravé jusqu'ici les essais nombreux de *spongiculture* qui ont été tentés.

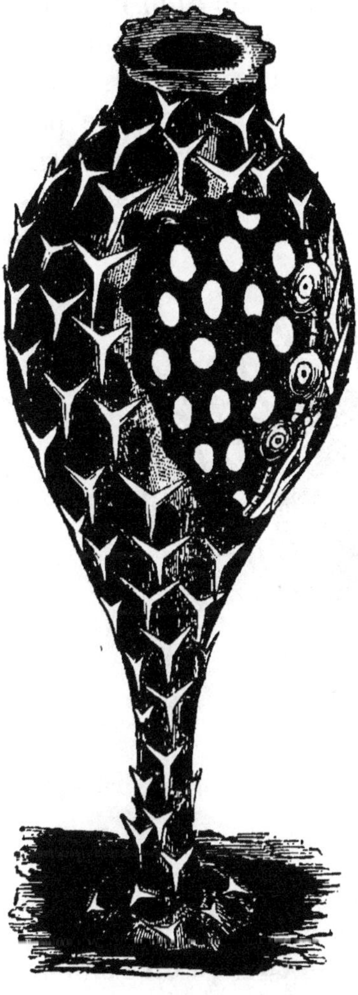

§ 268. **Type des Protozoaires. Éléments constitutifs du corps des animaux ou cellules.** — Les êtres appartenant au type des **Protozoaires** sont extrêmement nombreux. Presque tous microscopiques lorsqu'ils vivent isolés, ils s'associent assez souvent en colonies, qui peuvent alors atteindre d'assez grandes dimensions. Nous les avons caractérisés au début de ces leçons en disant qu'ils sont dépourvus d'organes. Un animal dépourvu d'organes paraît, pour qui ne considère que les animaux supérieurs, quelque chose d'impossible. Mais si nous nous rappelons tout ce que nous avons appris jusqu'à présent de l'organisation des animaux, nous serons conduits à comprendre que le merveilleux assemblage d'organes dont l'étude de notre corps nous a fourni un premier exemple n'est nullement nécessaire à la vie. Cette structure compliquée ne se trouve, en effet, que chez les animaux mobiles dont le corps est formé de deux moitiés symétriques; l'organisation se simplifie tout de suite chez les Zoophytes, dont les plus élevés, les Échinodermes, manquent déjà d'appareil circulatoire et d'appareil respiratoire proprement dits, et se servent, en guise de sang,

Fig. 315. — Éponge calcaire simple, grossie 4 fois.

de l'eau extérieure, qu'ils introduisent dans leur corps et qui chemine, mélangée aux matières élaborées par le tube digestif, dans un système de canaux souvent mal délimités. L'appareil digestif lui-même manque aux Polypes, et chez beaucoup d'Éponges il est difficile de dire en quoi consiste la cavité du corps dans laquelle s'accomplit encore la digestion chez les Polypes. Le corps de ces Éponges n'est plus qu'une masse d'apparence gélatineuse, traversée par d'innombrables canaux, élargis par places en *corbeilles vibratiles*, se croisant, s'unissant, se ramifiant de toutes les façons

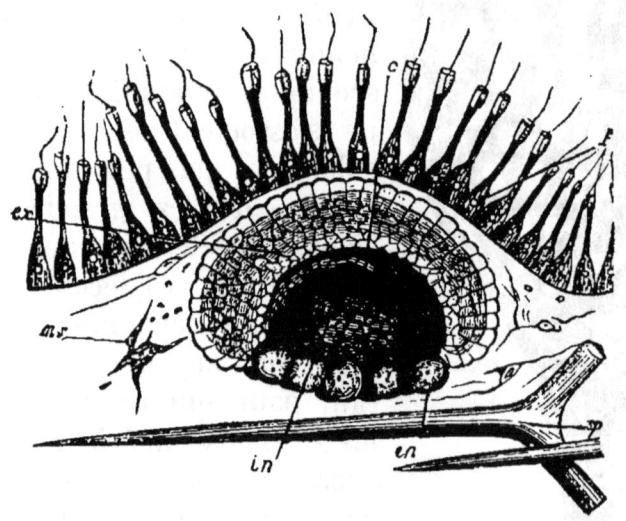

Fig. 516. — Éléments anatomiques d'une Éponge. — *f*, éléments ciliés; — *ms*, éléments étoilés; — *in*, *en*, une jeune lame; — *p*, spicule.

possibles, et dans lesquels circule l'eau même dans laquelle l'Éponge est plongée. La matière vivante de l'Éponge n'est du reste pas la gelée, en apparence homogène, qu'un examen superficiel y fait apercevoir. En l'examinant au microscope, dans des conditions convenables, on voit qu'elle est constituée en partie par de petites masses, les unes cylindriques, les autres globuleuses, qu'on peut déjà distinguer dans les larves. Les masses cylindriques portent chacune un long filament sans cesse agité, une sorte de lanière toujours vibrante qui fouette l'eau environnante et la fait tourbillonner autour de lui. Ce sont ces fouets qui déterminent la formation des courants d'eau qui portent à l'Éponge de quoi se nourrir et respirer. Les petites masses qui forment l'Éponge saisissent au passage les particules alimentaires, les font pénétrer dans leur substance, les dissolvent, s'en nourrissent, grandissent, fabriquent le squelette, se multiplient par division, deviennent des œufs, puis des larves : en un mot, elles sont les parties vraiment vivantes de l'Éponge, ses *éléments constitutifs*.

Mais la substance vivante de l'Éponge n'est pas seule à être ainsi constituée. Toutes les parties molles des animaux, toute la substance des plantes n'est autre chose qu'un assemblage de masses pareilles, libres chez les animaux, enfermées chacune dans une cellule rigide chez les plantes. Cette cellule persiste seule dans les tissus morts de ces dernières, et les botanistes ont étendu son nom à la masse vivante qu'elle contenait. Le mot *cellule* leur a été ensuite emprunté par les zoologistes. On appelle donc *cellules* ces petites masses gélatineuses dont tous les corps vivants sont constitués. Ces cellules sont vivantes elles-mêmes, et les fonctions des divers organes que nous avons appris à connaître ne sont que les résultats des propriétés dont les cellules qui les composent sont douées. Tout être a donc pour éléments constitutifs, pour *éléments anatomiques*, des cellules. Ces cellules se partagent entre elles tout le travail nécessaire à l'entretien de la vie. De même que dans une usine, plus les ouvriers sont nombreux, plus leurs aptitudes sont variées, plus les produits sont nombreux et parfaits, à la condition que chaque ouvrier ne fasse que ce qu'il sait le mieux faire ; de même plus les cellules sont nombreuses et variées dans un organisme, plus cet organisme est élevé.

§ 269. **Définition plus précise des Protozoaires.** — Nous pouvons dire maintenant que *nous appelons Protozoaires les êtres composés de cellules toutes semblables entre elles, ou d'une seule cellule.* Ces derniers sont les plus nombreux. Il n'y a plus rien d'étonnant à ce qu'ils manquent d'organes, puisque les organes dans un animal élevé ne sont qu'une agglomération de cellules jouissant de propriétés spéciales ; il n'y a plus rien d'étonnant à ce que ces êtres sans organes soient vivants, puisque les cellules sont vivantes par elles-mêmes, puisque ce sont en réalité les cellules qui donnent la vie aux organes.

§ 270. **Le Protoplasme.** — On a donné un nom à la substance dont sont formées les cellules, substance vivante par excellence, et qu'on retrouve avec les mêmes propriétés essentielles chez les animaux et chez les plantes; on l'appelle le *protoplasme*, c'est-à-dire la substance formatrice primitive (du grec *protos*, premier, et *plasma*, ouvrage façonné).

§ 271. **Les deux embranchements du type des Protozoaires.** — Les deux embranchements des Protozoaires vont être maintenant faciles à caractériser :

Le premier, celui des **Infusoires,** comprend les Protozoaires dont le protoplasme est enveloppé d'une couche elle-même protoplasmique, encore flexible, mais suffisamment résistante pour lui imposer une forme déterminée (fig. 317 à 321).

Le second, celui des **Rhizopodes,** comprend les Protozoaires dont le protoplasme est nu, au moins en partie, et peut dès lors se contracter librement, se lober ou se franger en grêles filaments capables de s'unir entre eux de manière à former un réseau à mailles sans cesse variables (fig. 322 à 328).

§ 272. **Les formes inférieures du Règne animal et du Règne végétal se confondent.** — Si le protoplasme vient à être enveloppé de cette substance rigide qui forme le bois, le coton, le papier et qu'on nomme la *cellulose*, l'être ainsi enveloppé est, par cela même, condamné à l'immobilité; il cesse d'appartenir au Règne animal pour venir se ranger parmi les Végétaux. Mais beaucoup d'êtres protoplasmiques ne s'emprisonnent ainsi que d'une façon temporaire; d'autres, qui ne s'emprisonnent jamais, ressemblent cependant à tous égards à ceux qui ne s'emprisonnent que plus ou moins tardivement; de sorte qu'un grand nombre d'êtres microscopiques flottent, pour ainsi dire, entre les deux Règnes, qui arrivent à se confondre dans leurs formes inférieures, comme deux branches détachées d'un même tronc.

Les plus petits des organismes vivants sont désignés dans

le langage courant par le mot devenu vulgaire de *microbes*, qui ne s'applique à rien de précis. On s'imagine souvent que ces microbes sont des animaux plus ou moins complexes : presque tous ne sont autre chose que des Végétaux infiniment petits, avoisinant, les uns les Algues, les autres les Champignons les plus simples. Nous n'avons donc pas à nous en occuper ici, et, en nous bornant à parler des Infusoires et des Rhizopodes tels que nous les avons définis, nous sommes assurés de n'avoir affaire qu'à de véritables animaux.

§ 273. **Division en classes de l'embranchement des Infusoires**. — On peut répartir en trois classes les animaux composant l'embranchement des Infusoires, savoir : 1° les *Infusoires ciliés* ; 2° les *Infusoires suceurs* ; 3° les *Infusoires flagellifères*. Ces êtres se distinguent les uns des autres par la façon dont ils se meuvent et celle dont ils se nourrissent.

Les Infusoires ciliés (fig. 317 et 318) ont leur membrane externe couverte de grêles filaments, dont les uns se meuvent sans cesse avec rapidité : ce sont les *cils vibratiles*, tandis que d'autres, en forme de *rames* ou de *crochets*, semblent soumis à la volonté de l'animal, et n'entrent en mouvement que dans certaines circonstances. Les cils vibratiles, les rames et les crochets sont d'ailleurs formés de protoplasme : ils servent à l'animal soit à nager, soit à marcher, soit à s'accrocher, soit enfin, quand il s'arrête, à faire tourbillonner l'eau autour de lui de manière à attirer des matières alimentaires. La membrane d'enveloppe est souvent perforée en trois points : par l'un de ces points entrent les aliments, c'est une sorte de bouche, souvent suivie d'un petit tube formé par la membrane extérieure réfléchie à l'intérieur du protoplasme ; par un second orifice les excréments sont rejetés ; par un troisième sont expulsés au dehors des liquides préalablement accumulés dans une vésicule qui se contracte brusquement, à intervalles réguliers, pour les chasser, et qu'on appelle la *vésicule contractile*. Bien entendu, il n'existe pas de tube entre les orifices d'entrée et de sortie des aliments ; c'est dans le protoplasme lui-même que ceux-ci sont projetés après avoir traversé l'orifice buccal; c'est dans le protoplasme qu'ils sont élaborés et dissous.

La plupart des Infusoires demeurent libres et se multiplient soit par division transversale (fig. 317), soit par

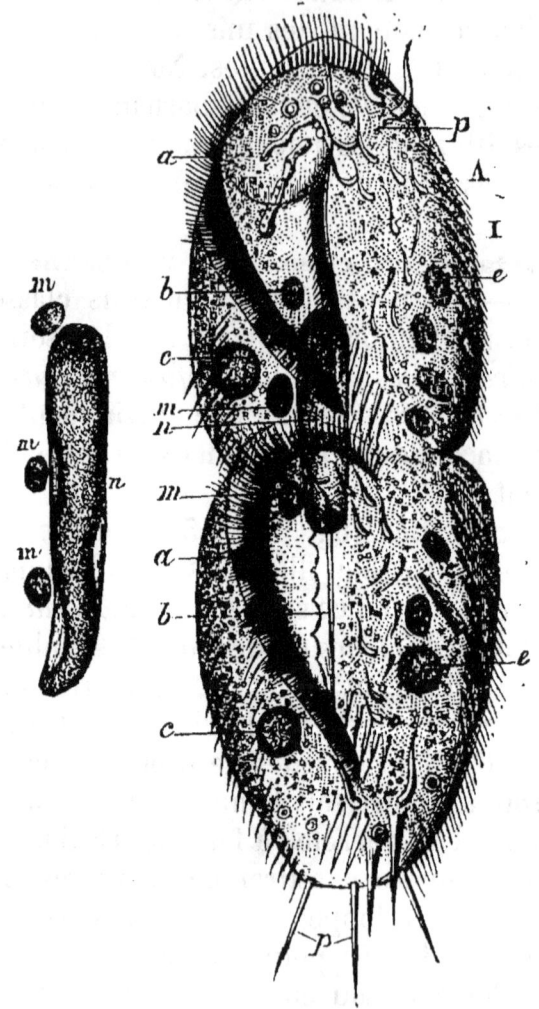

Fig. 317. — Infusoire cilié (*Stylonychia mytilus*) en train de se partager en deux, vu au microscope avant la division. — *a*, cils vibratiles; — *be*, matières alimentaires; — *c*, vésicule contractile; — *m*, noyau; — *n*, nucléoles — *p*, crochets locomoteurs.

d'autres procédés avec une extrême rapidité. Ils arrivent à pulluler en quelques heures dans l'eau des vases à bouquets, par exemple, et à la rendre infecte; aussi a-t-on cru pendant longtemps que cette eau les produisait elle-même.

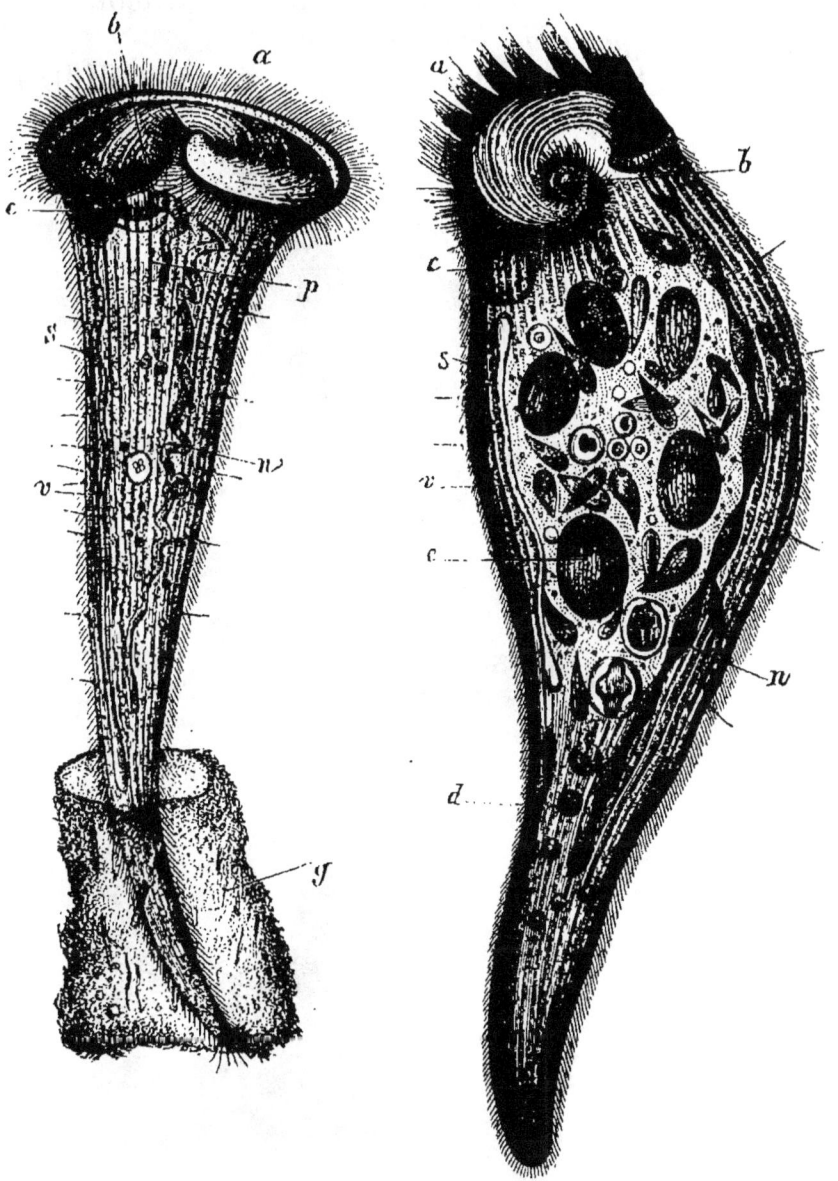

Fig. 318 — Infusoires ciliés, vus au microscope. — Deux espèces de *Stentor*. — *a*, cils; — *b*, bouche; — *c*, vésicule contractile; — *d*, bandelettes contractiles; — *e*, aliments; — *n*, noyau; — *s*, soies; — *c*, vésicule contractile.

La fausseté de cette prétendue *génération spontanée*, comme de toutes les autres, a été irrécusablement démontrée par les expériences de M. Pasteur. On peut citer, parmi les Infusoires libres, les *Paramécies*, qui abondent partout, les *Kolpodes*, les *Stylonychies* (fig. 317), etc.

Quelques Infusoires, tels que les *Stentor* (fig. 318), peu-

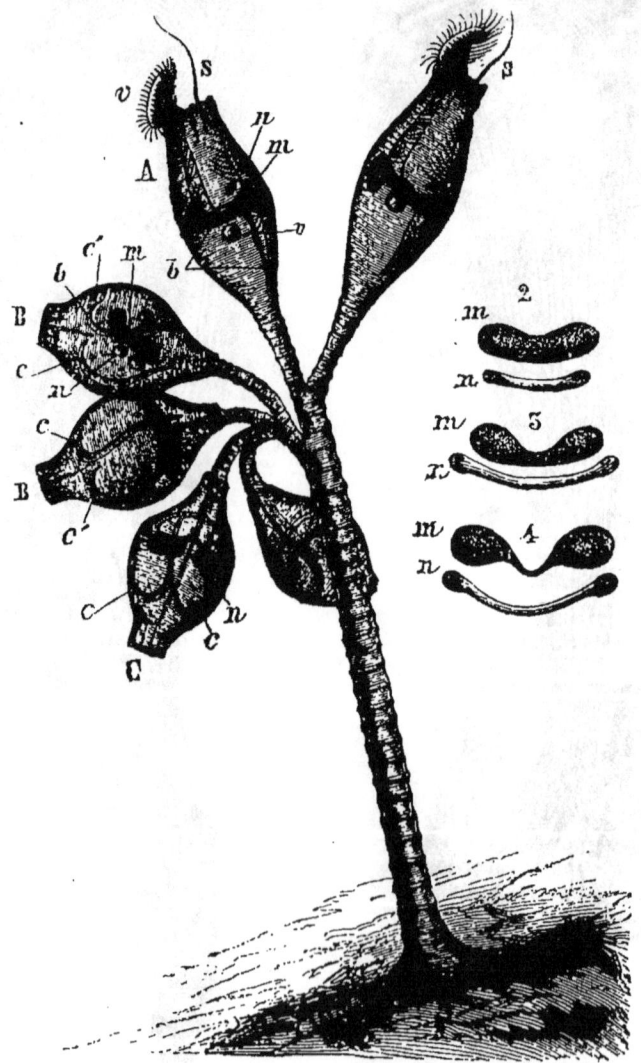

Fig. 319. — Colonie d'Infusoires ciliés fixés (*Epistylis*), vue au microscope
c, cils vibratiles; — *m*, noyau; — *n*, nucléoles.

vent à volonté se fixer ou nager avec une grande rapidité. D'autres, tels que les *Vorticelles*, passent à l'état fixé la plus grande partie de leur existence, se divisent transversalement, et quelques-unes de leurs espèces, les *Epistylis* (fig. 319), les *Carchesium*, les *Zoothamnium*, forment ainsi des colonies arborescentes assez volumineuses pour être vues à l'œil nu.

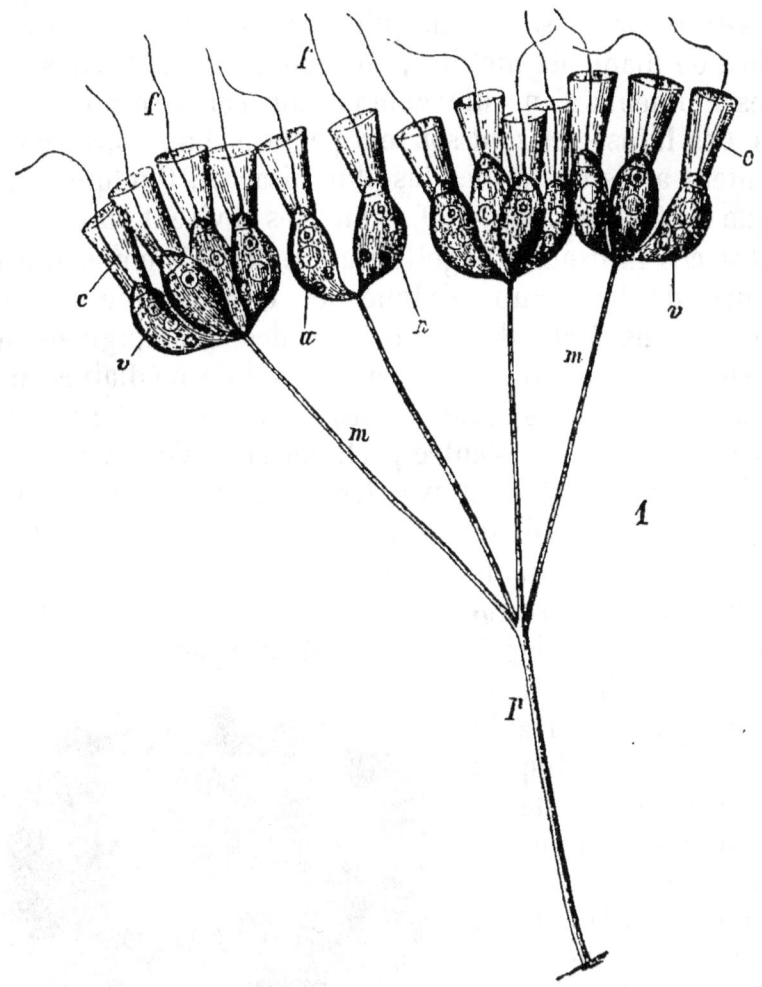

Fig. 320. — Colonie d'Infusoires flagellifères (*Codonocladium umbellatum*, Stein), vue à un fort grossissement du microscope.

§ 274. **Infusoires suceurs.** — Après avoir mené un certain temps une existence vagabonde, nageant à l'aide de cils vibratiles, les Infusoires suceurs, tels que les *Acineta*, les *Podophrya* et autres, se fixent, perdent leurs cils et produisent de longs suçoirs, à l'aide desquels ils saisissent les petits êtres qui passent à leur portée et hument leur substance. Ces animaux vivent souvent en parasites dans le corps des gros Infusoires ciliés.

§ 275. **Infusoires flagellifères**. — Les Infusoires flagellifères se reconnaissent à ce qu'ils ne possèdent qu'un petit nombre de filaments mobiles, souvent un seul. Parfois l'un de ces filaments s'enroule comme une ceinture autour du corps. Ces Infusoires sont souvent pourvus d'une carapace et présentent alors les formes les plus bizarres. Quelques-uns, tels que les *Codosiga* (fig. 520), sont fixés et vivent en colonie.

Entre ces Infusoires flagellifères et les éléments reproducteurs de beaucoup d'Algues et de Champignons ou même certains états des Algues et des Champignons les plus simples, on trouve tellement d'intermédiaires que quelques naturalistes sont portés à les considérer tous comme des végétaux. D'autre part, certains d'entre eux, les *Codosiga* par exemple, ont avec les cellules à fouets mobiles des Éponges (fig. 516) une telle ressemblance, que l'on ne peut leur dénier la qualité d'animaux.

§ 276. **Les Noctiluques**. — On a considéré souvent comme d'énormes Flagellifères les *Noctiluques* (fig. 521), à qui est dû le phénomène de la phosphorescence de la mer. Ces Noctiluques sont des vésicules de la grosseur d'un grain de millet, contenant un protoplasme ramifié. Elles sont munies d'une sorte de tentacule rétractile qui est leur organe de locomotion. Au moment de la reproduction, chaque

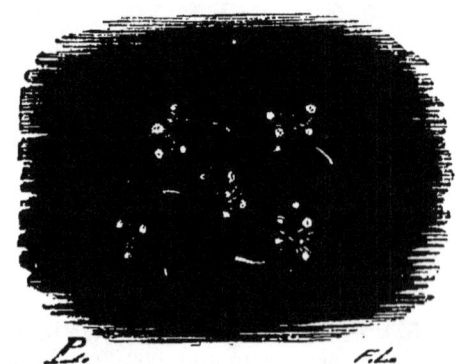

Fig. 521. — Noctiluques.

Noctiluque se divise en 512 spores, capables de fournir chacune une nouvelle Noctiluque. On s'explique dès lors que ces organismes puissent devenir assez nombreux pour rendre, sur de vastes étendues, la mer laiteuse pendant le jour, lumineuse pendant la nuit.

§ 277. **Division en classes de l'embranchement des Rhizopodes.** — Sans nous appesantir sur des particularités de structure qui pourraient motiver une autre répartition, nous distinguerons trois classes de Rhizopodes : 1° les *Radiolaires*; 2° les *Foraminifères*; 3° les *Amiboïdes*.

§ 278. **Les Radiolaires.** — La classe des Radiolaires est formée de petits êtres marins (fig. 322) dont le protoplasme, frangé sur tout son pourtour en longs filaments unis en réseau

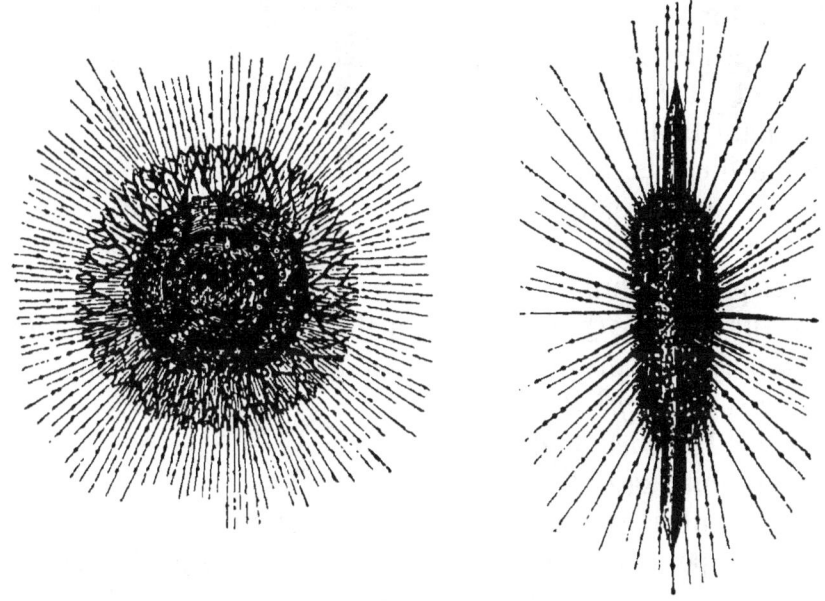

Fig. 322. — Radiolaires, vus au microscope.

et parsemé de gouttelettes d'un beau jaune, entoure une capsule centrale, sphérique, contenant du protoplasme plus dense et plus homogène. La substance de ces animaux est souvent soutenue par un squelette siliceux formé de crochets, d'épines, de longues aiguilles, plus souvent d'un réseau à mailles régulières d'une extraordinaire élégance. Ces Radiolaires, dont les formes sont d'autant plus innombrables qu'on trouve toutes les transitions entre les plus éloignées d'entre elles, flottent en immense quantité à la surface des mers, notamment dans les régions chaudes du Globe. Ils se reproduisent, comme les Noctiluques, à l'aide de corps qui ressemblent exactement à des Infusoires flagellifères.

§ 279. **Les Foraminifères**. — Les Foraminifères n'ont pas de capsule centrale, mais la masse de leur protoplasme est enveloppée dans une coquille, généralement calcaire, présentant tantôt un grand orifice, tantôt de petits trous, par lesquels sortent les franges protoplasmiques (fig. 524). Quelques coquilles de foraminifères (*Monothalames*) ne présentent qu'une cavité indivise, mais le plus souvent (*Polythalames*) la coquille est formée d'un plus ou moins grand nombre de chambres (fig. 523), qui se groupent et se superposent d'une manière aussi élégante que régulière. Ces chambres forment des bâtonnets noueux, droits ou courbés, des roues, des spirales, des chevrons qui présentent les ornements les plus variés. Beaucoup sont visibles à l'œil nu. Quelques espèces circulaires, telles que les *Orbitolites* à faces concaves ou les *Nummulites*, fossiles et à faces convexes, peuvent dépasser les dimensions d'une pièce de deux francs.

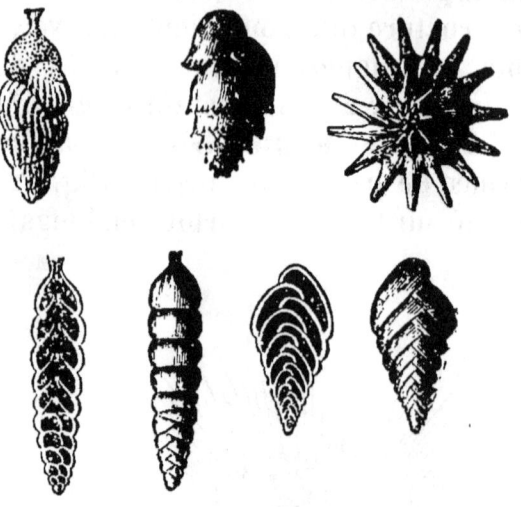

Fig. 523 — Coquilles de Foraminifères, vues au microscope.

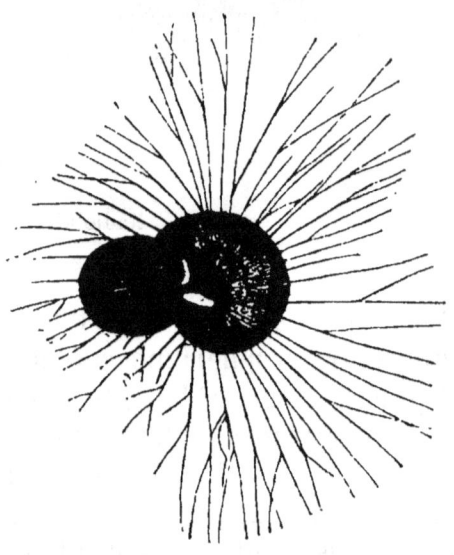

Fig. 524. — Globigérine, très grossie.

Les Foraminifères sont tellement abondants que les coquilles de certains d'entre eux, les *Globigérines*, forment presque à elles seules la vase qui se dépose dans les grands fonds de l'Océan. Des terrains entiers sont presque uniquement formés des débris de leurs espèces fossiles et fournissent d'excellente pierre à bâtir. Une partie des maisons de Paris ne sont faites que de coquilles de ces Foraminifères; les pierres qui ont servi à construire les Pyramides d'Égypte, ces Pyramides par conséquent, ne sont qu'un entassement de Nummulites.

Fig. 525. — Le même Amibe vu à deux moments différents.

§ 280. **Les Amiboïdes.** — Nous réunirons ici la foule des Rhizopodes qui ne sont nettement ni des Foraminifères, ni des Radiolaires. Presque tous les Rhizopodes d'eau douce viennent se ranger dans cette classe. Les uns, comme les *Gromies*, les *Lieberkuhnies* (fig. 327), se rapprochent des Foraminifères par leur aspect général, mais manquent de coquille calcaire. Les autres, comme les *Clathrulines*, ont un squelette siliceux et une apparence qui rappelle celle des Radiolaires; cette apparence se retrouve aussi chez les *Actinosphærium*, de la grosseur d'une tête d'épingle, et les *Actinophrys*, communes dans les eaux stagnantes; mais ici la capsule centrale fait défaut. D'autres encore, tels que les *Difflugies* (fig. 526), les *Arcelles*, les *Amibes* (fig. 525), se distinguent par leur protoplasme, qui se découpe sur ses bords en lobes sinueux, mais ne peut s'étirer en minces filaments réticulés. Il existe, en général, chez eux, un noyau et une vésicule contractile; mais ces parties elles-mêmes font défaut chez les êtres que l'on réunit sous le nom de *Monères* et dont les *Protomyxa* (fig. 528), que l'on considère aujourd'hui comme des végétaux, sont une des formes remarquables.

Fig. 526. — Difflugie.

Nous sommes arrivés aux formes vivantes les plus simples. Un grumeau de gelée homogène, quelque chose comme une goutte de blanc d'œuf, voilà le dernier refuge dans lequel nous trouvons la vie. Ce grumeau se meut, se

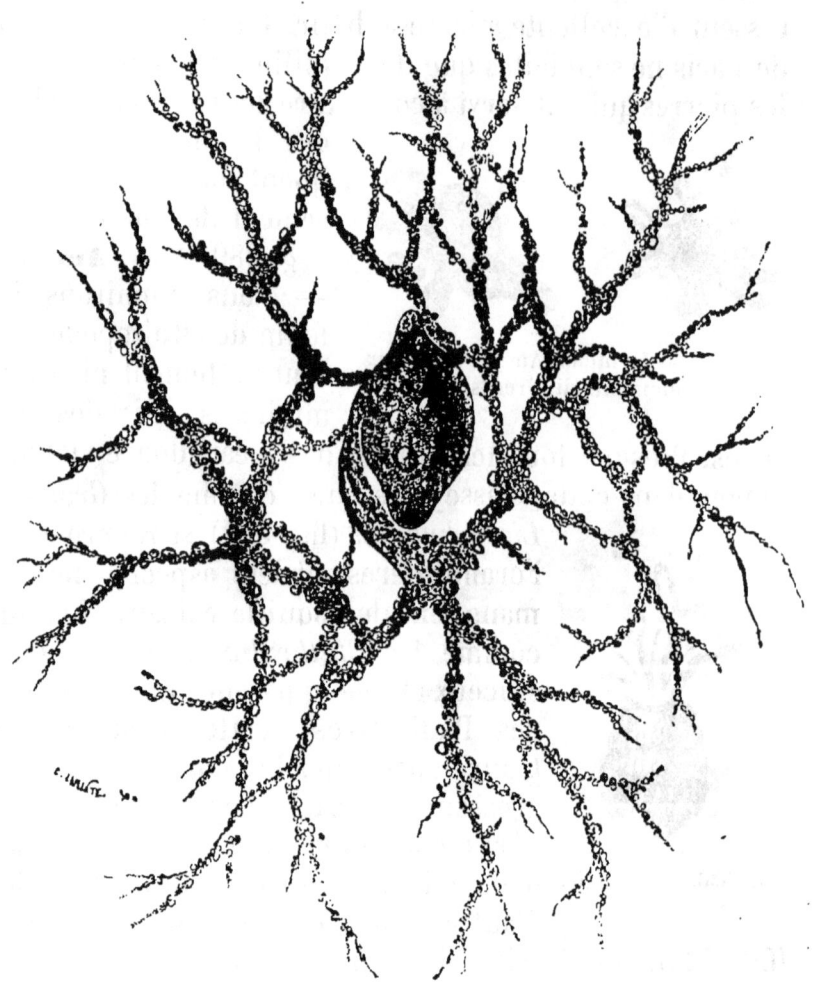

Fig. 327. — Lieberkuhnie, très grossie.

nourrit, respire, se multiplie ; il est vivant dans toute l'acception du terme, et tous ses actes vitaux s'accomplissent à la façon dont l'eau dissout les gaz et les corps solides, dont l'oxygène rouille le fer, dont les acides rongent les métaux. Cependant en ce grumeau réside une puissance mystérieuse qui le fait s'accroître et multiplier, ce que ne font jamais les corps bruts ; cette puissance est la même qui édifie le corps

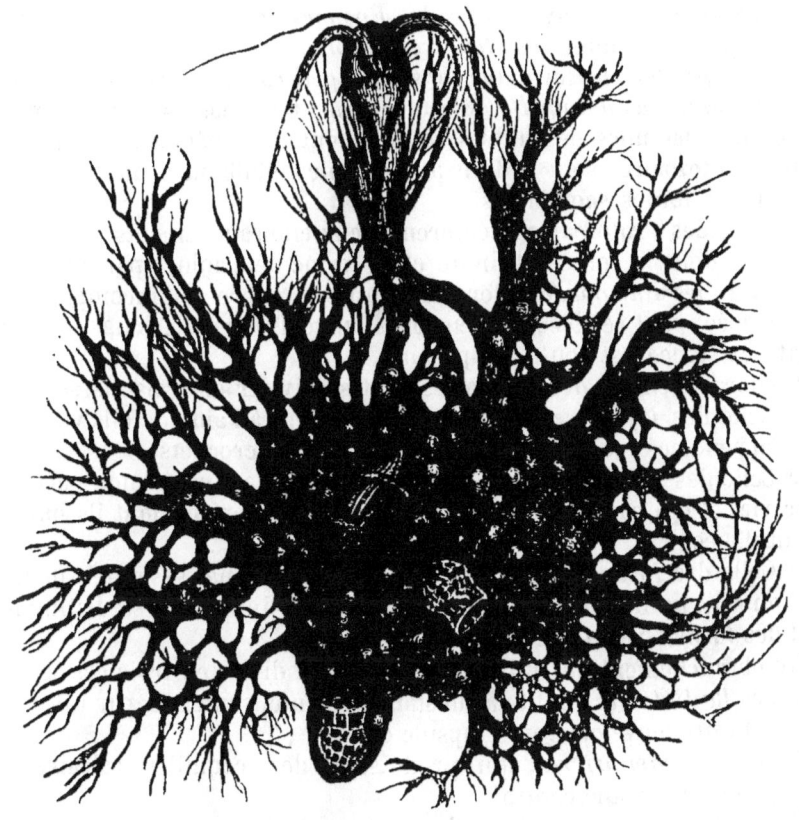

Fig. 328. — *Protomyxa*, vue au microscope.

humain et qui lui permet de manifester ses admirables facultés ; cette puissance, c'est la *Vie*, dont nous connaissons les œuvres, mais dont la nature même nous demeurera peut-être toujours cachée.

RÉSUMÉ

Les Éponges sont constituées par une masse d'apparence gélatineuse, soutenue par des filaments soyeux ou bourrée de *spicules*, tantôt siliceux, tantôt calcaires.

La substance de l'Éponge est traversée par de nombreux canaux, qui aboutissent à des pores : les uns, grands, nommés *oscules;* les autres, petits, nommés *pores inhalants*. Un courant d'eau traverse constamment l'Éponge, entrant par les pores inhalants, sortant par les oscules.

Les Éponges se divisent en trois classes principales : 1° les *Éponges cornées*, telles que l'Éponge de toilette ; 2° les *Éponges siliceuses*, telles que la Spongille des rivières ; 3° les *Éponges calcaires*, toutes marines.

Les Éponges, comme *tous les êtres vivants, sont formées* par l'agglomération de *petites masses d'une substance gélatineuse vivante, de nature particulière*, qu'on appelle le protoplasme. Ces masses plus ou moins différentes les unes des autres se nomment elles-mêmes des *cellules*.

Les Protozoaires sont réduits à une seule cellule ou à un assemblage de cellules toutes semblables.

Le type des Protozoaires comprend deux embranchements : 1° les *Infusoires*, dont le corps est limité et la forme déterminée par une membrane ; 2° les *Rhizopodes*, dont la substance, libre ou incomplètement enveloppée, peut se découper en lobes ou se franger de longs filaments dont l'existence est toute temporaire.

L'embranchement des Infusoires peut se diviser en trois classes :

1° Celle des *Infusoires ciliés*, qui se meuvent à l'aide de cils vibratiles ou d'appendices mobiles servant de pattes et de crochets ;

2° Celle des *Infusoires suceurs*, fixés pendant la plus grande partie de leur vie, et qui capturent à l'aide de suçoirs des proies dont ils hument la substance ;

3° Celle des *Infusoires flagellifères*, dont les organes essentiels de locomotion sont un ou deux filaments mobiles. Ces Infusoires se distinguent mal des formes végétales les plus simples.

L'embranchement des Rhizopodes peut être divisé en trois classes :

1° Les *Radiolaires*, dont la substance vivante, soutenue par un squelette siliceux, enveloppe une capsule centrale ;

2° Les *Foraminifères*, qui produisent des coquilles calcaires et manquent de capsule centrale ;

3° Les *Amiboïdes*, qui n'ont ni capsule centrale, ni enveloppe calcaire, mais peuvent avoir un squelette siliceux ou une membrane enveloppante incomplète. Quelques-uns, formant le groupe des Monères, sont réduits à une masse homogène de substance vivante.

La simplicité de ces divisions nous dispense de les résumer dans un tableau.

FIN

TABLE DES MATIÈRES

Première leçon. — Généralités. — Les régions du corps et les fonctions chez l'Homme 1
Deuxième leçon. — La digestion. 10
Troisième leçon. — La respiration. — Les sécrétions. — La circulation. 17
Quatrième leçon. — La locomotion. — Le système nerveux. . . . 26
Cinquième leçon. — Les organes des sens. 32
Sixième leçon. — Principales divisions du Règne animal. 40
Septième leçon. — Premier type du Règne animal : les animaux à symétrie bilatérale ou Artiozoaires. — Les cinq classes de l'embranchement des Vertébrés. 54
Huitième leçon. — Les Mammifères (généralités : divisions en ordres). 76
Neuvième leçon. — Les Singes. — Les Rongeurs. — Les Insectivores et les chauves-souris. 89
Dixième leçon. — Les Herbivores. 111
Onzième leçon. — Les Carnassiers. 120
Douzième leçon. — Les Oiseaux. 131
Treizième leçon. — Les instincts des Oiseaux. 160
Quatorzième leçon. — Les Reptiles. 174
Quinzième leçon. — Les Batraciens. 187
Seizième leçon. — Les Poissons. 194
Dix-septième leçon. — L'embranchement des Mollusques. — Les Mollusques rampants ou Gastéropodes. 212
Dix-huitième leçon. — Les Mollusques fouisseurs ou Lamellibranches. 220
Dix-neuvième leçon. — Les Mollusques nageurs ou Céphalopodes. . 231
Vingtième leçon. — Embranchement des Vers. 241
Vingt et unième leçon. — L'embranchement des Articulés et sa division en classes. 252
Vingt-deuxième leçon. — La classe des Insectes. 262
Vingt-troisième leçon. — Les facultés des Insectes. 288
Vingt-quatrième leçon. — Les Myriapodes et les Arachnides. . . . 315
Vingt-cinquième leçon. — L'Écrevisse et les Crustacés. 329
Vingt-sixième leçon. — Deuxième type du Règne animal : les animaux à forme végétale ou Phytozoaires. — L'embranchement des Échinodermes. 345
Vingt-septième leçon — L'embranchement des Polypes. — Les Hydres et les Méduses 352
Vingt-huitième leçon. — Le Corail et les Madrépores. 361
Vingt-neuvième leçon. — Les Éponges et les Protozoaires. 369

19117. — Imprimerie A. Lahure, rue de Fleurus, 9, à Paris.

www.ingramcontent.com/pod-product-compliance
Lightning Source LLC
Chambersburg PA
CBHW060558170426
43201CB00009B/821